教科書ぴったりトレーニング

はなまるシール

★ ふろくの「
★ はじめに、
がんばり表
★ 学習が終わ
「はなまるシール」をはろう！
★ 余ったシールは自由に使ってね。

キミのおとも犬
元気いっぱい
お肉大好き！
つっこみ役
みんなの世話係
ちょっとこわがり
最年少
おっとり
読書好き
やさしくて物知り
みんなの先生
はなまるシール
すごい！
いいね！
集中!!
その調子！
できる！
ナイス！
むずかしい…
がんばろう！
もう1回!!
よく
できたね！
国語
理科
英語
算数
社会
ごほうびシール
よくできました

バッチリポスター

自由研究にチャレンジ！

「自由研究はやりたい，でもテーマが決まらない…。」
そんなときは，この付録を参考に，自由研究を進めてみよう。
この付録では，『植物の葉のつき方』というテーマを例に，説明していきます。

①研究のテーマを決める

「植物の葉に日光が当たると，でんぷんがつくられることを学習した。植物は日光を受けるために,どのように葉を広げているのか,葉のつき方や広がり方を調べたいと思った。」など，身近な疑問《ぎもん》からテーマを決めよう。

②予想・計画を立てる

「身近な植物を観察して，葉のつき方や広がり方がどうなっているのかを記録する。」など，テーマに合わせて調べる方法と準備するものを考え,計画を立てよう。わからないことは,本やコンピュータで調べよう。

③調べたりつくったりする

計画をもとに，調べたりつくったりしよう。結果だけでなく，気づいたことや考えたことも記録しておこう。

④まとめよう

植物の葉のつき方は，図のようなものがあります。このようなものは図にするとわかりやすいです。観察したことは文や表でまとめよう。

右は自由研究をまとめた例だよ。自分なりにまとめてみよう。

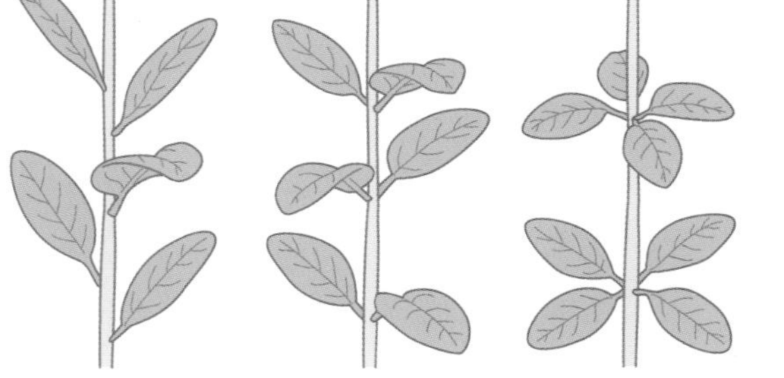

互生《ごせい》　対生《たいせい》　輪生《りんせい》

植物を真上から観察すると，葉のかさなり方は…。

植物の葉のつき方

年　　組

研究のきっかけ

学校で，植物の葉に日光が当たると，でんぷんがつくられることを学習した。
て，植物は日光を受けるために，どのように葉を広げているのか，葉のつき
広がり方を調べたいと思った。

調べ方

園や川原に育っている植物の葉を観察して，葉のつき方や広がり方を記録す
。また，植物を真上から観察して，葉のかさなり方を記録する。
のつき方を図鑑で調べると，３つに分けられることがわかった。
察した植物は，どれにあてはまるのかを調べる。

結果

植物の葉のつき方を，３つに分けた。
…
対生…
輪生…
の植物も，真上から見ると，葉と葉がかさならないように生えていた。

わかったこと

物は多くの葉をしげらせていても，かさならないように葉を広げていた。
るだけたくさんの日光を受けて，でんぷんをつくっていると思った。

興味を広げる・深める!

観察・実験カード

6年

化石

何の化石かな?

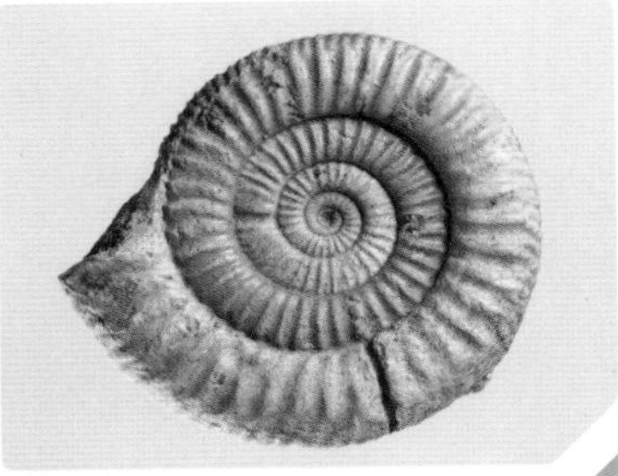

化石

何の化石かな?

化石

何の化石かな?

化石

何の化石かな?

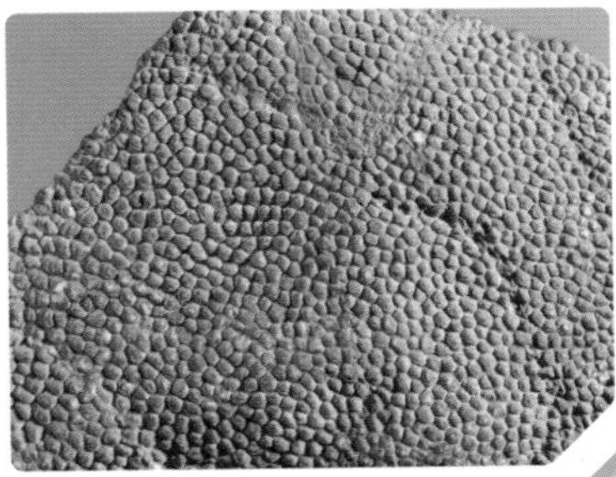

水中の小さな生物

何という生物かな?

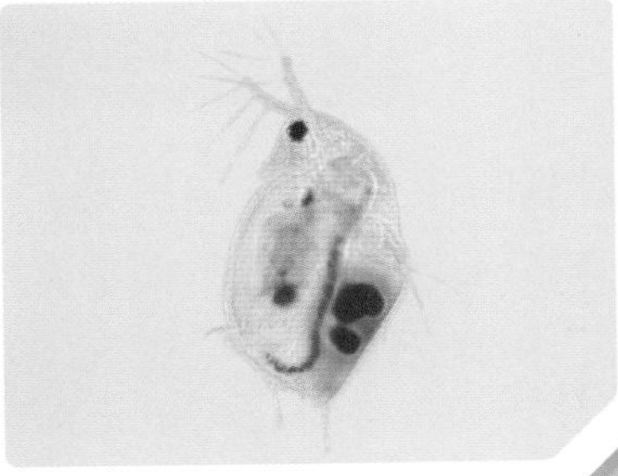

水中の小さな生物

何という生物かな?

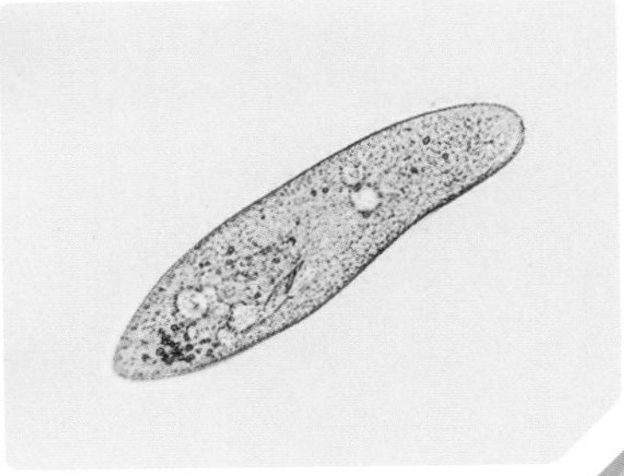

水中の小さな生物

何という生物かな?

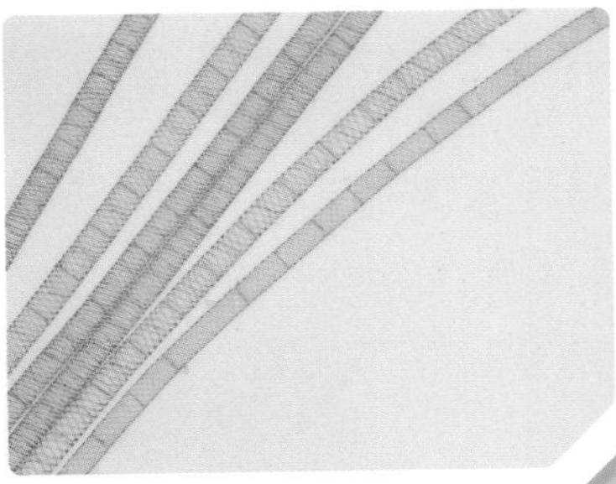

水中の小さな生物

何という生物かな?

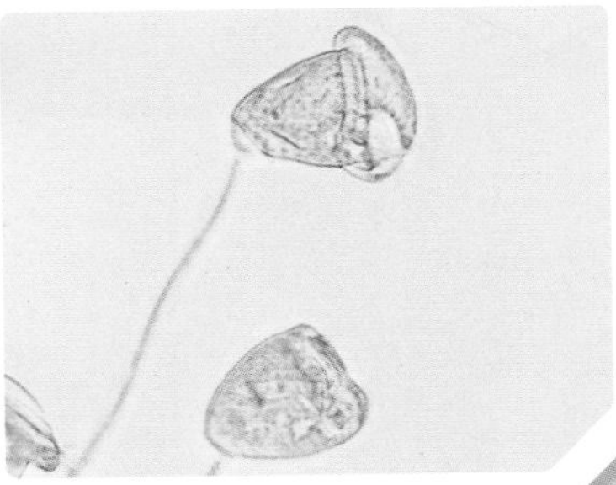

器具等

何という器具かな?

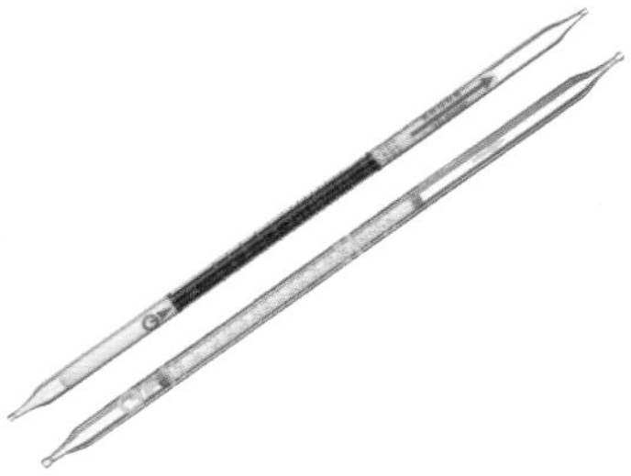

器具等

何という器具かな?

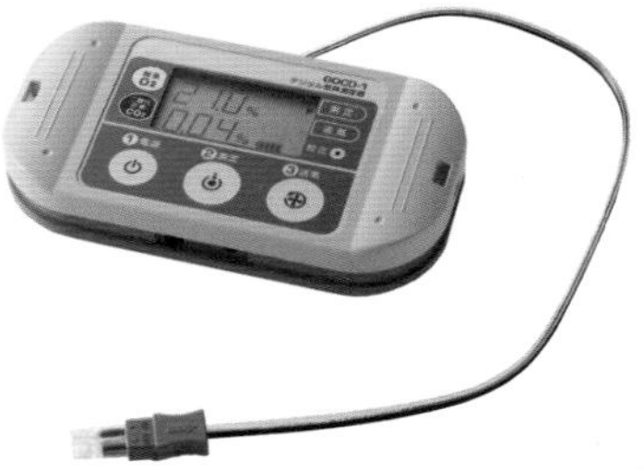

器具等

図の液体をはかり取る器具を何というかな?

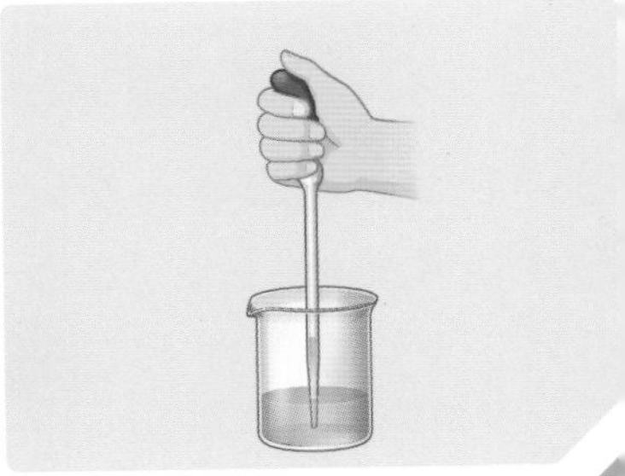

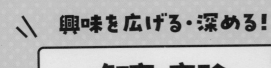

使い方

- 切り取り線にそって切りはなしましょう。

説　明

- 「化石」「水中の小さな生物」「器具等」の答えはうら面に書いてあります。

アンモナイトの化石

大昔の海に生きていた、からをもつ動物。
約4億〜6600万年前の地層から化石が見つかる。

サンヨウチュウの化石

大昔の海に生きていた、あしに節がある動物。
海底で生活していたと考えられている。
約5億4200万〜2億5100万年前の地層から化石が見つかる。

木の葉(ブナ)の化石

ブナはすずしい地域《ちいき》に広く生育する植物なので、ブナの化石が見つかると、その地層《ちそう》ができた当時、その場所はすずしい地域だったことがわかる。

ミジンコ

水中にすむ小さな生物。
体がすき通っていて、大きなしょっ角を使って水中を動く。

サンゴの化石

サンゴの化石が見つかると、その地層《ちそう》ができた当時、そこはあたたかい気候で浅い海だったことがわかる。

アオミドロ

水中にすむ小さな生物。
緑色をしたらせん状のもように見える部分は、光を受けて、養分をつくることができる。

ゾウリムシ

水中にすむ小さな生物。
体のまわりにせん毛《もう》という小さな毛があり、これを動かして水中を動く。

気体検知管

気体の体積の割合《わりあい》を調べるときに使う。酸素用気体検知管と二酸化炭素用気体検知管があり、調べたい気体や測定する割合のはんいに適した気体検知管を選ぶ。

ツリガネムシ

水中にすむ小さな生物。
名前のとおり、つりがねのような形をしている。
細いひものような部分は、のびたり、ちぢんだりする。

(こまごめ)ピペット

液体をはかり取るときに使う。水《すい》よう液《えき》の種類を変えるときは、水よう液が混ざらないように、1回ごとに水で洗《あら》ってから使う。

気体測定器

気体の体積の割合《わりあい》を調べるときに使う。吸引《きゅういん》式のものは酸素と二酸化炭素の割合を同時に測定することができる。センサー式のものは酸素の割合を測定することができる。

器具等

水《すい》よう液《えき》を仲間分けするために、何を使うかな？

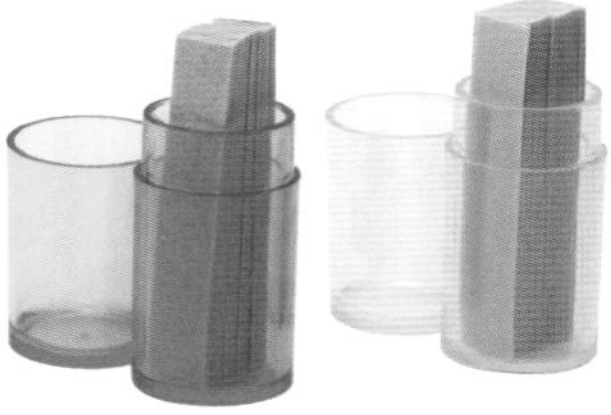

器具等

水《すい》よう液《えき》を仲間分けするために、何のしるを使うかな？

器具等

水《すい》よう液《えき》を仲間分けするために、何を使うかな？

器具等

水《すい》よう液《えき》を仲間分けするために、何を使うかな？

器具等

何という器具かな？

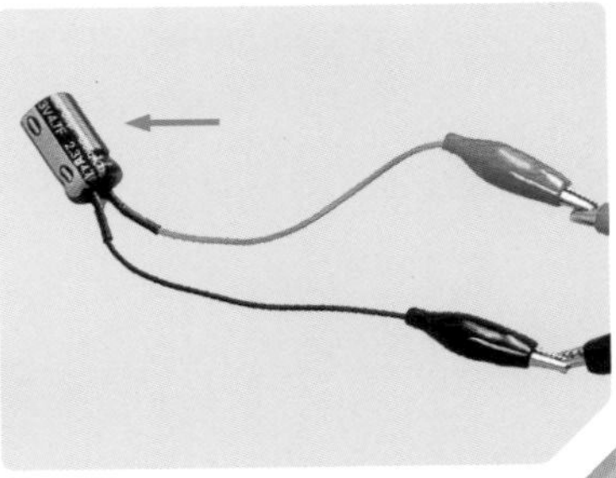

器具等

何という器具かな？

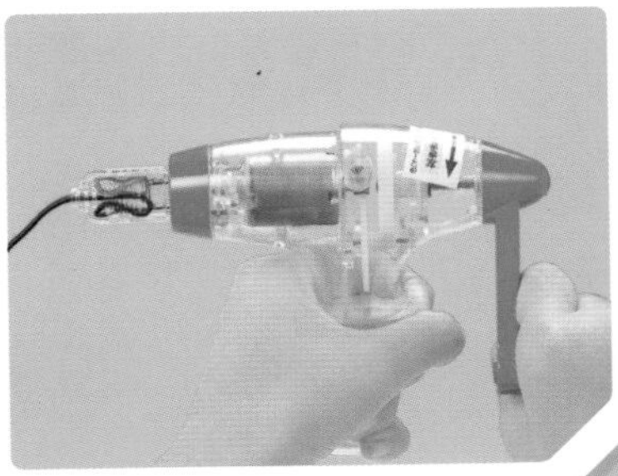

器具等

二酸化炭素があるか調べるために、何を使うかな？

器具等

でんぷんがあるか調べるために、何を使うかな？

器具等

薬品などが目に入るのをふせぐために、何を使うかな？

器具等

図のような棒《ぼう》と支えてものを動かすことができるものを何というかな？

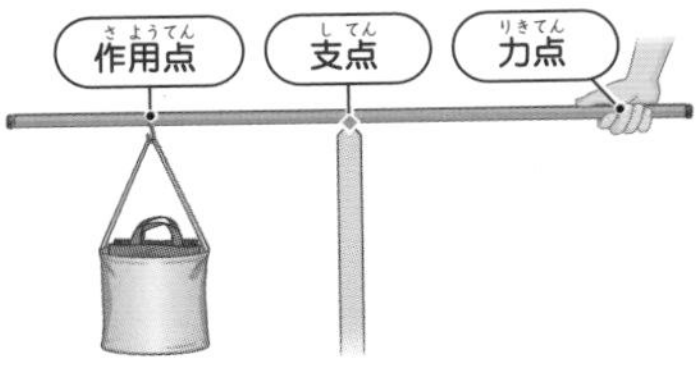

器具等

何という器具かな？

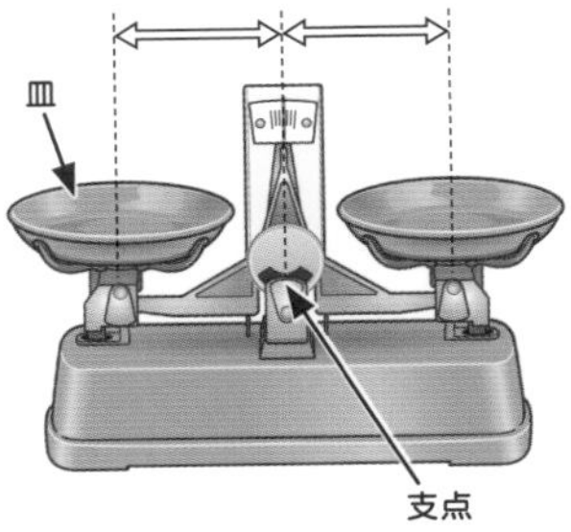

器具等

写真のように分銅の位置によってものの重さを調べる器具を何というかな？

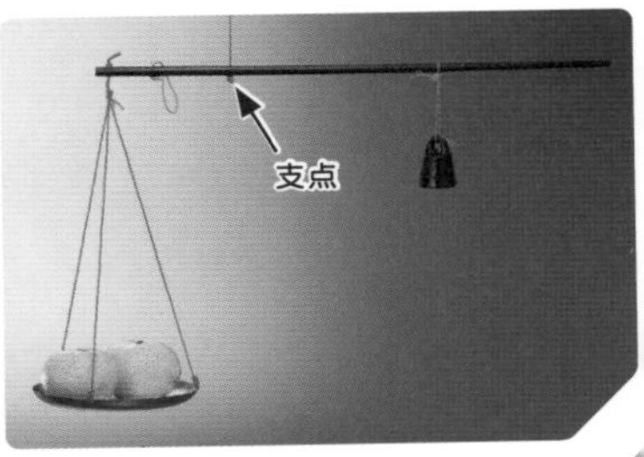

ムラサキキャベツの葉のしる

ムラサキキャベツの葉のしるを調べたい水《すい》よう液《えき》に加えて、色の変化を観察する。

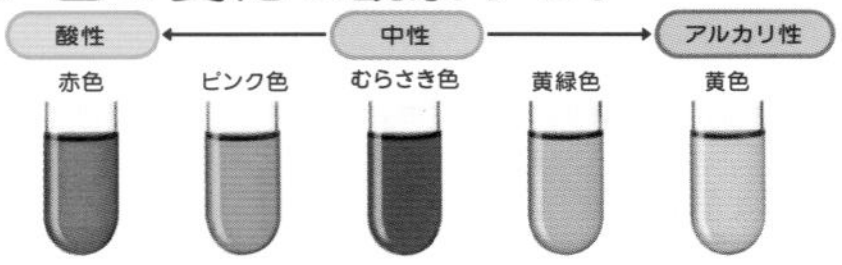

リトマス紙

青色と赤色の２種類のリトマス紙がある。色の変化によって、水《すい》よう液《えき》を酸性、中性、アルカリ性に分けられる。

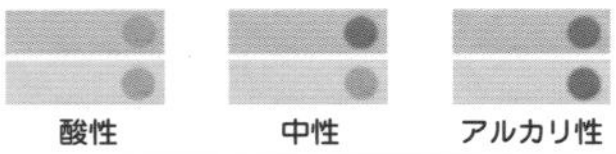

万能試験紙

短く切って、ピンセットで持ち、リトマス紙と同じように使う。
酸性の場合は赤色（だいだい色）に、アルカリ性の場合はこい青色に変化する。

BTB（よう）液《えき》

BTB（よう）液を調べたい水溶液に１～２てき加えて、色の変化を観察する。

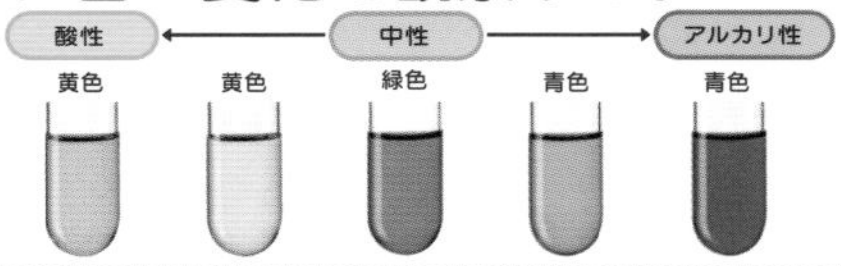

手回し発電機

手回し発電機の中にはモーターが入っていて、モーターを回転させることで発電している。

コンデンサー

電気をたくわえることができる。コンデンサーを直接コンセントにつなぐと危《あぶ》ないので、絶対にしてはいけない。

ヨウ素液

でんぷんがあるかどうかを調べるときに使う。でんぷんにうすめたヨウ素液をつけると、（こい）青むらさき色になる。

石灰水《せっかいすい》

石灰水は、二酸化炭素にふれると白くにごる性質があるので、二酸化炭素があるか調べるときに使う。

てこ

棒《ぼう》の１点を支えにして、棒の一部に力を加えることで、ものを動かすことができるものを、てこという。
棒を支えるところを支点、棒に力を加えるところを力点、棒からものに力がはたらくところを作用点という。

保護眼鏡《めがね》（安全眼鏡）

目を保護するために使う。
薬品を使うときは必ず保護眼鏡をかけて実験する。保護眼鏡をかけていても、熱している蒸発《じょうはつ》皿などをのぞきこんではいけない。

さおばかり

てこのつり合いを利用して重さをはかる道具。支点の近くに皿をつるし、重さをはかりたいものをのせ、反対側につるした分銅の位置を動かして、棒を水平につり合わせる。棒には目もりがつけてあり、分銅の位置によって、ものの重さがわかる。

上皿てんびん

てこのつり合いを利用して重さをはかる道具。支点からのきょりが等しいところに皿があるため、一方に重さをはかりたいものを、もう一方に分銅をのせ、左右の重さが等しくなれば、てんびんが水平につり合って、はかりたいものの重さがわかる。

もくじ

理科６年
大日本図書版
たのしい理科

教科書ぴったりトレーニング

▶ ３分でまとめ動画

とりはずしてお使いください

【写真提供】
NNP／ケニス／コーベット・フォトエージェンシー／シンコーフォト／七彩工房

ぴったり1 準備

1. ものの燃え方

ものの燃え方と空気1

3分でまとめ

学習日　　月　　日

めあて
ものが燃え続けるときの空気のようすを確認しよう。

教科書　6〜9ページ　　答え　2ページ

次の(　　)に当てはまる言葉を書くか、当てはまるものを○で囲もう。

1 ろうそくが燃えるときの空気の動きを調べよう。　教科書　6〜9ページ

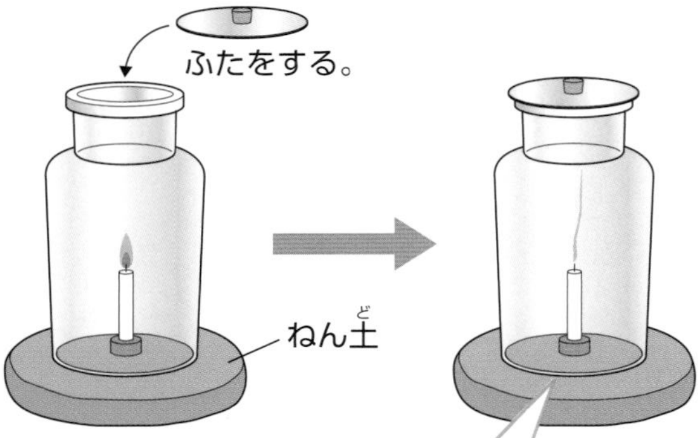

ろうそくは、
(① 火が消える ・ 燃え続ける)。

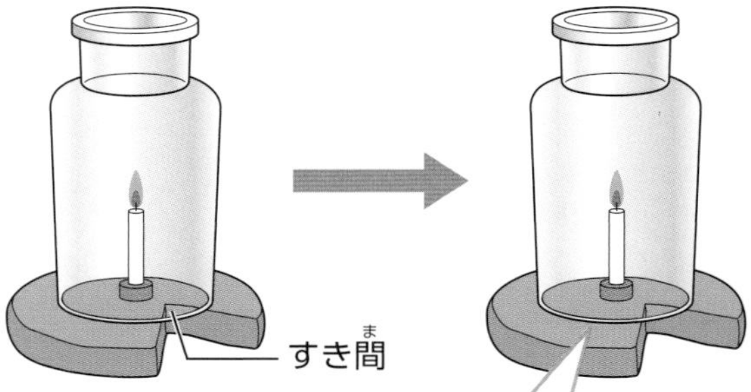

ろうそくは、
(② 火が消える ・ 燃え続ける)。

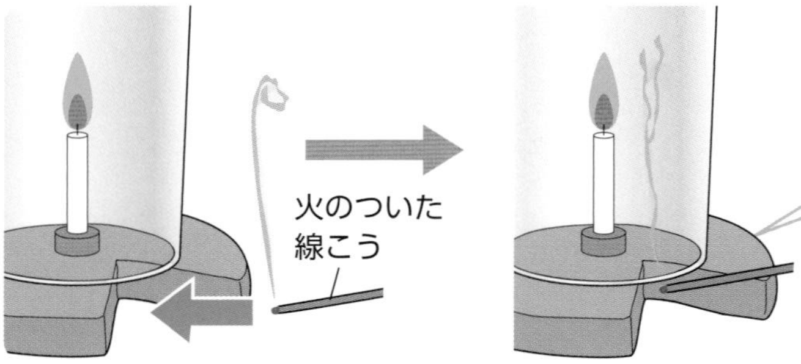

底のすき間から線こうのけむりが中に入っていくことから、底のすき間から(③　　　　)が入っていることがわかる。

↓

びんの中でものが燃え続けるためには、(④　　　　)が入れかわる必要がある。

びんの上も下も開いていないとき

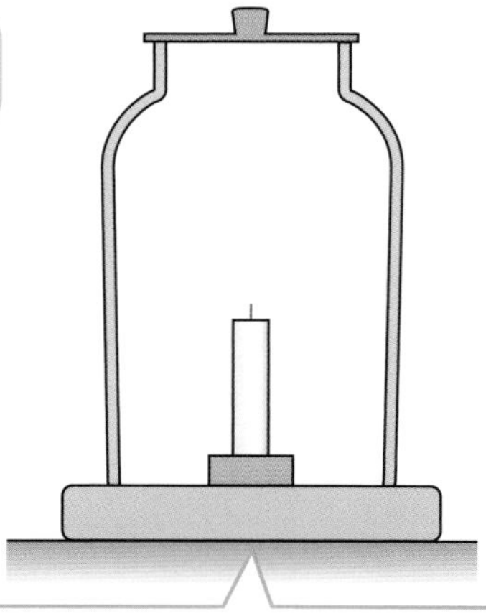

びんの中の空気が入れ(⑤ かわる ・ かわらない)ので、火が消える。

びんの上も下も開いているとき

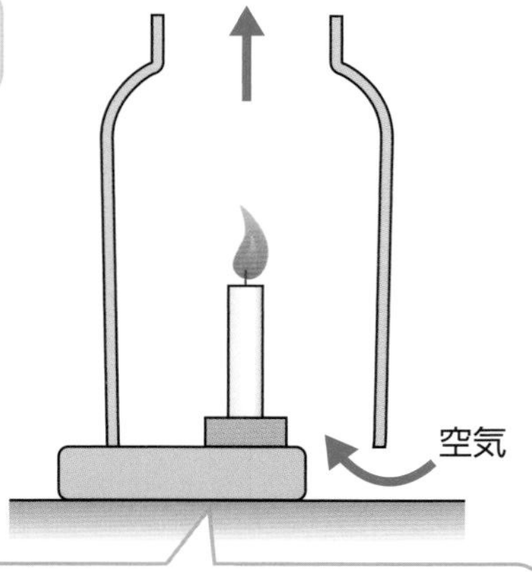

びんの中の空気が入れ(⑥ かわる ・ かわらない)ので、燃え続ける。

ここがだいじ!
①燃えているものをびんなどに入れてふたをすると、火が消える。
②びんの中でものが燃え続けるには、空気が入れかわる必要がある。

ぴたトリビア
ものが燃えるためには、酸素、燃えるもの、温度が必要です。どれか1つでも取りのぞけば、火を消すことができます。

1. ものの燃え方

ものの燃え方と空気1

教科書 6～9ページ 答え 2ページ

1 びんの中でろうそくが燃え続ける条件を調べます。

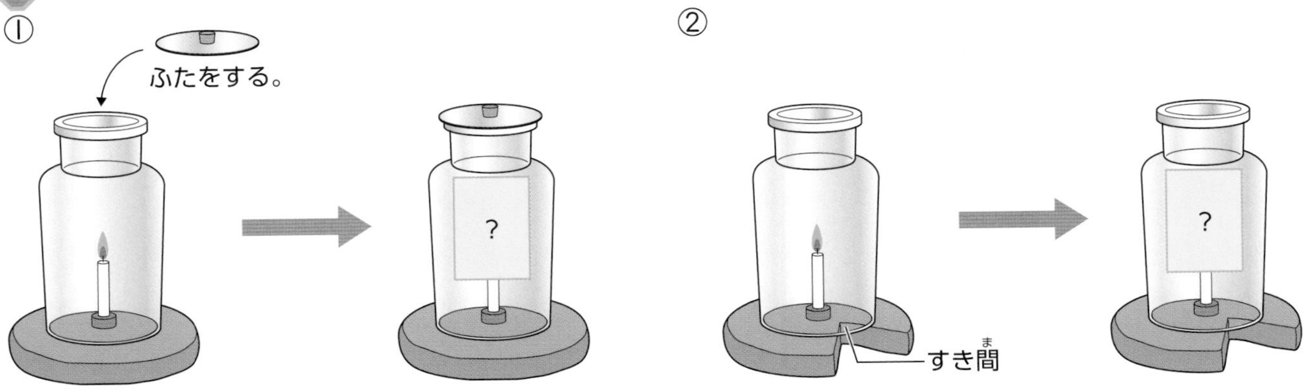

(1) ①、②のろうそくはどうなりますか。それぞれ**ア**、**イ**から選んで、記号で答えましょう。

①(　　) ②(　　)

ア そのまま燃え続けた。

イ 火が消えた。

(2) ③のように、火のついた線こうをすき間に近づけると、けむりはどうなりますか。正しいほうの(　　)に○をつけましょう。

③

ア(　　)　**イ**(　　)

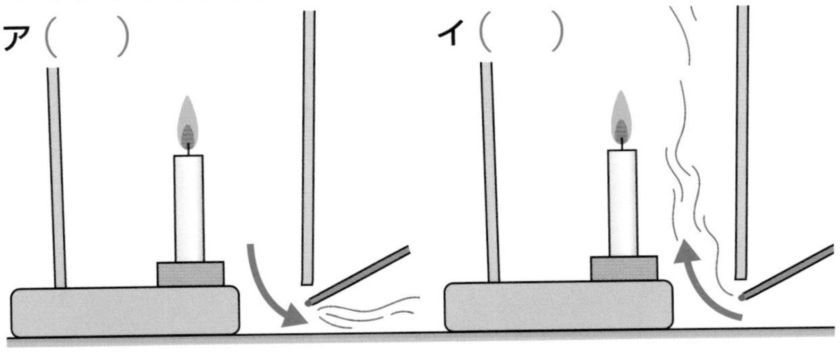

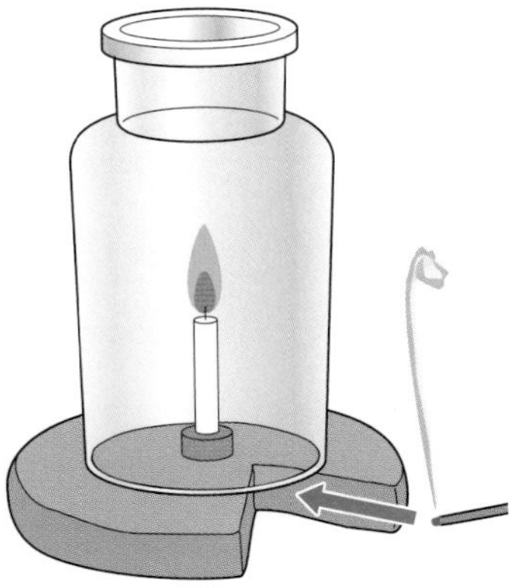

(3) 線こうのけむりの流れのようすから、何の動きがわかりますか。

(　　　　　)

(4) ③の空気のようすについて、正しいものを1つ選んで、(　　)に○をつけましょう。

ア(　　)　**イ**(　　)　**ウ**(　　)　**エ**(　　)

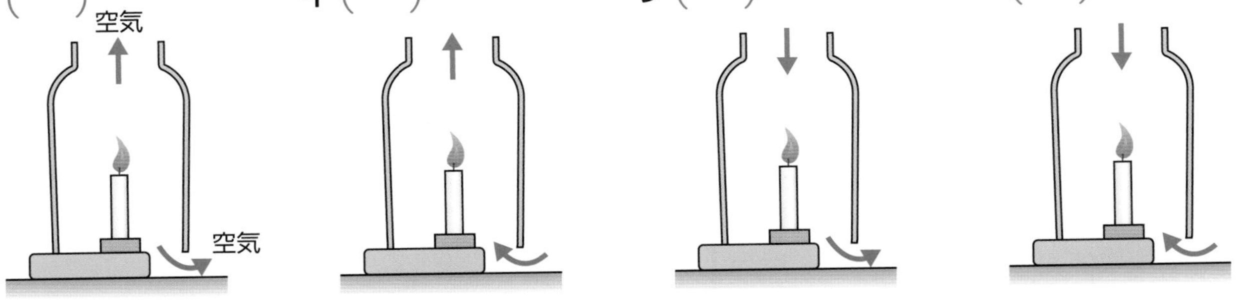

(5) びんの中でものが燃え続けるためには、びんの中の何が入れかわる必要がありますか。

(　　　　　)

1. ものの燃え方

ものの燃え方と空気2

学習日　　月　　日

めあて
ものを燃やすはたらきがある気体・ない気体を確認しよう。

教科書 10〜11ページ　答え 3ページ

次の(　　)に当てはまる言葉を書くか、当てはまるものを○で囲もう。

1 空気中の気体の体積の割合《わりあい》を調べよう。　教科書 10ページ

▶空気は、体積の割合で約78%ふくまれている(①　　　　)、約21%ふくまれている(②　　　　)などの気体からできている。

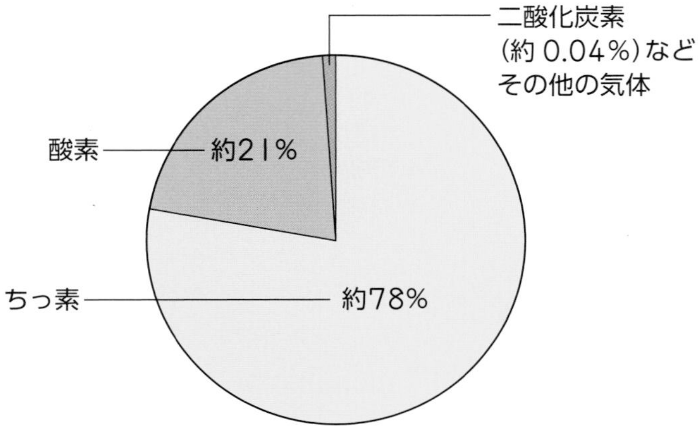

二酸化炭素
(約0.04%)など
その他の気体
酸素
約21%
ちっ素
約78%

二酸化炭素は、空気中に約0.04%ふくまれているよ。

2 ちっ素、酸素、二酸化炭素にものを燃やすはたらきがあるか調べよう。　教科書 11ページ

気体	ちっ素	酸素	二酸化炭素
燃えたかどうか	(①　　　　)。	燃えた。	燃えなかった。
びんに入れたときのようす	すぐに消えた。 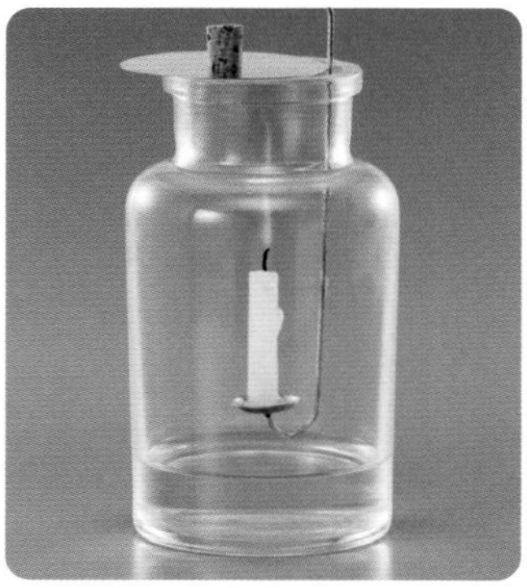	ほのおが大きくなって明るくなった。やがて消えた。 	すぐに(②　　　　)。 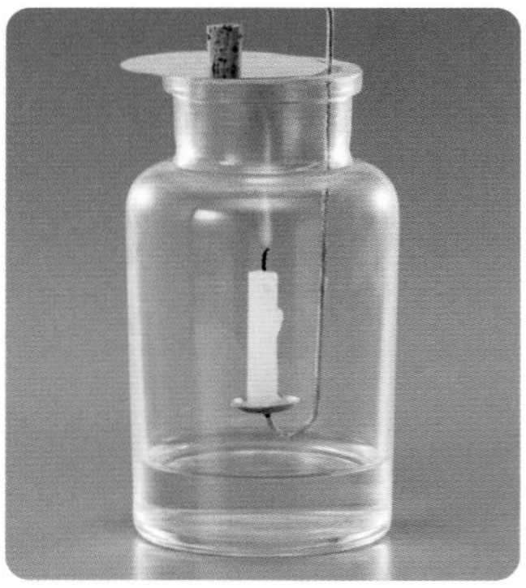

▶ちっ素には、ものを燃やすはたらきが(③　ある　・　ない　)。

▶酸素には、ものを燃やすはたらきが(④　ある　・　ない　)。

▶二酸化炭素には、ものを燃やすはたらきが(⑤　ある　・　ない　)。

▶ものが燃えるには、(⑥　　　　)が必要である。

酸素中では、空気中よりも激《はげ》しく燃えるんだね。

ここがだいじ!
①酸素にはものを燃やすはたらきがある。
②ちっ素と二酸化炭素には、ものを燃やすはたらきがない。

ぴたトリビア
二酸化炭素は約−78.5℃以下で固体になり、とけるときには液体にならずに固体→気体と変化します。そのためドライアイス(かわいた氷)と呼《よ》ばれ、保冷剤《ざい》としてよく使われます。

1. ものの燃え方

ものの燃え方と空気2

教科書 10～11ページ　答え 3ページ

1 **空気中の気体の体積の割合《わりあい》を調べて、右のグラフのようにまとめました。**

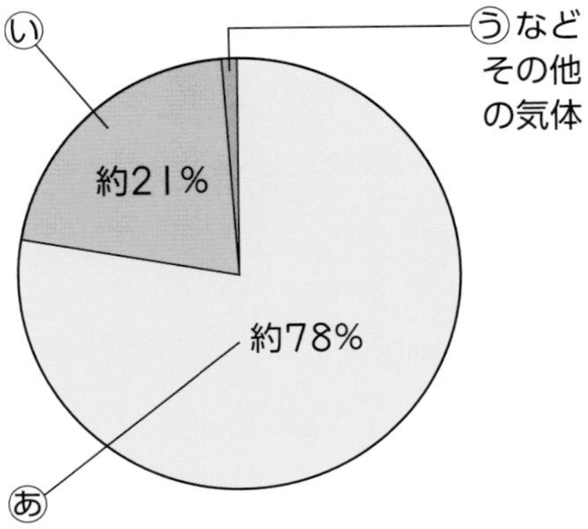
い
うなど
その他
の気体
約21%
約78%
あ

(1) 空気中での体積の割合がいちばん多い、あの気体は何ですか。正しいものを1つ選んで、(　)に○をつけましょう。

ア(　　)ちっ素
イ(　　)酸素
ウ(　　)二酸化炭素

(2) 空気中での体積の割合が2番目に多い、いの気体は何ですか。正しいものを1つ選んで、(　)に○をつけましょう。

ア(　　)ちっ素
イ(　　)酸素
ウ(　　)二酸化炭素

(3) うの気体のうち、空気中での体積の割合が約0.04%であるものは何ですか。正しいものを1つ選んで、(　)に○をつけましょう。

ア(　　)ちっ素　　**イ**(　　)酸素　　**ウ**(　　)二酸化炭素

2 **ちっ素、酸素、二酸化炭素をそれぞれびんの中に集めてから、火のついたろうそくを入れてどうなるかを調べます。**

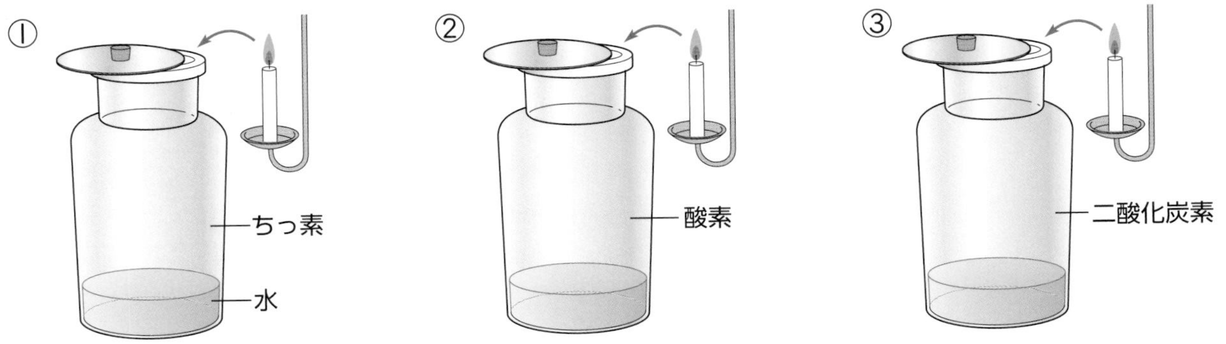
①
②
③
ちっ素
水
酸素
二酸化炭素

(1) ①～③の結果を、それぞれ**ア**～**ウ**から選んで、記号で答えましょう。

①(　　)　②(　　)　③(　　)

ア　ろうそくは激《はげ》しく燃えて、やがて火は消えた。
イ　ろうそくは空気中と同じように燃えて、やがて火が消えた。
ウ　ろうそくの火はすぐに消えた。

(2) ものを燃やすはたらきがある気体には○、ない気体には×を(　)につけましょう。

ア(　　)ちっ素　　**イ**(　　)酸素　　**ウ**(　　)二酸化炭素

(3) ものが燃えるために必要な気体は何ですか。　(　　　　)

1. ものの燃え方

ものの燃え方と空気3

めあて
ものが燃えるときの気体の変化を確認しよう。

教科書 12〜19ページ　答え 4ページ

次の(　)に当てはまる言葉を書くか、当てはまるものを○で囲もう。

1 気体検知管と石灰水《せっかいすい》の使い方をまとめよう。

教科書 218〜219ページ

▶どれくらい酸素や二酸化炭素があるか調べるときには、下のような(①　　　　　　)を使う。

酸素用検知管

13
15
17
19
21
23

このとき、酸素は約(②　20　・　21　)%

二酸化炭素用検知管

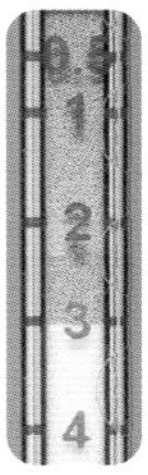
0.5
1
2
3
4

このとき、二酸化炭素は約(③　2　・　3　)%

▶石灰水は、(④　　　　　　)があると白くにごる。

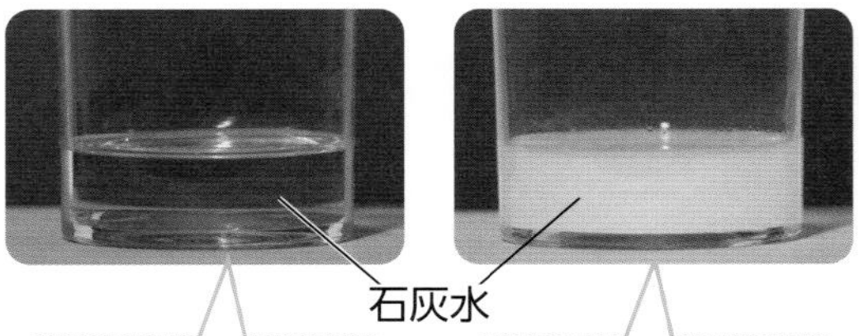
石灰水

二酸化炭素がない、またはほとんどない。

二酸化炭素が、(⑤　ある　・　ない　)。

2 ものが燃える前と燃えた後の空気はちがうのだろうか。

教科書 12〜15ページ

▶気体検知管で調べたとき

燃える前

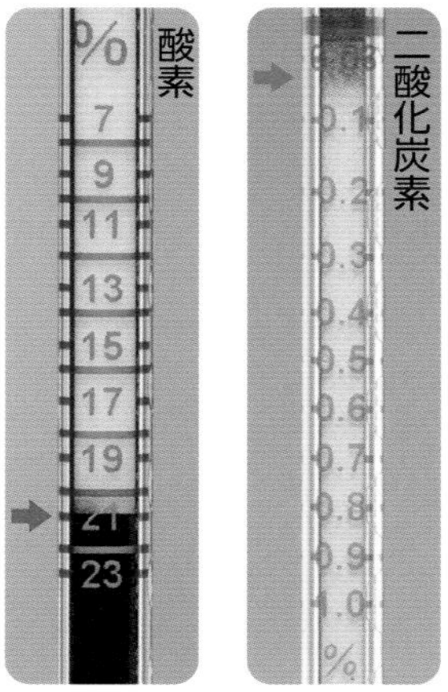
%
酸素
7
9
11
13
15
17
19
21
23
二酸化炭素
0.1
0.2
0.3
0.4
0.5
0.6
0.7
0.8
0.9
1.0
%

約21％　約0.04％

燃えた後

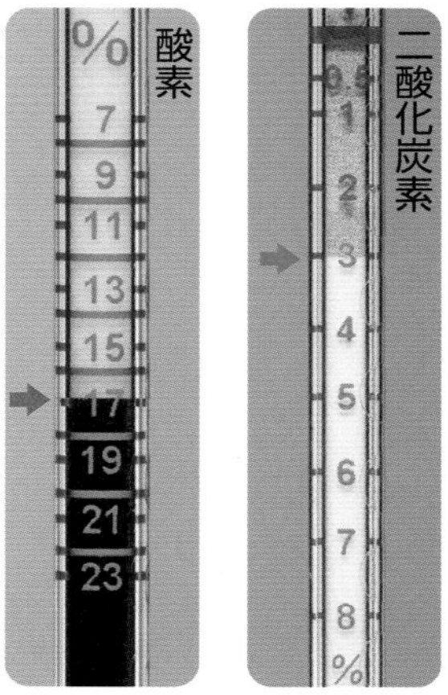
%
酸素
7
9
11
13
15
17
19
21
23
二酸化炭素
0.5
1
2
3
4
5
6
7
8
%

約17％　約3％

酸素は(①　増える　・　減る　)。
二酸化炭素は(②　増える　・　減る　)。

▶石灰水で調べたとき

燃える前　燃えた後

白く(③　にごる　・　にごらない　)。

燃える前と燃えた後の空気中の気体の体積の割合《わりあい》

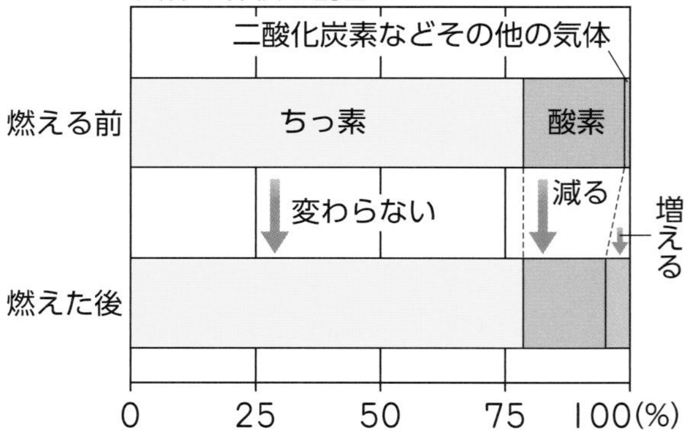
二酸化炭素などその他の気体
燃える前
ちっ素
酸素
変わらない
減る
増える
燃えた後
0
25
50
75
100(%)

▶ろうそくなどのものが燃えると、空気中の(④　　　　　　)の一部が使われて、(⑤　　　　　　)ができる。

ここがだいじ！
①二酸化炭素があると、石灰水は白くにごる。
②ものが燃えると、空気中の酸素が減り、二酸化炭素が増える。

ぴたトリビア ふたをしたびんの中にある火のついたろうそくはやがて火が消えますが、酸素のすべてが使われるわけではありません。

1. ものの燃え方

ものの燃え方と空気3

1 びんの中に火のついたろうそくを入れてふたをし、ろうそくが燃える前と燃えた後の空気を、石灰水《せっかいすい》で調べます。

(1) 石灰水を使って空気中に多くふくまれているか調べることができるのは、どの気体ですか。正しいものを１つ選んで、(　　)に○をつけましょう。

ア(　　)ちっ素

イ(　　)酸素

ウ(　　)二酸化炭素

(2) 石灰水が白くにごるのは、あ、いのどちらですか。

(　　　)

(3) この実験から、ろうそくが燃えると、何という気体が増えることがわかりますか。

(　　　　　　　　)

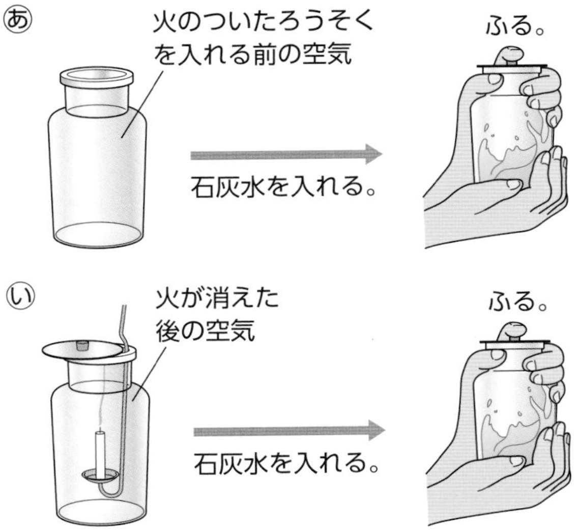
あ
火のついたろうそくを入れる前の空気
ふる。
石灰水を入れる。
い
火が消えた後の空気
ふる。
石灰水を入れる。

2 びんの中のろうそくが燃える前と燃えた後の空気を、気体検知管で調べました。

(1) あ〜えが表す気体の割合《わりあい》は、約何％ですか。それぞれ、[　　]から選んで書きましょう。

あ(　　　　　)　い(　　　　　)

う(　　　　　)　え(　　　　　)

0.04％　　3％　　17％　　21％

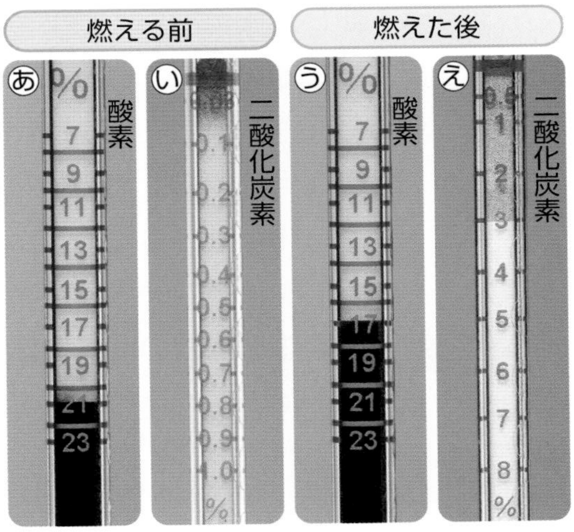
燃える前
燃えた後
あ
酸素
い
二酸化炭素
う
酸素
え
二酸化炭素

(2) ろうそくが燃えるときに、増えた気体として正しいほうの(　　)に○をつけましょう。

ア(　　)酸素

イ(　　)二酸化炭素

(3) ろうそくが燃えるときに、減った気体として正しいほうの(　　)に○をつけましょう。

ア(　　)酸素

イ(　　)二酸化炭素

(4) ろうそくなどのものが燃える前と燃えた後の空気中の気体の変化について、正しいものを１つ選んで、(　　)に○をつけましょう。

ア(　　)ものが燃えるときは、空気中の酸素が使われる。

イ(　　)ものが燃えるときは、空気中の二酸化炭素が使われる。

ウ(　　)空気中の酸素がなくなるまで、ものは燃え続ける。

1. ものの燃え方

時間 30 分

／100

合格 70 点

教科書　6～21ページ　答え　5ページ

1 平らにしたねん土《ど》にろうそくを立てて火をつけ、底のないびんをかぶせて、ろうそくのほのおがどうなるか調べます。

1つ5点(20点)

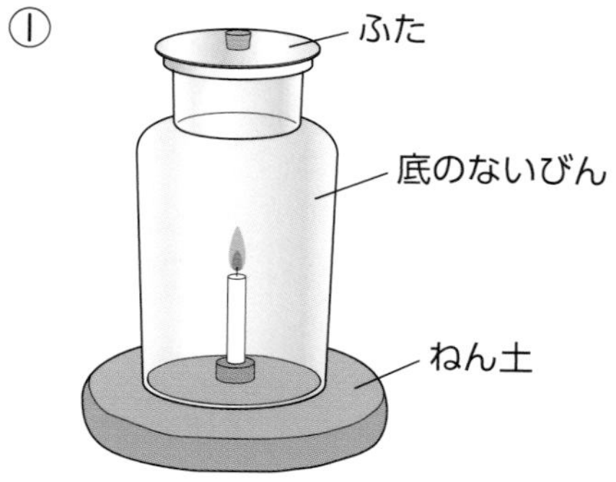
①
ふた
底のないびん
ねん土

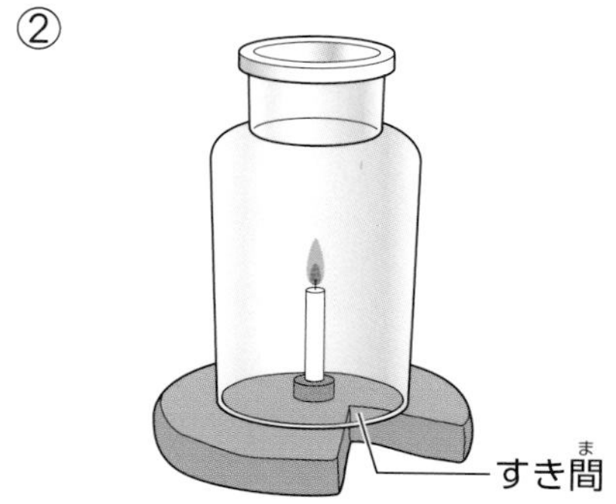
②
すき間《ま》

(1) ①、②のろうそくはどうなりましたか。それぞれ**ア**～**エ**から選んで、記号で答えましょう。

①(　　)　②(　　)

ア　ほのおが大きくなって明るくなり、そのまま燃え続けた。

イ　ほのおの大きさは変わらず、燃え続けた。

ウ　少しの間だけ燃え、火が消えた。

エ　すぐに火が消えた。

(2) ②のすき間に、火のついた線こうを近づけると、線こうのけむりはすき間から中に入っていきました。線こうのけむりの流れのようすから、何の動きがわかりますか。　**技能**

(　　　　)

(3) ろうそくが燃え続けるための条件について、次の文の(　　)に当てはまる言葉を書きましょう。

- ろうそくが燃え続けるためには、びんの中の(　　　　)が入れかわる必要がある。

2 空気中の気体の体積の割合《わりあい》を調べました。

1つ6点(30点)

(1) あ～うに当てはまる気体の名前を、［　　］からそれぞれ選んで書きましょう。

酸素	二酸化炭素	ちっ素

あ(　　　　)

い(　　　　)

う(　　　　)

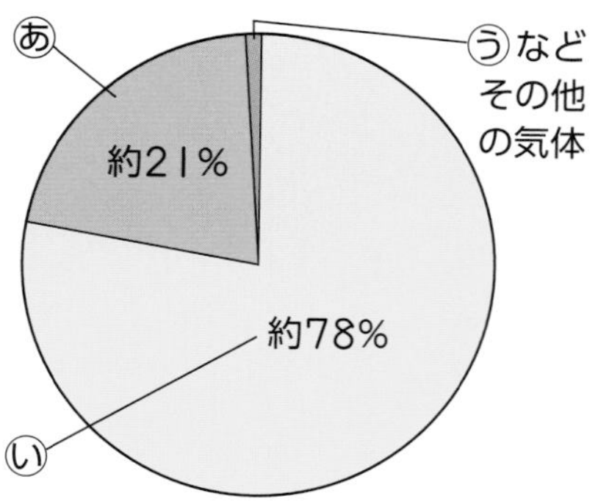
あ
約21%
うなど
その他
の気体
約78%
い

(2) びんの中に酸素、二酸化炭素、ちっ素を集めて、火のついたろうそくをびんの中に入れました。ほのおが大きくなって明るく燃えたものを１つ選んで、(　　)に○をつけましょう。

ア(　　)酸素　**イ**(　　)二酸化炭素　**ウ**(　　)ちっ素

(3) (2)のようになったのは、(2)で選んだ気体にどのようなはたらきがあるからですか。

(　　　　　　　　)

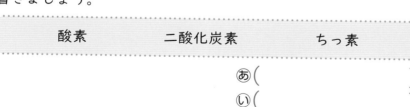

よく出る

3 びんの中に火のついたろうそくを入れてふたをし、ろうそくが燃える前の空気と燃えた後の空気について調べます。

1つ5点(30点)

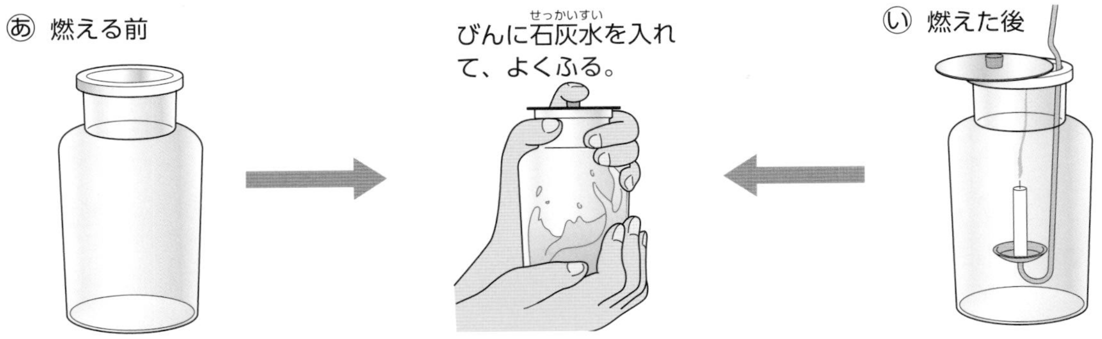
あ 燃える前
びんに石灰水《せっかいすい》を入れて、よくふる。
い 燃えた後

(1) 二酸化炭素が多くなっているとき、石灰水はどうなりますか。正しいものを１つ選んで、(　　)に○をつけましょう。 技能

ア(　　)赤色になる。　　イ(　　)青むらさき色になる。

ウ(　　)白くにごる。　　エ(　　)変化しない。

(2) 石灰水が(1)のようになるのは、あ、いのどちらですか。(　　　)

(3) あ、いの空気を気体検知管で調べると、次のようになりました。表の①、②に当てはまる数字を書きましょう。 技能 ①(　　　　)　②(　　　　)

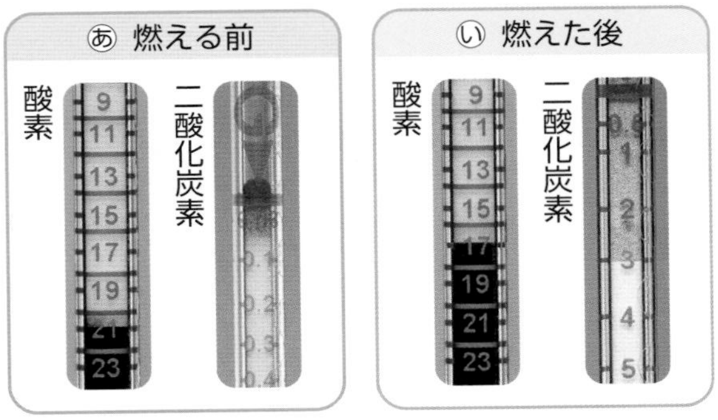
あ 燃える前
酸素
二酸化炭素
い 燃えた後
酸素
二酸化炭素

	あ 燃える前	い 燃えた後
酸素	約21％	約(①)％
二酸化炭素	約0.04％	約(②)％

(4) この実験からわかることをまとめます。(　　)に当てはまる言葉を書きましょう。

- ろうそくが燃えると、空気にふくまれている(①　　　　　　　)の一部が使われて減り、同時に(②　　　　　　)が増える。

できたらスゴイ!

4 キャンプファイアーでどのように木を組むとよいか考えます。

思考・表現　1つ10点(20点)

あ

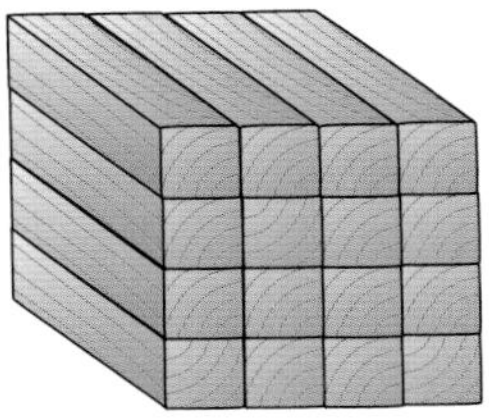

い

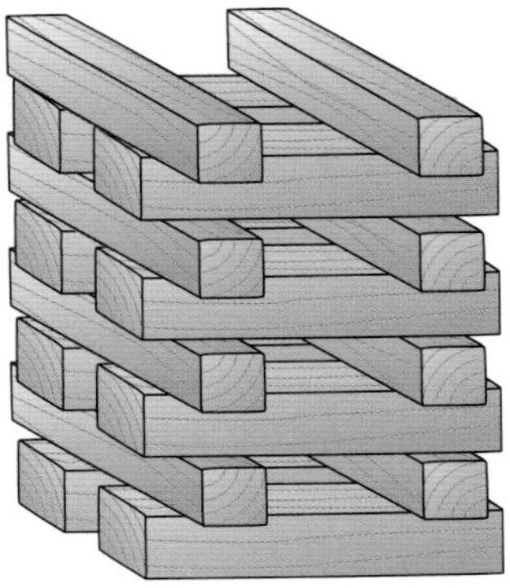

(1) あ、いのどちらの組み方のほうがよく燃えると考えられますか。記号で答えましょう。(　　)

(2) 記述 (1)のように考えられる理由を説明しましょう。

(　　　　　　　　　　　　　　)

ふりかえり

3がわからないときは、6ページの1、2にもどって確認《かくにん》しましょう。
4がわからないときは、2ページの1にもどって確認しましょう。

ぴったり1 準備

3分でまとめ

2. 植物の体のつくりとはたらき①

成長と日光との関わり

学習日 月 日

めあて
植物が養分をつくり出すはたらきを確認しよう。

教科書 22〜29ページ 答え 6ページ

次の（　）に当てはまる言葉を書くか、当てはまるものを○で囲もう。

1 葉に日光が当たると、デンプンができるのだろうか。

教科書 22〜29ページ

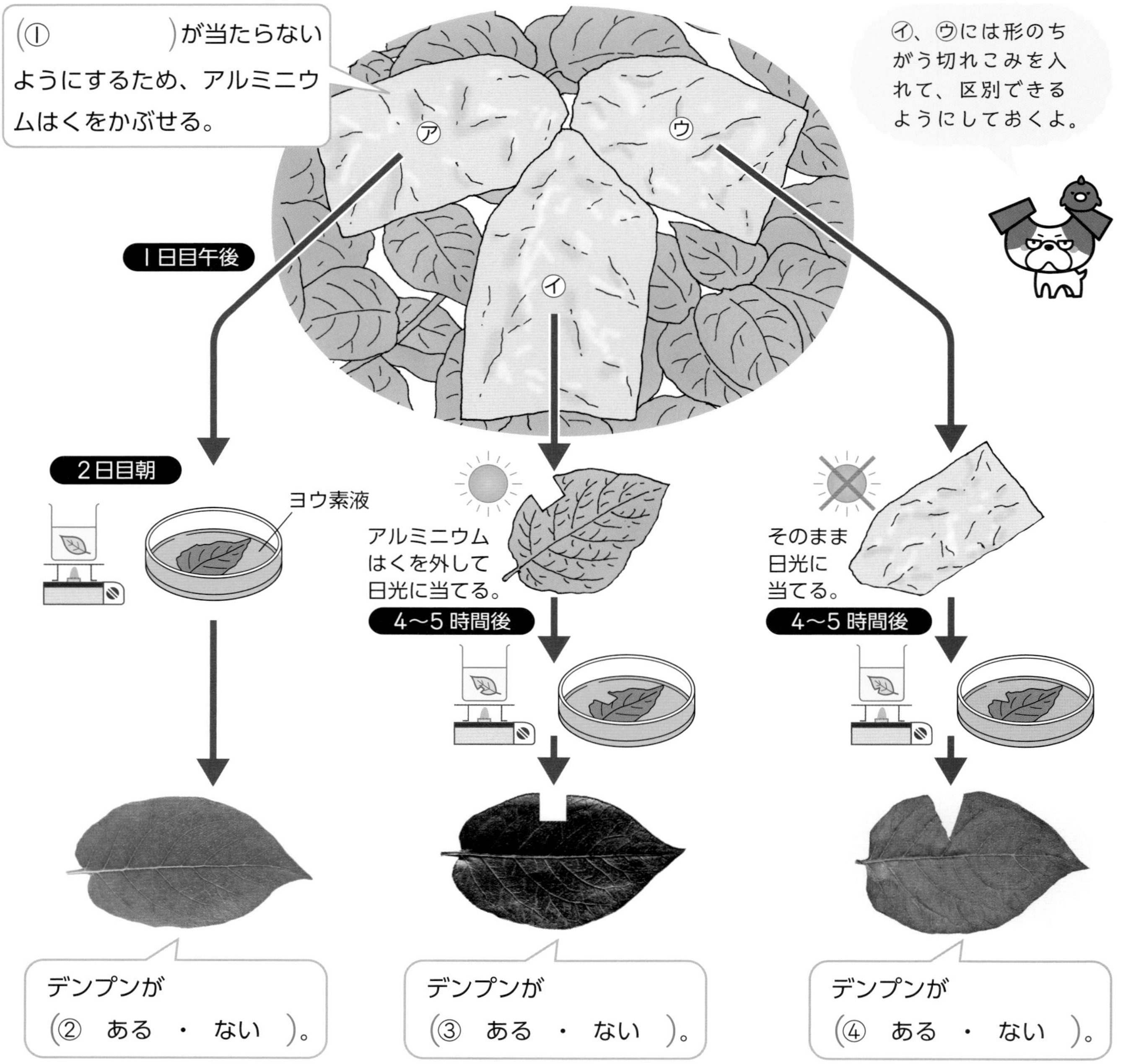

（①　　　　）が当たらないようにするため、アルミニウムはくをかぶせる。
ア
イ
ウ
イ、ウには形のちがう切れこみを入れて、区別できるようにしておくよ。
1日目午後
2日目朝
ヨウ素液
アルミニウムはくを外して日光に当てる。
そのまま日光に当てる。
4〜5時間後
4〜5時間後
デンプンが（②　ある　・　ない　）。
デンプンが（③　ある　・　ない　）。
デンプンが（④　ある　・　ない　）。

▶植物の葉に（⑤　　　　）が当たると、葉に養分である（⑥　　　　）ができる。

▶葉にできた養分は、植物が（⑦　　　　）するために使われる。

ここがだいじ!
①植物の葉に日光が当たると、葉には養分であるデンプンができる。
②葉にできた養分は、植物の成長に使われる。

ぴたトリビア
植物がつくるデンプンは植物ごとに性質がちがい、トウモロコシではのり状になりやすくスープなどに利用され、もち米ではねばりけが強くもちや白玉だんごなどに利用されます。

ぴったり2

練習

2. 植物の体のつくりとはたらき①

成長と日光との関わり

学習日　月　日

教科書 22〜29ページ　答え 6ページ

1 ジャガイモの葉にデンプンができるか調べます。

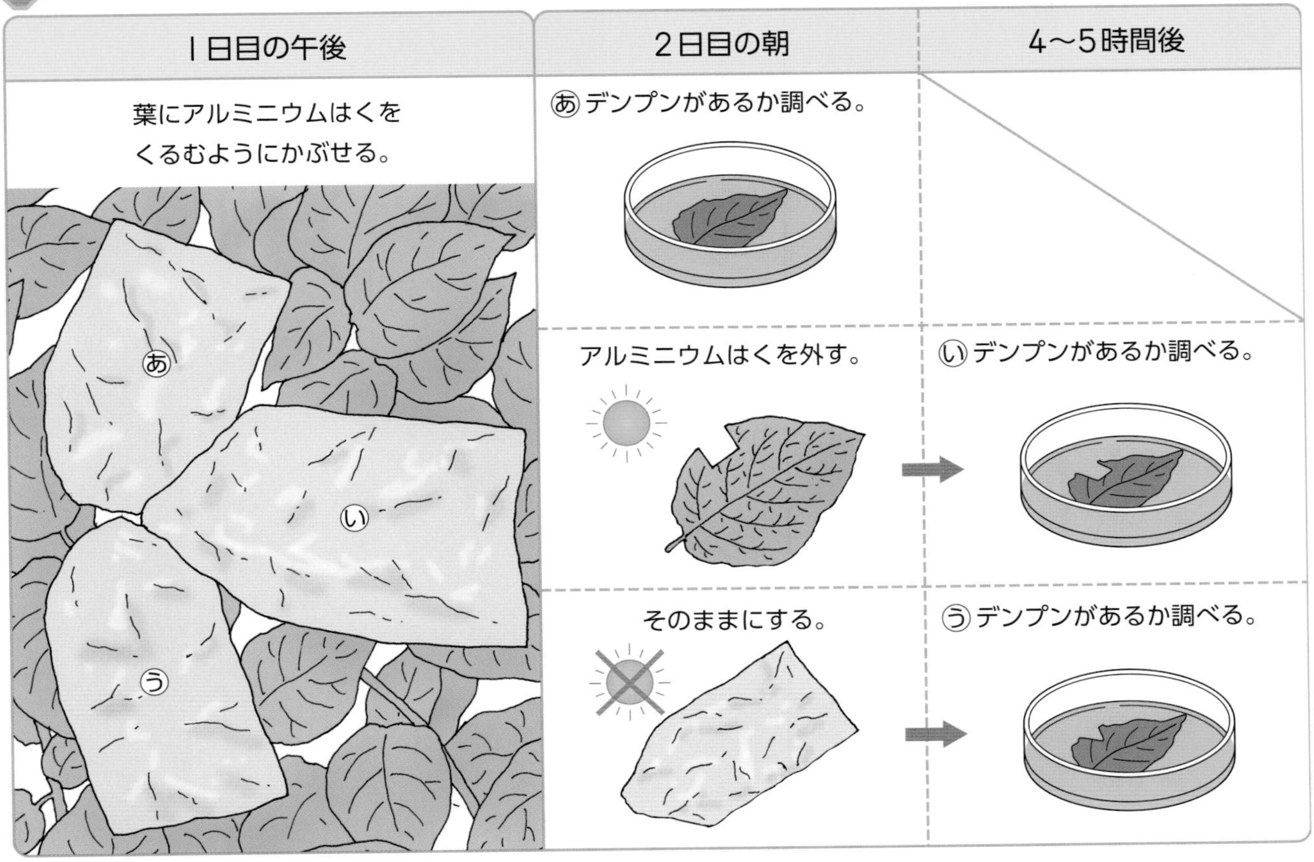

1日目の午後
2日目の朝
4〜5時間後
葉にアルミニウムはくを
くるむようにかぶせる。
あ
い
う
あデンプンがあるか調べる。
アルミニウムはくを外す。
いデンプンがあるか調べる。
そのままにする。
うデンプンがあるか調べる。

(1) い、うの葉に切れこみを入れているのはなぜですか。正しいものを1つ選んで、（　）に○をつけましょう。

ア（　）デンプンをできやすくするため。

イ（　）葉の区別をつけやすくするため。

ウ（　）ヨウ素液と反応しやすくするため。

(2) 葉にアルミニウムはくをかぶせているのはなぜですか。正しいものを1つ選んで、（　）に○をつけましょう。

ア（　）デンプンをできやすくするため。

イ（　）雨水が葉につかないようにするため。

ウ（　）日光が当たらないようにするため。

(3) ヨウ素液につけると青むらさき色になる葉を、あ〜うから選びましょう。（　）

(4) この実験からわかることをまとめた次の文の（　）に、当てはまる言葉を書きましょう。

● 植物の葉にデンプンができるためには、（　）に当たることが必要である。

(5) 植物の葉にできたデンプンは、何に使われますか。（　）

ヒント **1** (3)デンプンがあれば、葉は青むらさき色に変化します。デンプンがなければ、葉の色は変化しません。

2. 植物の体のつくりとはたらき①

時間 30 分

/100

合格 70 点

教科書 22〜31ページ　答え 7ページ

よく出る

1 ジャガイモの葉にデンプンができるか調べます。

1つ10点(60点)

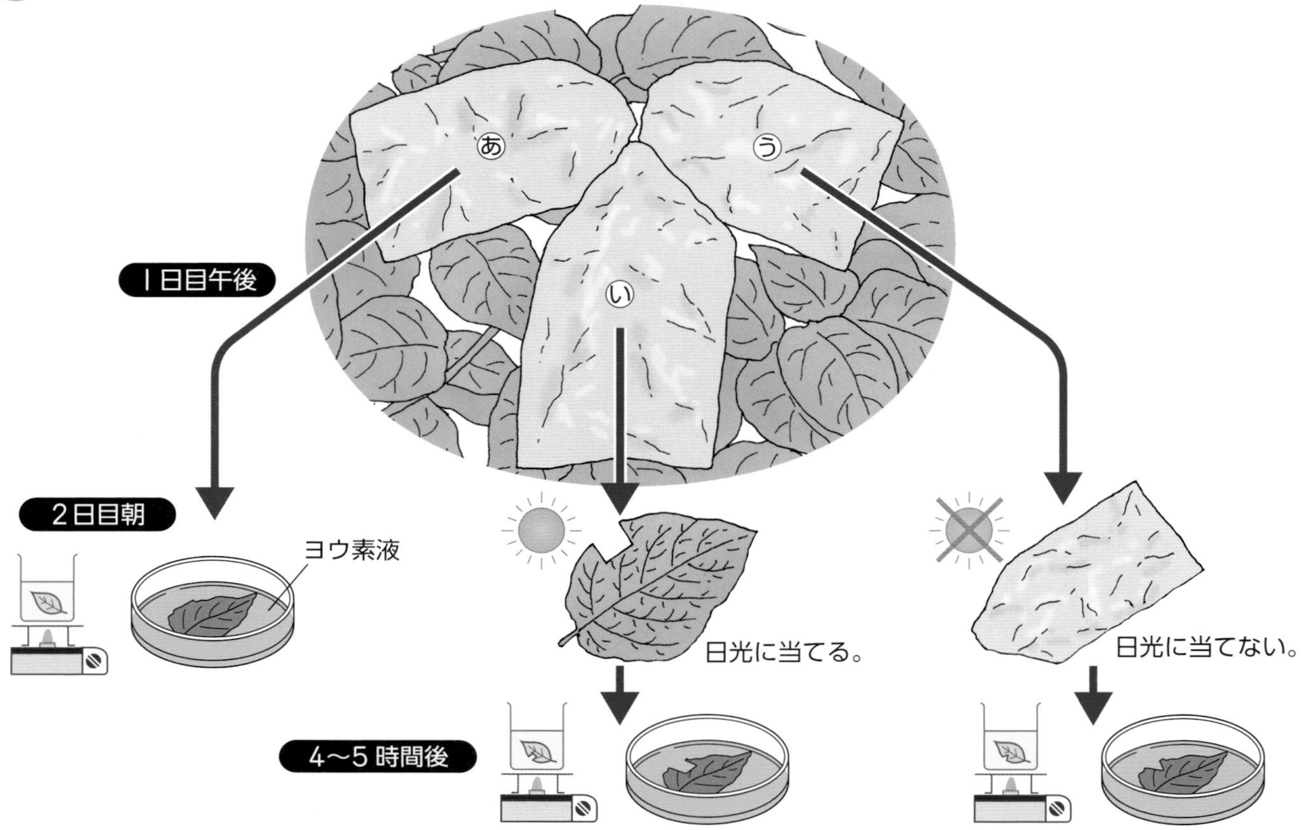
あ
い
う
1日目午後
2日目朝
ヨウ素液
日光に当てる。
日光に当てない。
4〜5時間後

(1) ①デンプンができているときと、②デンプンができていないときで、ヨウ素液をつけた葉の色はどうなりますか。それぞれ**ア**〜**エ**から選んで、記号で答えましょう。　技能

①(　　)　②(　　)

ア　白くにごる。　　**イ**　青むらさき色になる。

ウ　赤色になる。　　**エ**　色は変わらない。

(2) ㋐は、どのようなことを確かめるために行っていますか。正しいものを1つ選んで、(　　)に○をつけましょう。　技能

ア(　　)1日目には葉にデンプンがあることを確かめるため。

イ(　　)1日目には葉にデンプンがないことを確かめるため。

ウ(　　)2日目の朝には葉にデンプンがあることを確かめるため。

エ(　　)2日目の朝には葉にデンプンがないことを確かめるため。

(3) ヨウ素液で調べたときにデンプンができていた部分を㋐〜㋒から1つ選んで、記号で答えましょう。

(　　)

(4) デンプンができるために必要なことは何ですか。(　　)に当てはまる言葉を書きましょう。

●植物の(①　　　　)に(②　　　　)が当たることが必要である。

2 アサガオの葉の一部にアルミニウムはくをかぶせて、アルミニウムはくをかぶせなかった部分とのちがいを調べます。

1つ10点(30点)

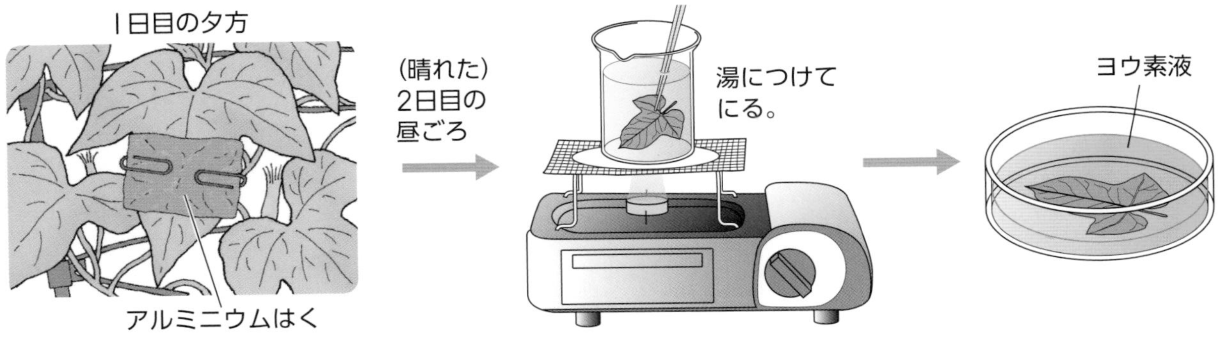
1日目の夕方
アルミニウムはく
(晴れた)
2日目の
昼ごろ
湯につけて
にる。
ヨウ素液

(1) 記述 アルミニウムはくをかぶせている理由を説明しましょう。　技能

(　　　　　　　　　　　　　　　　)

(2) この実験の結果、葉の色はどのようになりますか。正しいものを1つ選んで、(　　)に○をつけましょう。

ア(　　)　　イ(　　)　　ウ(　　)

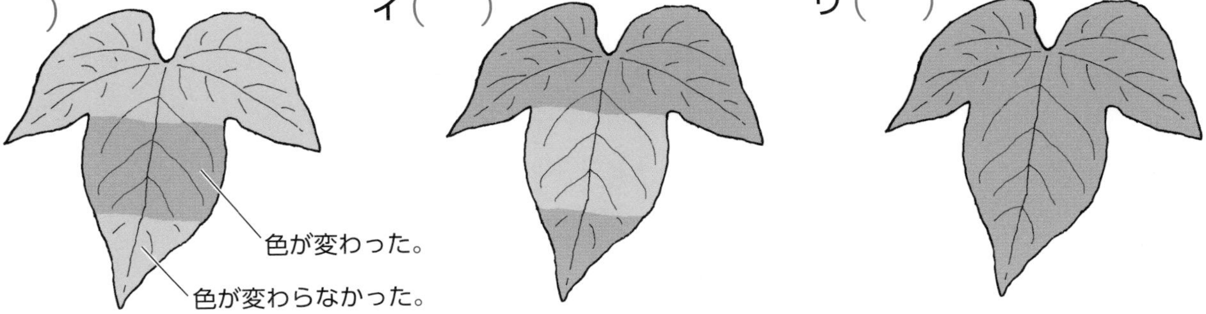
色が変わった。
色が変わらなかった。

(3) 記述 (2)のように色が変わった理由を説明しましょう。　思考・表現

(　　　　　　　　　　　　　　　　)

できたらスゴイ!

3 下の写真のような植物工場では、植物が成長するために必要な温度や水などが管理されていて、日光のかわりに人工の光を植物に当てて育てています。

思考・表現 (10点)

● 人工の光でも植物が育つのはなぜですか。正しいと考えられる意見を1つ選んで、(　　)に○をつけましょう。

人工の光が葉に当たると、根でデンプンがつくられるからだと思うよ。

植物の葉では、水さえあればデンプンができるからじゃないかな。

人工の光が日光と同じ役割《やくわり》をして、葉にデンプンができるからだと思うな。

ア(　　)　　イ(　　)　　ウ(　　)

ふりかえり
1がわからないときは、10ページの1にもどって確認《かくにん》しましょう。
3がわからないときは、10ページの1にもどって確認しましょう。

3. 人やほかの動物の体のつくりとはたらき

①吸った空気のゆくえ

学習日　　月　　日

めあて
呼吸のはたらきと、呼吸に関係するつくりを確認しよう。

教科書　32〜39ページ　答え　8ページ

次の(　　)に当てはまる言葉を書くか、当てはまるものを○で囲もう。

1　空気を吸《す》ったりはいたりして、何をとり入れ、何を出すのだろうか。　教科書　32〜36ページ

▶気体検知管で調べたとき

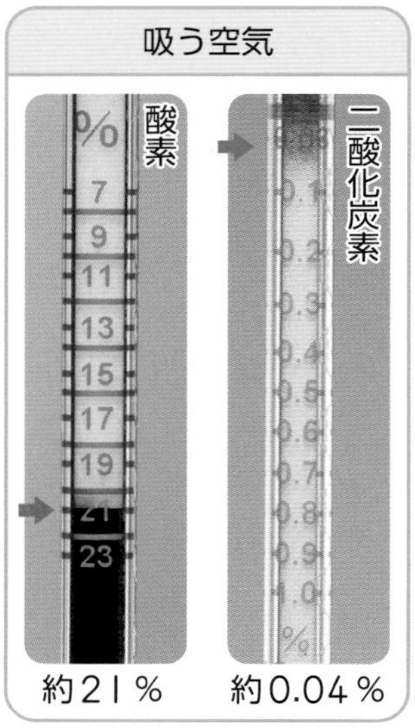
吸う空気
酸素
二酸化炭素
約21％
約0.04％

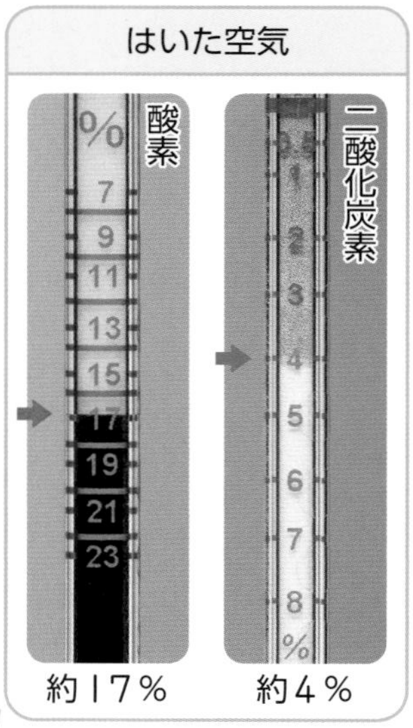
はいた空気
酸素
二酸化炭素
約17％
約4％

酸素は(①　増える　・　減る　)。
二酸化炭素は(②　増える　・　減る　)。

▶石灰水《せっかいすい》で調べたとき

吸う空気

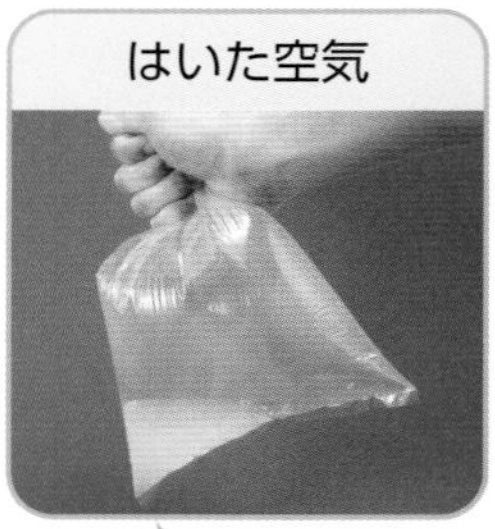
はいた空気

白く(③　にごる　・　にごらない　)。

白く(④　にごる　・　にごらない　)。

はいた空気を集めたふくろの内側に水《すい》てきがついてくるのは、水(水蒸気《すいじょうき》)がふくまれているからだよ。

▶人は、空気を吸ったりはいたりして、空気中の(⑤　　　　)の一部をとり入れ、(⑥　　　　　　)を出している。

2　人は、どのように酸素と二酸化炭素を出し入れするのだろうか。　教科書　37〜39ページ

▶人は、(①　　　　)で空気中の酸素をとり入れ、二酸化炭素を出している。

▶吸った空気の中の(②　　　　)は、肺《はい》の血管から血液の中にとり入れられ、血液の中の(③　　　　　　)は、はく空気の中に出される。

▶酸素を体の中にとり入れ、二酸化炭素を体の外に出すことを(⑥　　　　)という。

▶ウサギなどの動物は(⑦　　　　)で呼吸《こきゅう》をし、水にすむ魚は(⑧　　　　)で呼吸をする。

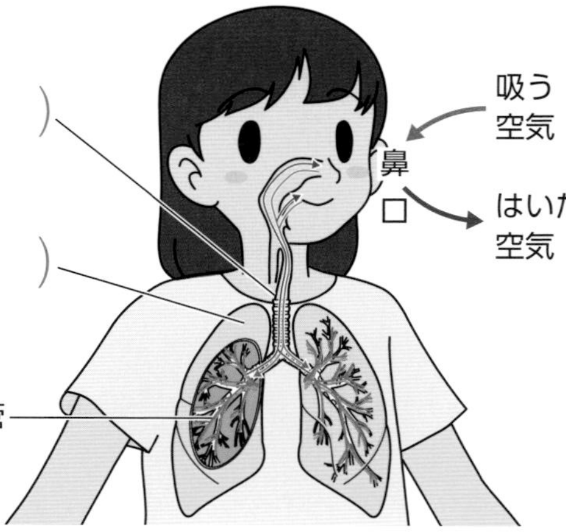
(④　　　　)
(⑤　　　　)
吸う空気
鼻
口
はいた空気
肺の血管

ここがだいじ！
①人は、肺で空気中から体の中に酸素をとり入れて、二酸化炭素を出している。
②酸素を体の中にとり入れ、二酸化炭素を出すことを呼吸という。

ぴたトリビア
多くのこん虫の胸《むね》や腹《はら》には「気門」という穴《あな》があります。こん虫はこの気門から空気をとり入れて呼吸しています。

3. 人やほかの動物の体のつくりとはたらき

①吸った空気のゆくえ

教科書 32〜39ページ　答え 8ページ

1 吸《す》う空気(あ)とはいた空気(い)のちがいを調べます。

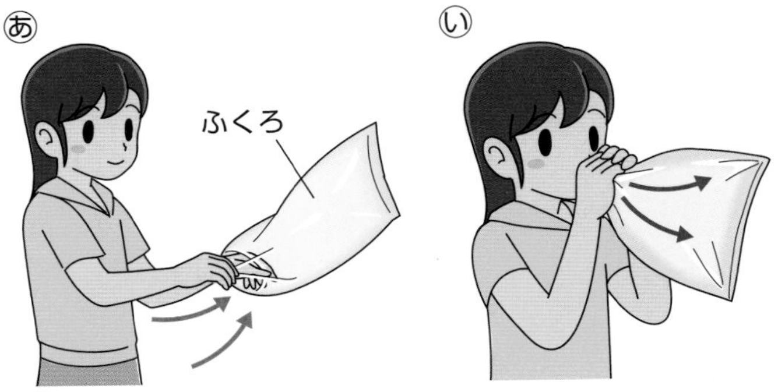

(1) 石灰水《せっかいすい》をふくろに入れてふると、石灰水が白くにごるのはあ、いのどちらですか。

（　　）

(2) (1)で石灰水が白くにごったのは、空気中の何が増えていたからですか。正しいものを１つ選んで、（　）に○をつけましょう。

ア（　　）ちっ素
イ（　　）酸素
ウ（　　）二酸化炭素

(3) 酸素用の気体検知管を使って、あ、いの空気中の酸素の体積の割合《わりあい》を調べた結果を、それぞれア〜オから選んで、記号で答えましょう。

あ（　　）　い（　　）

ア　0％　　イ　0.04％　　ウ　4％　　エ　17％　　オ　21％

(4) 次の文の（　）に当てはまる言葉を、下の□から選んで書きましょう。

● 空気を吸ったりはいたりすることで、空気中の(①　　　　)が体の中にとり入れられ、体の中から(②　　　　)や(③　　　　)が出される。

水蒸気《すいじょうき》　　ちっ素　　二酸化炭素　　酸素

2 吸った空気とはく空気の通り道について調べました。

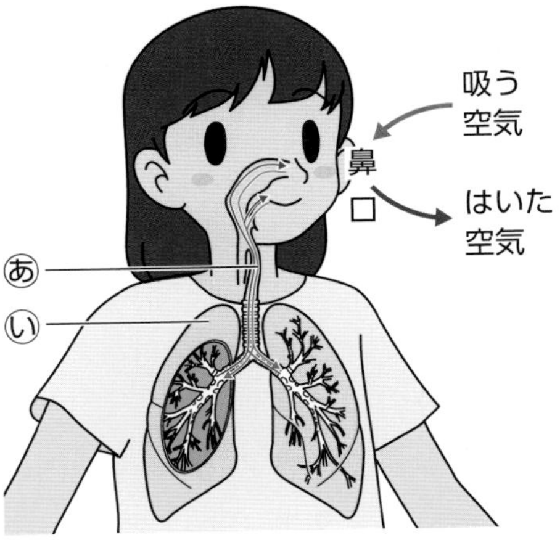

(1) 鼻や口から吸った空気は、あを通っていにまで吸いこまれます。あ、いをそれぞれ何といいますか。

あ（　　　　）
い（　　　　）

(2) いで血液中にとり入れられる気体は何ですか。正しいものを１つ選んで、（　）に○をつけましょう。

ア（　　）ちっ素
イ（　　）酸素
ウ（　　）二酸化炭素

(3) いで血液中からはく空気の中に出される気体は何ですか。正しいものを１つ選んで、（　）に○をつけましょう。

ア（　　）ちっ素　　イ（　　）酸素　　ウ（　　）二酸化炭素

(4) (2)の気体をとり入れて(3)の気体を出すことを、何といいますか。

（　　　　）

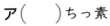

学習日　月　日

3. 人やほかの動物の体のつくりとはたらき

②血液中にとり入れられた酸素のゆくえ

めあて
血液のはたらきと、血液の流れに関係するつくりを確認しよう。

教科書 40〜42ページ　答え 9ページ

次の(　)に当てはまる言葉を書くか、当てはまるものを○で囲もう。

1 酸素は、どのようなしくみで、どこへ運ばれるのだろうか。

教科書 40〜42ページ

- 心臓《しんぞう》の動きを(①　　　　　)という。
- 心臓の動きによって起こる血管の動きを(②　　　　　)という。
- 血管は、体の(③　すみずみ　・　一部分だけ　)にあみの目のように張りめぐらされていて、血液は、(④　　　　　)のはく動《どう》によって、全身の血管を流れていく。

(⑤　　　　　)

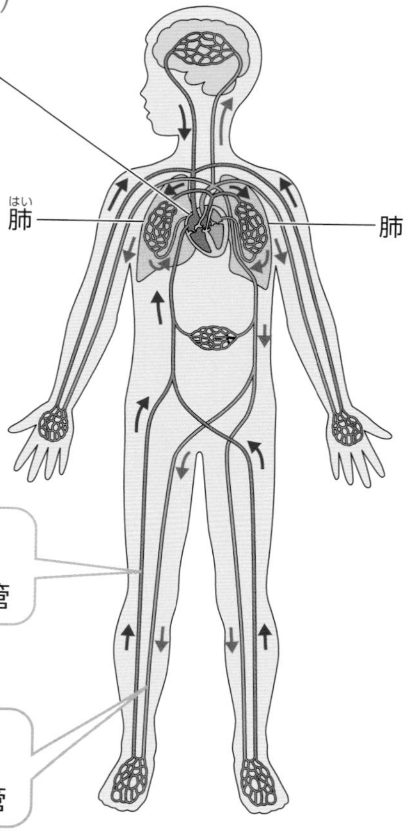

(⑥　　　　　)
の多い血液が流れている血管

(⑦　　　　　)
の多い血液が流れている血管

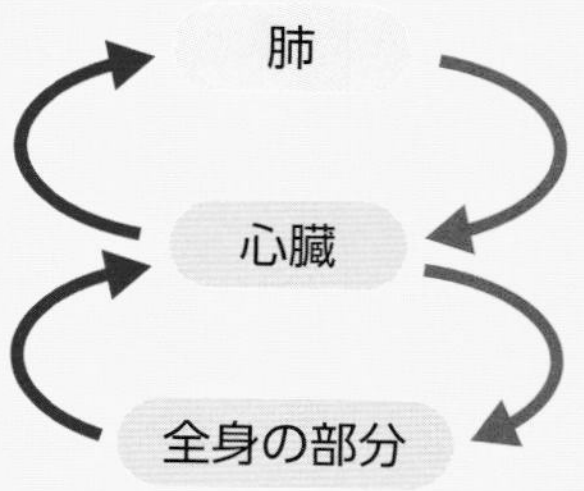

血液の流れには、
・心臓から肺を通ってもどる流れ
・心臓から全身を回ってもどる流れ
の２通りがある。

走るときには、体がいつもより多くの酸素を必要とするので、多くの酸素を運ぶために、呼吸《こきゅう》やはく動の回数が多くなるんだよ。

- 肺で血液中にとり入れられた酸素は、血液によって心臓に送られ、さらに(⑧　　　　　)に運ばれる。
- 血液中の二酸化炭素は、血液によって心臓に送られ、さらに(⑨　　　　　)に運ばれてから、はく空気の中に出される。
- 血液が全身をめぐることを、血液の(⑩　　　　　)という。

ここが だいじ!

①心臓の動きをはく動といい、はく動によって起こる血管の動きを脈《みゃく》はくという。
②血液は、心臓のはく動によって、全身に張りめぐらされた血管を流れていく。
③肺で血液中にとり入れられた酸素は、血液によって全身に運ばれる。

ぴたトリビア 血液は液体のようですが、固形成分もふくまれます。血液の固形成分のうち、酸素を運ぶはたらきがあるつぶは、赤血球《せっけっきゅう》とよばれています。

3. 人やほかの動物の体のつくりとはたらき

②血液中にとり入れられた酸素のゆくえ

教科書 40〜42ページ　答え 9ページ

1 血管が体のすみずみに張りめぐらされているようすを調べました。

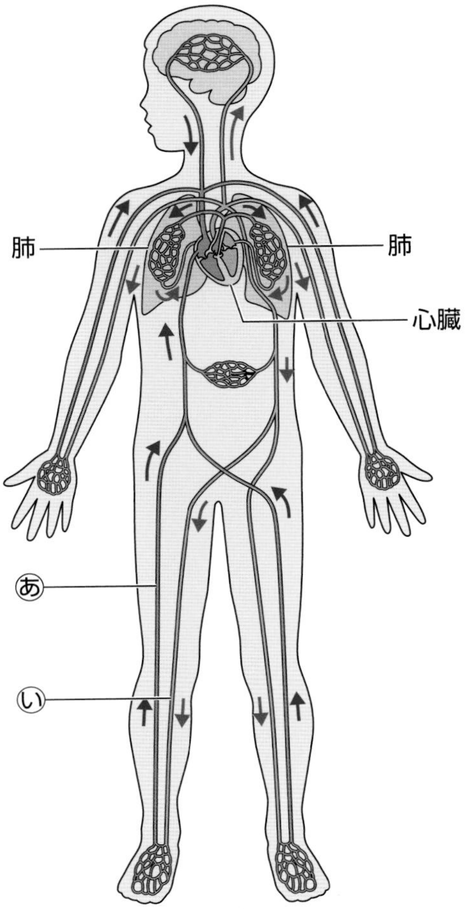

(1) 心臓《しんぞう》にはどのような役割《やくわり》がありますか。正しいものを1つ選んで、(　　)に○をつけましょう。

ア(　　)空気中の酸素を血液中にとり入れる。

イ(　　)血液中の二酸化炭素をはく空気の中に出す。

ウ(　　)全身の血管に血液を流す。

エ(　　)体の中に養分を吸収《きゅうしゅう》する。

(2) 胸《むね》にちょうしん器を当てると、心臓の動く音を聞くことができます。この心臓の動きを何といいますか。

(　　　　　)

(3) 手首や首筋《すじ》などを指でおさえると、心臓の動きによって起こる血管の動きが感じられます。この血管の動きを何といいますか。

(　　　　　)

(4) 体のすみずみに張りめぐらされた血管は、血液を全身に運んでいます。血液が全身をめぐることを何といいますか。

(　　　　　)

(5) 肺《はい》で、吸《す》った空気から血液中にとり入れられるのは、何という気体ですか。

(　　　　　)

(6) 肺で、血液中からはく空気の中に出されるのは、何という気体ですか。

(　　　　　)

(7) あを流れる血液に多くふくまれている気体は何ですか。正しいものを1つ選んで、(　　)に○をつけましょう。

ア(　　)ちっ素

イ(　　)酸素

ウ(　　)二酸化炭素

(8) いを流れる血液に多くふくまれている気体は何ですか。正しいものを1つ選んで、(　　)に○をつけましょう。

ア(　　)ちっ素

イ(　　)酸素

ウ(　　)二酸化炭素

ヒント 1 (5)(6)はく空気は、吸う空気(まわりの空気)と比べると、酸素が減り、二酸化炭素が増えています。

めあて
だ液によって、食べものにふくまれるデンプンがどうなるか確認しよう。

教科書 43～44ページ　答え 10ページ

次の(　　)に当てはまる言葉を書くか、当てはまるものを○で囲もう。

1 口の中でだ液と混ざったご飯はどうなるのだろうか。

教科書 43～44ページ

▶だ液のはたらきを調べる実験

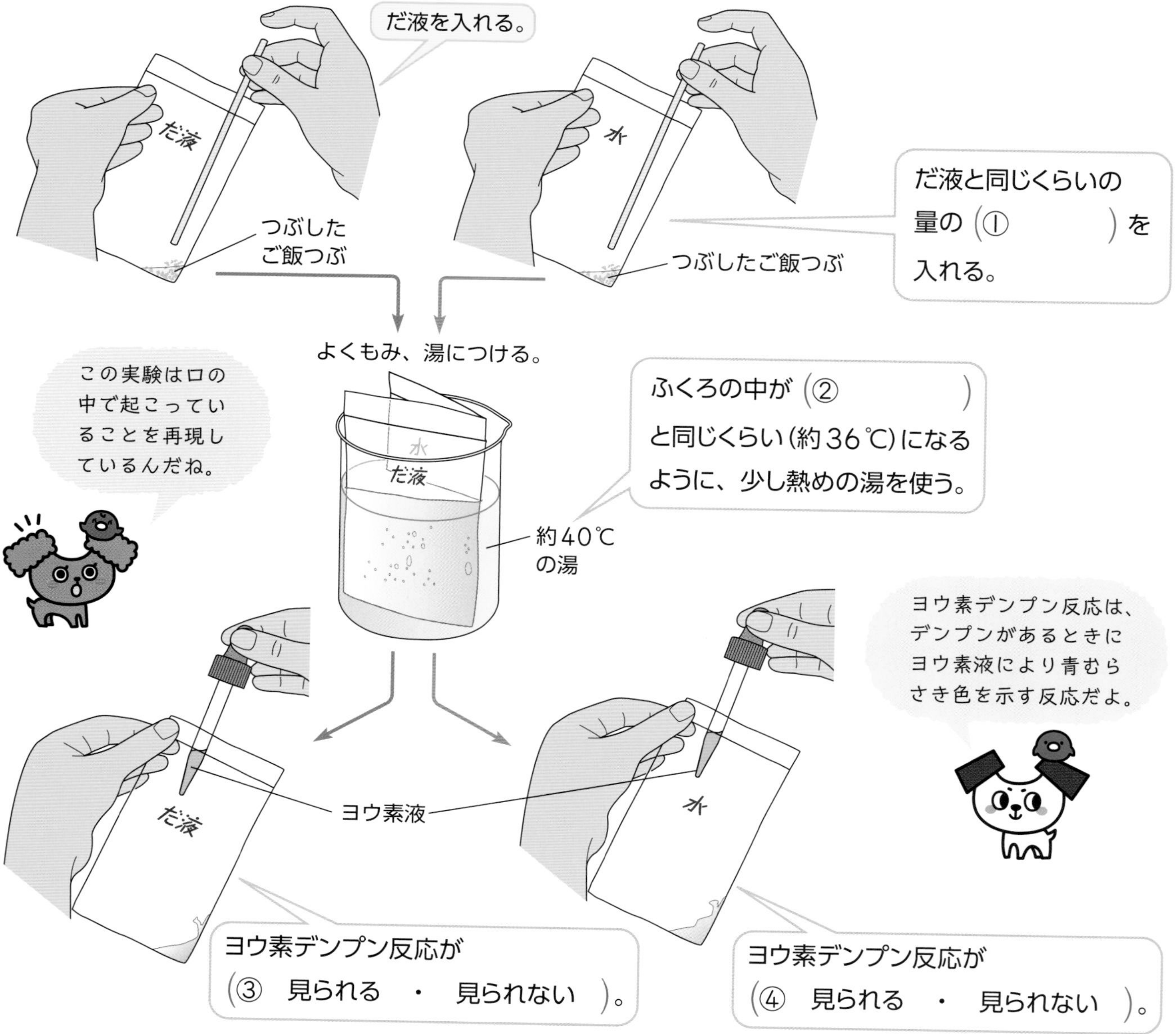
だ液を入れる。
だ液
つぶしたご飯つぶ
水
つぶしたご飯つぶ
だ液と同じくらいの量の(①　　　　)を入れる。
よくもみ、湯につける。
この実験は口の中で起こっていることを再現しているんだね。
ふくろの中が(②　　　　)と同じくらい(約36℃)になるように、少し熱めの湯を使う。
水
だ液
約40℃の湯
ヨウ素デンプン反応は、デンプンがあるときにヨウ素液により青むらさき色を示す反応だよ。
だ液
ヨウ素液
水
ヨウ素デンプン反応が(③　見られる　・　見られない　)。
ヨウ素デンプン反応が(④　見られる　・　見られない　)。

▶デンプンとだ液を混ぜると、デンプンは(⑤　変化しない　・　別のものになる　)。

▶食べものが体に吸収《きゅうしゅう》されやすい養分に変化することを(⑥　　　　　)という。

▶だ液のように消化に関わるはたらきをする液を(⑦　　　　　)という。

ここがだいじ！

①ご飯にふくまれるデンプンは、だ液と混ざると、別のものに変化する。

②食べものが体に吸収されやすい養分に変化することを消化という。

③だ液のように消化に関わるはたらきをする液を消化液という。

ぴたトリビア　消化されて体に吸収された養分は、体を動かすエネルギーとして使われたり、体をつくる材料になったりします。

練習

3. 人やほかの動物の体のつくりとはたらき

③食べたもののゆくえ1

1 **ご飯にデンプンがふくまれているか調べます。**

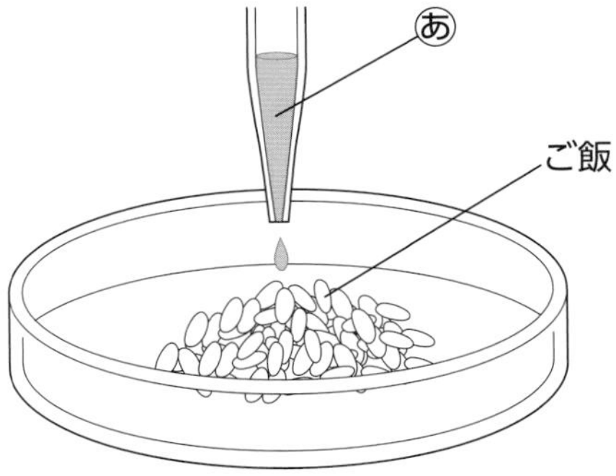

(1) デンプンがふくまれているか調べるときに使うあの液を何といいますか。正しいものを１つ選んで、(　　)に○をつけましょう。

ア(　　)石灰水《せっかいすい》
イ(　　)ヨウ素液
ウ(　　)エタノール
エ(　　)食塩水

(2) あの液をご飯にかけると、ご飯は何色になりますか。正しいものを１つ選んで、(　　)に○をつけましょう。

ア(　　)茶色　イ(　　)白色　ウ(　　)赤色　エ(　　)青むらさき色

(3) (2)のようになることから、何がわかりますか。(　　)に当てはまる言葉を書きましょう。

● ご飯には、デンプンが(　　　　　　　　)。

2 **だ液にはどのようなはたらきがあるのかを調べます。**

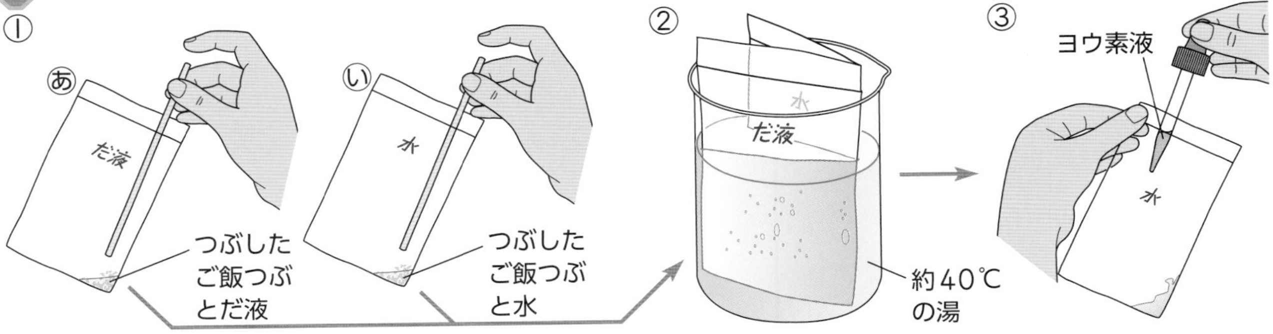

(1) ②でふくろを約40℃の湯につけているのはなぜですか。正しいほうの(　　)に○をつけましょう。

ア(　　)ふくろの中が体温と同じくらいになるようにするため。
イ(　　)つぶしたご飯のつぶがとけて液体になるようにするため。

(2) ③でヨウ素液を加えて色が変化しないのは、あ、いのどちらですか。(　　)

(3) ヨウ素液を加えて色が変化しないほうには、デンプンが残っていますか、残っていませんか。
(　　　　　　　　)

(4) この実験から、だ液によって、デンプンがどうなったことがわかりますか。正しいほうの(　　)に○をつけましょう。

ア(　　)変化しなかった。
イ(　　)別のものに変わった。

3. 人やほかの動物の体のつくりとはたらき

③食べたもののゆくえ2

学習日　　月　　日

めあて
食べたものの通り道や、養分が吸収された後にどうなるかを確認しよう。

教科書　44〜48ページ　答え　11ページ

次の(　　)に当てはまる言葉を書こう。

1 食べものは、体の中でどのように消化、吸収《きゅうしゅう》されるのだろうか。

教科書　44〜46ページ

▶食べものの通り道は、口➡食道➡(①　　　　)➡小腸《しょうちょう》➡(②　　　　)➡こう門　となっていて、この通り道を(③　　　　)という。

▶消化された養分は、水分とともに(④　　　　)の血管から血液中に吸収される。

▶吸収されなかったものは、大腸《だいちょう》に運ばれ、(⑤　　　　)として体の外に出される。

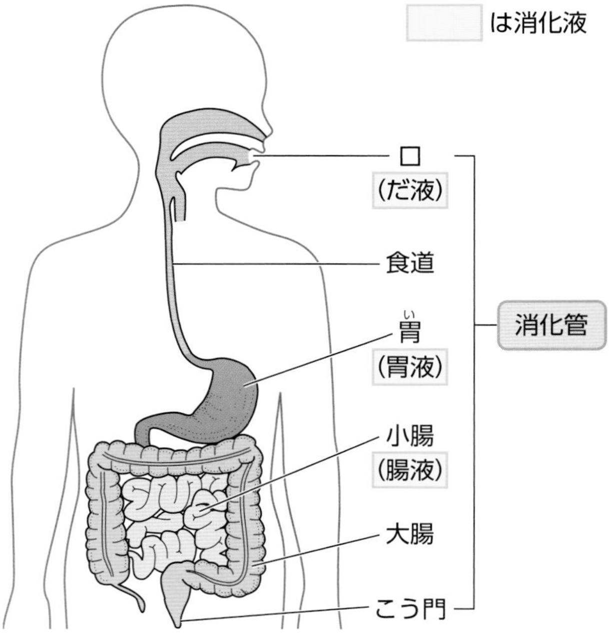
は消化液
口
(だ液)
食道
胃《い》
(胃液)
小腸
(腸液)
大腸
こう門
消化管

肺《はい》でとり入れられる酸素と同じで、養分も血液に吸収されるんだね。

2 養分は、血液に吸収された後、どこへ運ばれるのだろうか。

教科書　46〜48ページ

▶血液中に吸収された養分は、(①　　　　)によって全身へ運ばれ、一部は(②　　　　)にたくわえられ、必要なときに使われる。

▶体の中で不要になったものは、血液によって運ばれ、(③　　　　)で血液中からこし出されて、余分な水分といっしょになって(④　　　　)となり、ぼうこうにためられた後、体の外に出される。

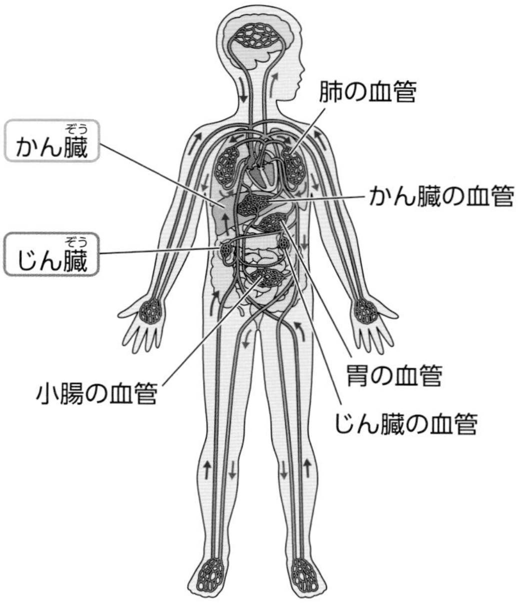
肺の血管
かん臓《ぞう》
かん臓の血管
じん臓《ぞう》
小腸の血管
胃の血管
じん臓の血管

じん臓は、血液の中から不要なものをとりのぞいているんだね。

ここがだいじ！

①食べものは消化管の中を運ばれながら消化されて吸収されやすい養分になり、水分とともに主に小腸で吸収される。

②小腸で吸収された養分は血液によって全身に運ばれ、一部はかん臓にたくわえられる。

ぴたトリビア
じん臓は、体に必要なブドウ糖《とう》という養分は尿《にょう》として体の外に出ないようにしています。しかし、じん臓に異《い》常《じょう》があるとブドウ糖が尿にふくまれるようになり、これを糖尿病《とうにょうびょう》といいます。

1 食べものが、体の中でどのように消化され、吸収《きゅうしゅう》されるのかを調べました。

(1) あ～えの部分の名前を、それぞれ［　　］から選んで書きましょう。

大腸《だいちょう》　小腸《しょうちょう》　胃《い》　食道

あ（　　　）　い（　　　）
う（　　　）　え（　　　）

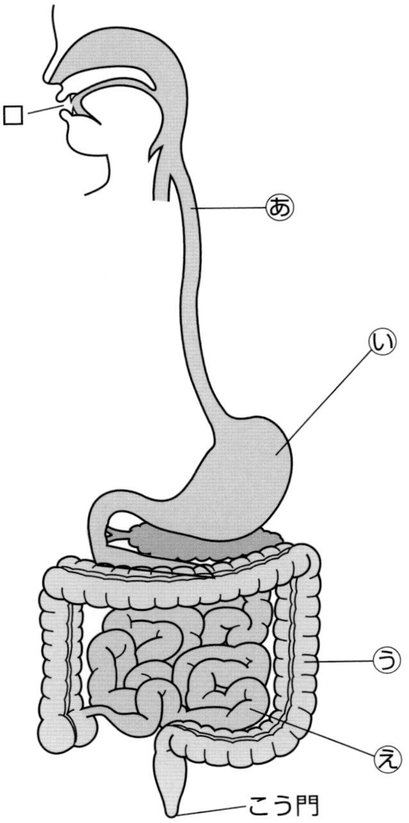

(2) 食べものが体の中を移動する順になるように、（　）にあ～えの記号を入れましょう。

口 ➡（　）➡（　）➡（　）➡（　）➡ こう門

(3) 口から始まってこう門に終わる、食べものの通り道を何といいますか。　（　　　）

(4) 口、い、えで出される消化液を何といいますか。それぞれ［　　］から選んで書きましょう。

胃液《いえき》　腸液《ちょうえき》　だ液　あせ

口（　　　）　い（　　　）　え（　　　）

(5) 消化された養分を吸収する部分を、あ～えから選んで、記号で答えましょう。　（　　）

2 右の図は、全身の血管のようすとかん臓《ぞう》、じん臓《ぞう》の位置を表しています。

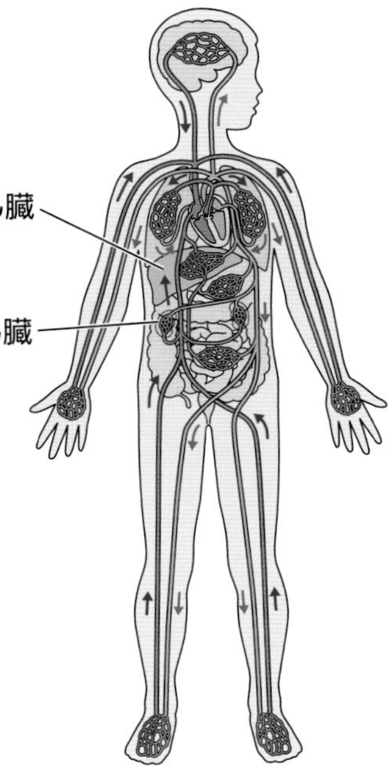

(1) 血管の中を流れていて、全身に養分や酸素などを運ぶものを何といいますか。　（　　　）

(2) かん臓とじん臓には、どのようなはたらきがありますか。それぞれ**ア**～**エ**から選んで答えましょう。

かん臓（　　）　じん臓（　　）

ア　体の中に吸収された養分の一部をたくわえて、必要なときに使えるようにする。
イ　体の中に酸素をとり入れる。
ウ　デンプンを体に吸収されやすい養分に変える。
エ　血液中から不要になったものをこし出して、尿《にょう》として体の外に出す。

ぴったり1

準備

3. 人やほかの動物の体のつくりとはたらき

④臓器の関わり

学習日　　月　　日

めあて
体の中のいろいろな部分どうしの関わり合いについて確認しよう。

教科書　49～53ページ　　答え　12ページ

次の(　　)に当てはまる言葉を書こう。

1 それぞれの臓器《ぞうき》は、どのように関わり合っているだろうか。

教科書　49ページ

▶呼吸《こきゅう》に関わる肺《はい》や、消化・吸収《きゅうしゅう》に関わる胃《い》や小腸《しょうちょう》などのことを(①　　　　　　)という。それぞれの(①)が関わり合ってはたらくことで、命が保たれている。

●呼吸に関わる臓器

(②　　　　　　)

酸素を血液中にとり入れ、二酸化炭素を体の外に出す。

●血液のじゅんかんに関わる臓器

(③　　　　　　)

血液を全身にじゅんかんさせ、酸素や二酸化炭素、養分や体に不要なものを運ぶ。

腹《はら》側

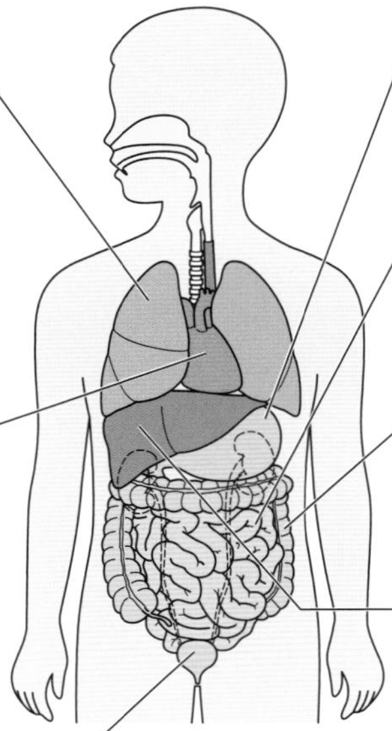

●消化・吸収に関わる臓器

(④　　　　　　)

食べたものを胃液《いえき》と混ぜて消化し、体に吸収されやすい養分に変える。

(⑤　　　　　　)

消化された食べものの養分を、水分といっしょに血液中に吸収する。

(⑥　　　　　　)

小腸で吸収されなかったものから、さらに水分などを吸収する。

(⑦　　　　　　)

養分をたくわえ、必要なときにはその養分を全身に送る。

背中《せなか》側

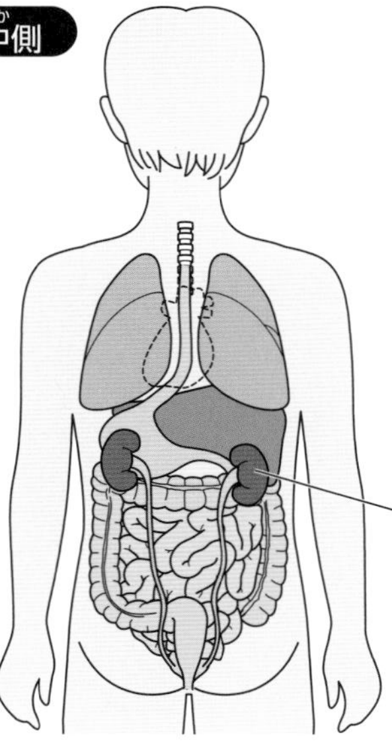

●排出《はいしゅつ》に関わる臓器

(⑧　　　　　　)

じん臓《ぞう》でできた尿《にょう》をためてから、体の外に出す。

(⑨　　　　　　)

体の中で不要になったものや余分な水分を血液中からこし出して、尿をつくる。

人以外の動物でも、体のすみずみまで血液が流れていて、消化に関わる臓器をはじめ、さまざまな臓器がたがいに関わり合っているよ。

ここがだいじ！

①呼吸に関わる肺や、消化・吸収に関わる胃や小腸などのことを臓器という。

②体の中では、それぞれの臓器が関わり合ってはたらくことで命が保たれている。

ぴたトリビア　昔の日本では、人の内臓《ないぞう》には体調や心の状態を変化させる虫がすみついているという考えがありました。「虫の知らせ」などの慣用句はその考え方の名残《なごり》という説があります。

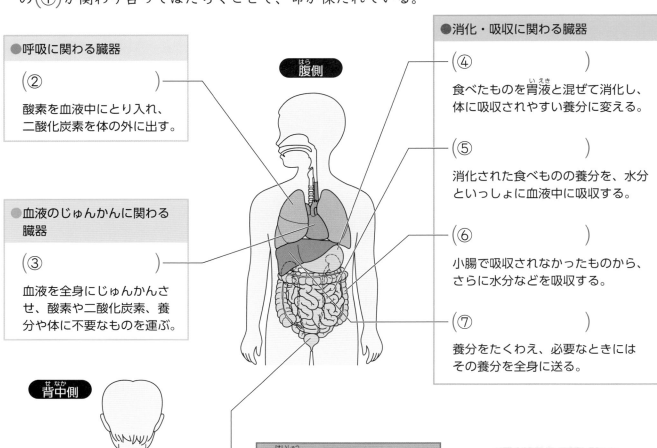

ぴったり2

練習

3. 人やほかの動物の体のつくりとはたらき

④臓器の関わり

学習日　　月　　日

教科書　49〜53ページ　答え　12ページ

1 人の体の中の臓器《ぞうき》を調べました。

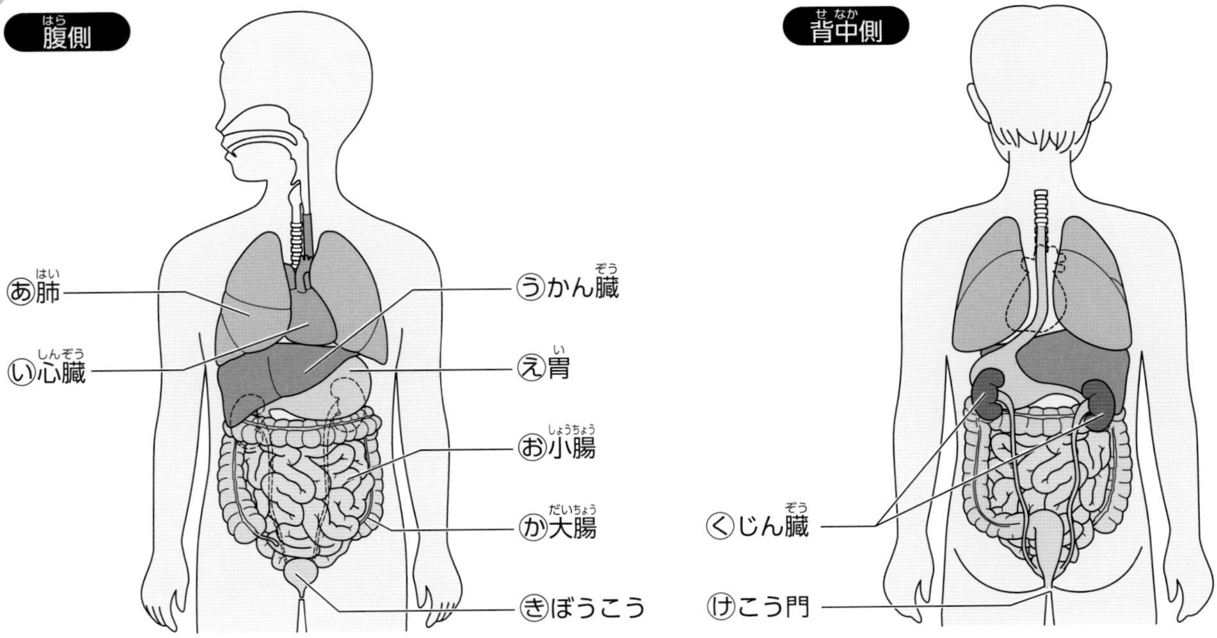

腹《はら》側
背中《せなか》側
あ肺《はい》
い心臓《しんぞう》
うかん臓《ぞう》
え胃《い》
お小腸《しょうちょう》
か大腸《だいちょう》
きぼうこう
くじん臓《ぞう》
けこう門

(1) 血液を全身にじゅんかんさせている臓器はどれですか。図のあ〜けから１つ選んで、記号で答えましょう。（　　）

(2) 酸素を血液中にとり入れて、二酸化炭素を体の外に出している臓器はどれですか。図のあ〜けから１つ選んで、記号で答えましょう。（　　）

(3) 食べものを胃液《いえき》と混ぜて消化し、体に吸収《きゅうしゅう》されやすい養分に変えるはたらきをしている臓器はどれですか。あ〜けから１つ選んで、記号で答えましょう。（　　）

(4) 消化された食べものの養分を、水分といっしょに血液中に吸収するはたらきをしている臓器はどれですか。図のあ〜けから１つ選んで、記号で答えましょう。（　　）

(5) 血液の中にとり入れられた養分の一部をたくわえたり、たくわえた養分を必要に応じて全身に送るはたらきをしている臓器はどれですか。図のあ〜けから１つ選んで、記号で答えましょう。（　　）

(6) 食べものが消化されて養分が吸収された残りのものから、さらに水分などを吸収する臓器はどれですか。図のあ〜けから１つ選んで、記号で答えましょう。（　　）

(7) 体の中で不要になったものや余分な水分を血液中からこし出して、尿《にょう》をつくっている臓器はどれですか。図のあ〜けから１つ選んで、記号で答えましょう。（　　）

(8) 尿を一度ためてから、体の外に出している臓器はどれですか。図のあ〜けから１つ選んで、記号で答えましょう。（　　）

ぴったり3

確かめのテスト

3. 人やほかの動物の体のつくりとはたらき

時間 30 分

/100

合格 70 点

教科書 32～55ページ　答え 13ページ

よく出る

1 だ液のはたらきについて調べました。

1つ5点(15点)

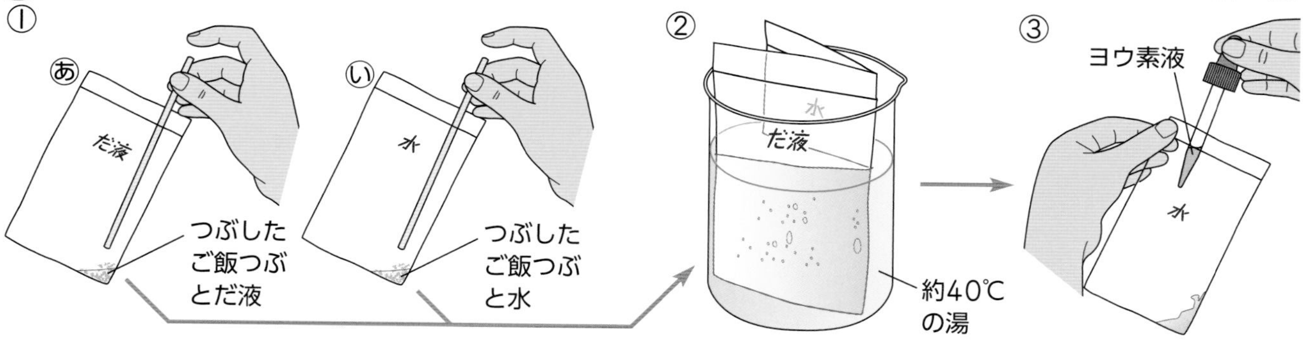

①
あ
だ液
つぶしたご飯つぶとだ液
い
水
つぶしたご飯つぶと水
②
水
だ液
約40℃の湯
③
ヨウ素液
水

(1) 記述 ②でふくろを約40℃の湯につけているのは、ふくろの中の温度をどうするためですか。説明しましょう。 技能

(　　　　　　　　　　　　　　　　　　　　)

(2) この実験で、ヨウ素液を加えて色が変化するのは、あ、いのどちらですか。

(　　　)

(3) この実験から、だ液にはどのようなはたらきがあることがわかりますか。(　　)に当てはまる言葉を書きましょう。

デンプンを(　　　　　　　)に変えるはたらき

2 人の食べものの通り道を調べました。

1つ5点、(2)と(4)はそれぞれ全部できて5点(35点)

(1) う～おの部分の名前を、それぞれ書きましょう。

う(　　　　　)

え(　　　　　)

お(　　　　　)

(2) 食べものが通る順にあ～かをならべましょう。

(　　)→(　　)→(　　)→(　　)→(　　)→(　　)

(3) (2)の食べものの通り道のことを何といいますか。

(　　　　　)

(4) 消化液を出す部分はどこですか。あ～かからすべて選んで、記号で答えましょう。

(　　　　　　　　　)

(5) 消化された養分を血液中に吸収《きゅうしゅう》する部分はどこですか。あ～かから1つ選んで、記号で答えましょう。

(　　　)

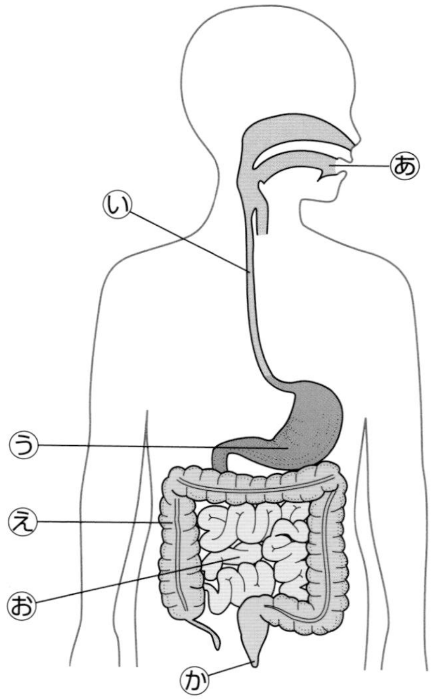

あ
い
う
え
お
か

学習日　　月　　日

よく出る

3 吸《す》う空気とはいた空気の酸素と二酸化炭素の体積の割合《わりあい》を気体検知管で調べました。

1つ4点(20点)

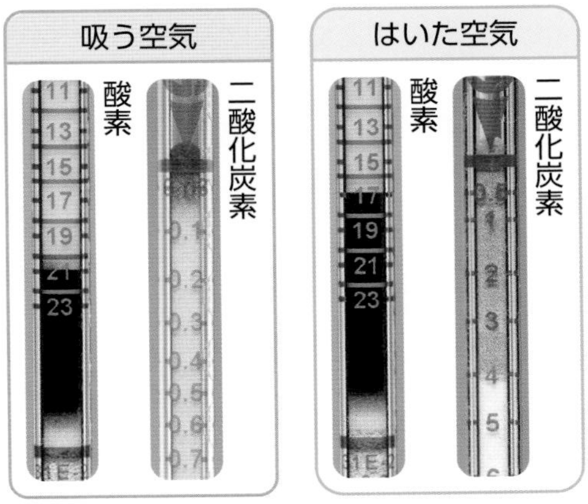

吸う空気
酸素
11
13
15
17
19
21
23
二酸化炭素
はいた空気
酸素
11
13
15
17
19
21
23
二酸化炭素

(1) はいた空気の酸素の体積の割合は約何％ですか。整数で答えましょう。　技能（　　　　）

(2) 酸素と二酸化炭素の変化について、正しいものを１つ選んで、（　）に○をつけましょう。

ア（　　）酸素も二酸化炭素も増える。

イ（　　）酸素は増え、二酸化炭素は減る。

ウ（　　）酸素は減り、二酸化炭素は増える。

エ（　　）酸素も二酸化炭素も減る。

(3) はいた空気の入ったふくろに石灰水《せっかいすい》を入れてよくふると、石灰水はどうなりますか。（　　　　　　）

(4) この実験からわかることをまとめます。（　）に当てはまる言葉を書きましょう。

● 呼吸《こきゅう》では、空気中から（①　　　　　）がとり入れられ、（②　　　　　）が出される。

4 体の中の血液のじゅんかんについて調べました。

1つ5点(30点)

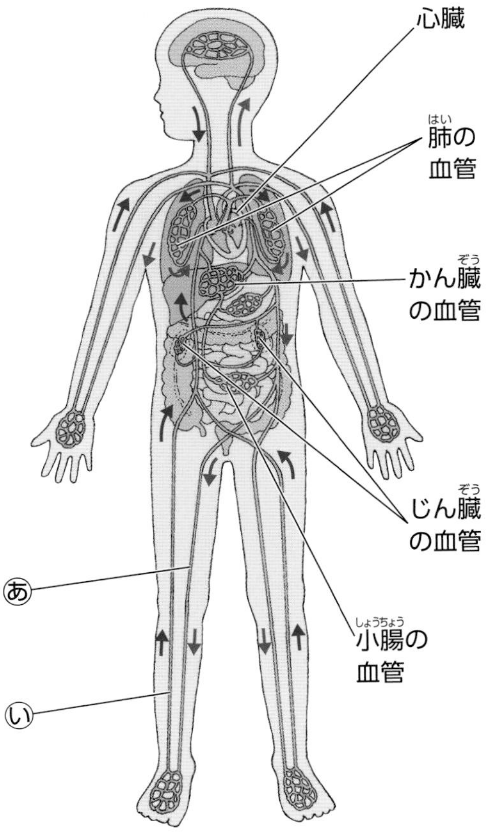

心臓
肺《はい》の血管
かん臓《ぞう》の血管
じん臓《ぞう》の血管
小腸《しょうちょう》の血管
あ
い

(1) 記述 心臓《しんぞう》には、どのようなはたらきがあるかを説明しましょう。　思考・表現

（　　　　　　　　　　）

(2) 50ｍ走をしたとき、１分間のはく動《どう》の回数は、走る前と比べてどうなりますか。正しいものを１つ選んで、（　）に○をつけましょう。　思考・表現

ア（　　）減る。

イ（　　）変化しない。

ウ（　　）増える。

(3) 次の①、②のはたらきをしている臓器《ぞうき》の名前を、それぞれ書きましょう。

① 体の中で不要になったものを血液中からこし出す。（　　　　）

② 体の中に吸収した養分の一部をたくわえる。（　　　　）

(4) あ、いの血液について説明した次の文の（　）に当てはまる言葉を書きましょう。

● あよりいの血液のほうが、ふくまれている酸素の量が（①　　　　）。また、あよりいの血液のほうが、ふくまれている二酸化炭素の量が（②　　　　）。

ふりかえり

3がわからないときは、18ページの1にもどって確認《かくにん》しましょう。

4がわからないときは、14ページの1にもどって確認しましょう。

ぴったり1 準備

3分でまとめ

4. 植物の体のつくりとはたらき②

成長と水との関わり1

学習日　月　日

めあて
植物が根からとり入れた水のゆくえを確認しよう。

教科書 56〜64ページ　答え 14ページ

次の(　)に当てはまる言葉を書くか、当てはまるものを○で囲もう。

1 根でとり入れた水は、どこを通って体全体にいきわたるのだろうか。

教科書 56〜61ページ

▶ほり上げたホウセンカを青い色をつけた水にひたすと、(①　　　)の通り道が青く染《そ》まる。

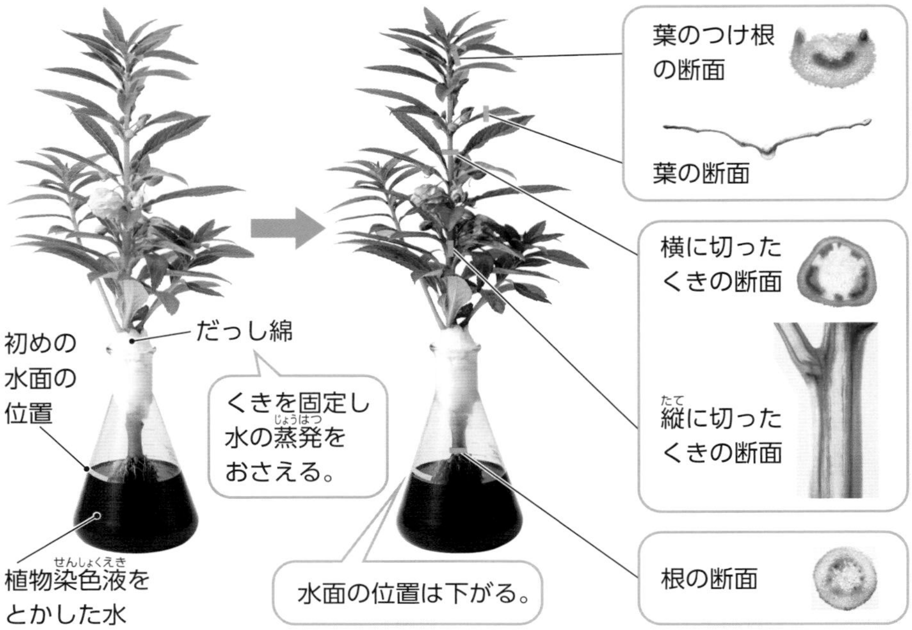

初めの水面の位置
だっし綿
くきを固定し水の蒸発《じょうはつ》をおさえる。
植物染色液《せんしょくえき》をとかした水
水面の位置は下がる。
葉のつけ根の断面
葉の断面
横に切ったくきの断面
縦《たて》に切ったくきの断面
根の断面

葉には水の通り道が(② ある ・ ない)。

くきには水の通り道が(③ ある ・ ない)。

根には水の通り道が(④ ある ・ ない)。

▶根でとり入れた水は水の通り道を通り、植物の体の(⑤ 一部分 ・ すみずみ)に運ばれる。

2 葉までいきわたった水は、どうなるのだろうか。

教科書 62〜64ページ

葉をつけたままのホウセンカ
葉をとり去ったホウセンカ
ふくろ
モール

水《すい》てきが(① 少しだけ ・ たくさん)ついた。

水てきが(② 少しだけ ・ たくさん)ついた。

▶根でとり入れた水は、主に(③ 葉 ・ くき)から(④　　　)として出ていく。

▶水が、植物の体から水蒸気《すいじょうき》となって出ていくことを(⑤　　　)という。

ここがだいじ!

①根でとり入れた水は、根、くき、葉などの水の通り道を通り、体全体にいきわたる。
②葉までいきわたった水は、主に葉から水蒸気となって出ていく。
③水が、植物の体から水蒸気となって出ていくことを、蒸散《じょうさん》という。

ぴたトリビア 動物では、体に吸収《きゅうしゅう》された水は尿《にょう》や汗《あせ》として体の外に出る以外に、息をはき出すときに水蒸気として体の外に出たり、皮ふから蒸発したりもしています。

1 ホウセンカを根ごとほり上げて、植物染色液《せんしょくえき》で青い色をつけた水にひたすと、青色に染《そ》まりました。

(1) 葉やくきの断面のようすは、どうなりますか。それぞれ正しいほうの（　）に○をつけましょう。

①葉の断面

ア（　）

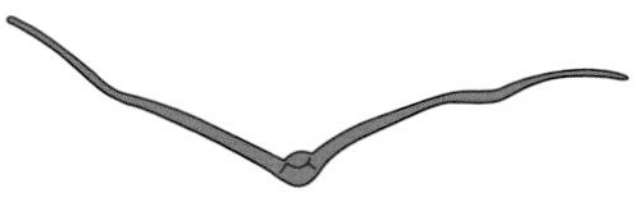

イ（　）

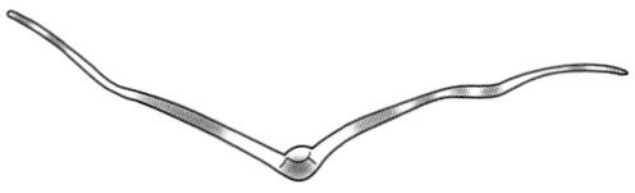

②くきの断面

カ（　）

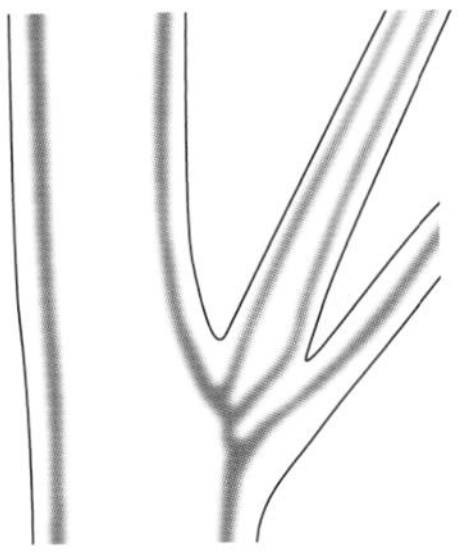

キ（　）

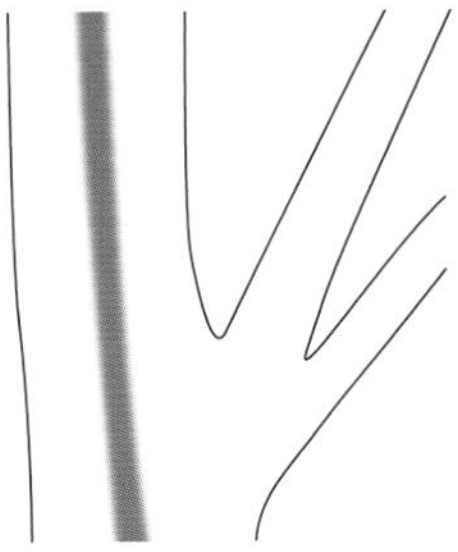

(2) 青色に染まった部分は何が通ったところですか。（　　　　）

(3) 水の通り道がある部分をすべて選んで、（　）に○をつけましょう。

ア（　）根　　イ（　）くき　　ウ（　）葉

2 植物の葉から水が出ていくようすを調べます。

(1) 時間がたつと、あ、いのふくろの内側はどうなりますか。それぞれア〜ウから選んで答えましょう。

あ（　）　い（　）

ア　水《すい》てきがたくさんつく。
イ　水てきが少しつく。
ウ　水てきがまったくつかない。

(2) この実験から、水は主に植物のどこから水蒸《すいじょう》気《き》となって出ていくことがわかりますか。正しいものを１つ選んで、（　）に○をつけましょう。

ア（　）根　　イ（　）くき　　ウ（　）葉

(3) 植物の体の中の水が水蒸気となって出ていくことを何といいますか。（　　　）

4. 植物の体のつくりとはたらき②

成長と水との関わり2

学習日　　月　　日

めあて
植物の体の中の水は、葉のどこから出ていくのか確認しよう。

教科書 64～67ページ　答え 15ページ

次の(　)に当てはまる言葉を書くか、当てはまるものを○で囲もう。

1 けんび鏡《きょう》の使い方をまとめよう。

教科書 221ページ

▶けんび鏡で観察するときの手順

けんび鏡は、直射《ちょくしゃ》日光の当たらない明るいところに置いて使うよ。

❶対物レンズをいちばん(① 高い ・ 低い)倍率にする。

❷接眼レンズをのぞきながら、(②　　　　)の向きを変えて、明るく見えるようにする。

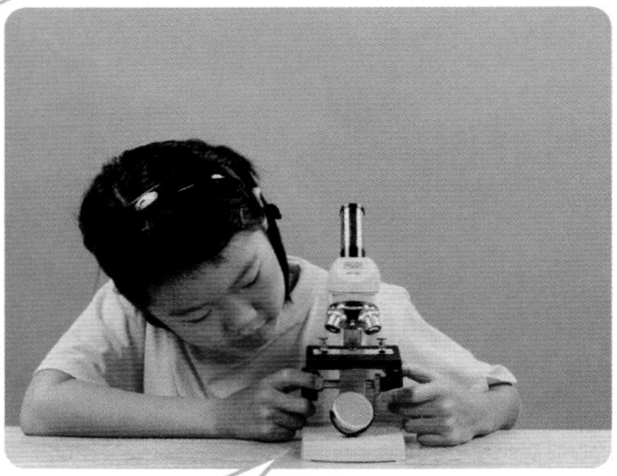

❸ステージの上にプレパラートを置いて、見たい部分が穴《あな》の中央にくるようにする。

❹横から見ながら、調節ねじを少しずつ回し、対物レンズとプレパラートの間をできるだけ(③ 広く ・ せまく)する。

❺接眼レンズをのぞきながら調節ねじを回し、対物レンズとプレパラートの間を少しずつ(④ 広く ・ せまく)して、ピントを合わせる。

2 水は、葉のどこから水蒸気《すいじょうき》となって出ていくのだろうか。

教科書 64～66ページ

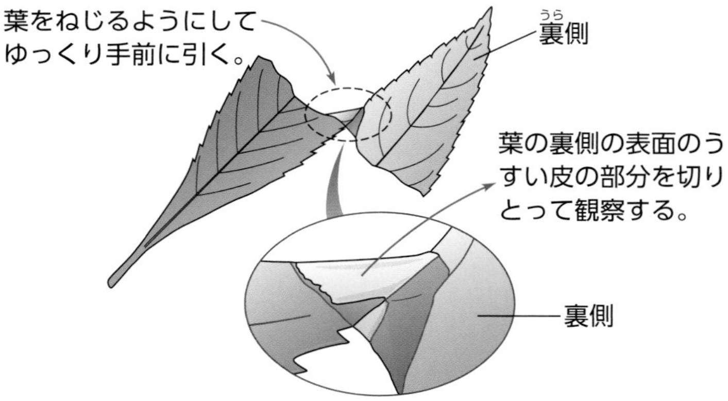

葉をねじるようにしてゆっくり手前に引く。
裏《うら》側
葉の裏側の表面のうすい皮の部分を切りとって観察する。
裏側

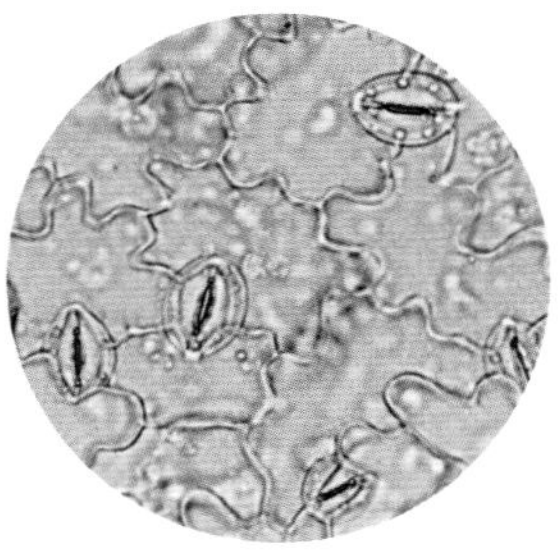
ホウセンカの葉の裏

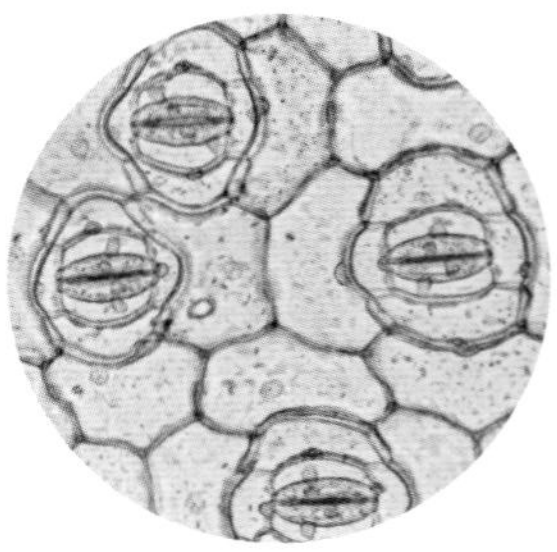
ツユクサの葉の裏

▶葉の表面には、小さな穴がたくさんあり、この穴を(①　　　　)という。

▶(②　　　　)が行われるとき、水蒸気は気孔《きこう》から出ていく。

ここがだいじ!
①葉の表面にはたくさんの小さな穴があり、この穴を気孔という。
②蒸散《じょうさん》が行われるとき、水蒸気は気孔から出ていく。

ぴたトリビア
多くの植物では、気孔を昼に開いて夜に閉《と》じ、昼にさかんに蒸散を行います。しかし、さばくの植物は体のつくりが特別で、気孔を昼に閉じて夜に開き、夜にさかんに蒸散を行います。

4. 植物の体のつくりとはたらき②

成長と水との関わり2

教科書 64〜67ページ
答え 15ページ

1 けんび鏡《きょう》の使い方をまとめます。

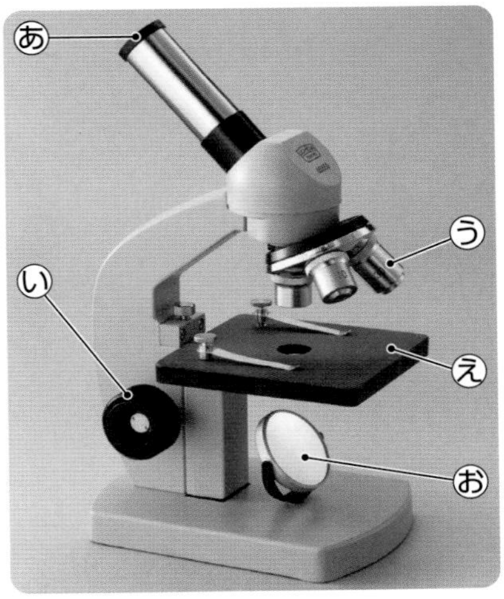
あ
い
う
え
お

(1) けんび鏡はどのようなところに置いて使いますか。正しいものを1つ選んで、(　)に○をつけましょう。

ア(　)直射《ちょくしゃ》日光が当たらない、暗いところ
イ(　)直射日光が当たらない、明るいところ
ウ(　)直射日光が当たる、明るいところ

(2) あ、う、おの部分の名前を、それぞれ何といいますか。

あ(　　　　)
う(　　　　)
お(　　　　)

(3) 次の①、②のときにそうさするのは、あ〜おのどこですか。それぞれ記号で答えましょう。

① けんび鏡をのぞいて明るく見えるようにするとき　(　　)
② けんび鏡のピントを合わせるとき　(　　)

(4) けんび鏡のピントの合わせ方について、正しいものを1つ選んで、(　)に○をつけましょう。

ア(　)横から見ながら、対物レンズとプレパラートの間を広くする。
イ(　)接眼レンズをのぞきながら、対物レンズとプレパラートの間を広くする。
ウ(　)接眼レンズをのぞきながら、対物レンズとプレパラートの間をせまくする。

2 けんび鏡を使って、葉の表面がどうなっているか調べました。

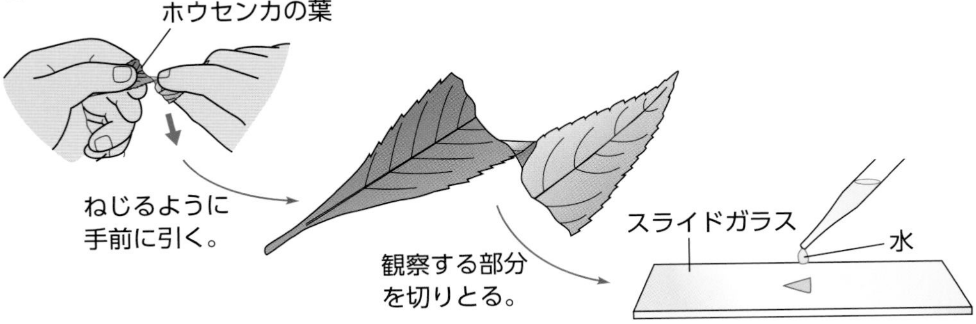
ホウセンカの葉
ねじるように
手前に引く。
観察する部分
を切りとる。
スライドガラス
水

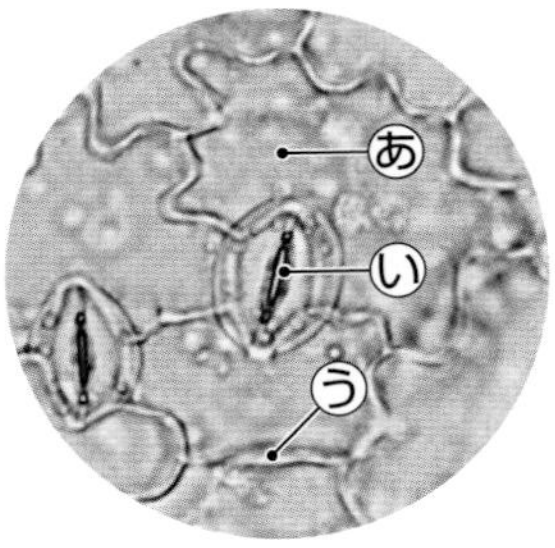
あ
い
う

(1) 葉の表面を観察するために使うとよい部分を選んで、(　)に○をつけましょう。

ア(　)うすい皮の部分
イ(　)緑色の厚くなっている部分

(2) 植物の体の中から水が出ていくときには、主にあ〜うのどの部分から出ていきますか。　(　　)

(3) (2)の部分を何といいますか。　(　　)

(4) (3)から水が出ていくときには、水は何になっていますか。　(　　)

ぴったり3
確かめのテスト
4. 植物の体のつくりとはたらき②

時間 30 分
/100
合格 70 点

教科書 56～69ページ　答え 16ページ

1 けんび鏡《きょう》を使って、ホウセンカの葉の表面を観察します。　1つ5点、(1)と(4)は全部できて5点(50点)

(1) 次の文は、けんび鏡をどのようなところに置いて観察するかを説明したものです。(　　)に当てはまる言葉を書きましょう。 技能

● けんび鏡は、(① 　　　　　)が当たらない、(② 　　　　　)場所に置いて観察する。

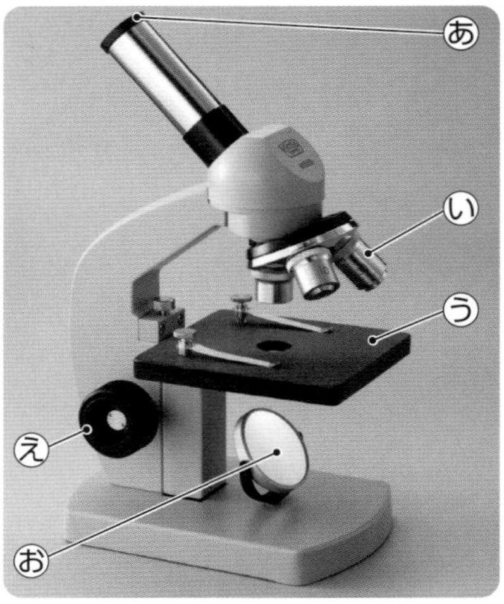

(2) あ～おの部分の名前を、それぞれ何といいますか。

あ(　　　　　　　)
い(　　　　　　　)
う(　　　　　　　)
え(　　　　　　　)
お(　　　　　　　)

(3) けんび鏡のピントを合わせるときに動かすのは、あ～おのどこですか。記号で答えましょう。
技能 (　　)

(4) けんび鏡で観察するときのそうさの順に、か～けをならべましょう。 技能
(　　)→(　　)→(　　)→(　　)

か　横から見ながら調節ねじを少しずつ回して、対物レンズとプレパラートの間をできるだけせまくする。

き　対物レンズをいちばん低い倍率にし、接眼レンズをのぞきながら反射鏡《はんしゃきょう》を動かして明るく見えるようにする。

く　接眼レンズをのぞきながら調節ねじを回して、対物レンズとプレパラートの間を少しずつ広げ、ピントを合わせる。

け　プレパラートをステージの上に置き、見ようとするところが穴《あな》の中央にくるようにする。

(5) ホウセンカの葉の表面をけんび鏡で観察すると、右のさのように口のような形をしたものが見られました。これを何といいますか。
(　　　　)

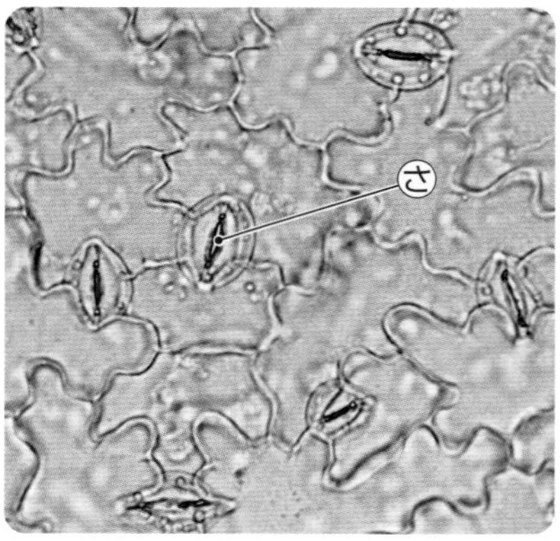

(6) さについての説明として、正しいものを1つ選んで、(　　)に○をつけましょう。

ア(　　)植物が空気中の小さな生物を食べるための口である。
イ(　　)植物が尿《にょう》を出すための穴である。
ウ(　　)植物が便を出すための穴である。
エ(　　)水が水蒸気《すいじょうき》となって出ていくための穴である。

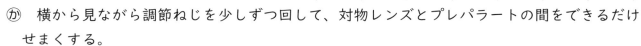

2 ホウセンカを根ごと青い色をつけた水にひたすと、青色に染《そ》まりました。

1つ6点(30点)

(1) 時間がたつにつれて、水面の位置はどうなりますか。

（　　　　　）

(2) あ～うの断面のようすについて、正しいほうをそれぞれ選んで、（　）に○をつけましょう。

あ ア（　　）

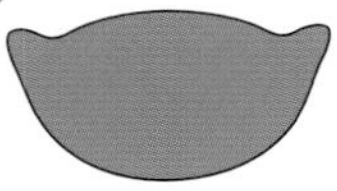

イ（　　）

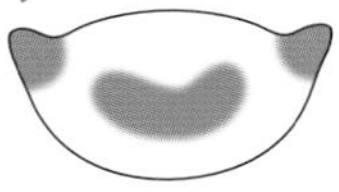

い カ（　　）

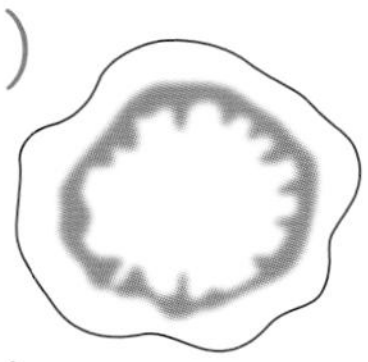

キ（　　）

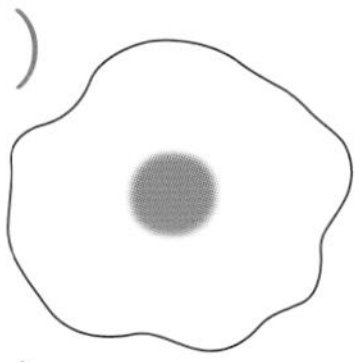

う サ（　　）

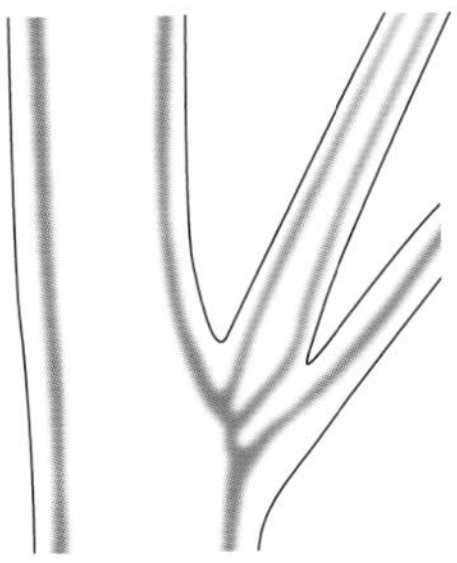

シ（　　）

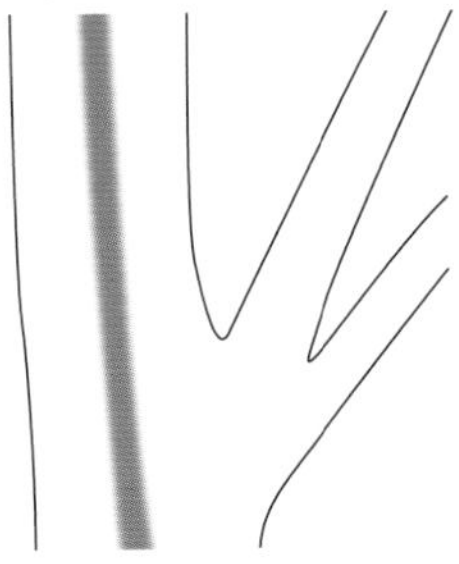

(3) この実験からわかることをまとめた次の文の（　）に、当てはまる言葉を書きましょう。

● 植物が根から吸《す》い上げた（　　　　）は、根、くき、葉などにある決まった通り道を通って、植物全体にいきわたる。

よく出る

3 葉をとり去ったホウセンカと葉をそのままにしたホウセンカにふくろをかぶせます。

1つ5点(20点)

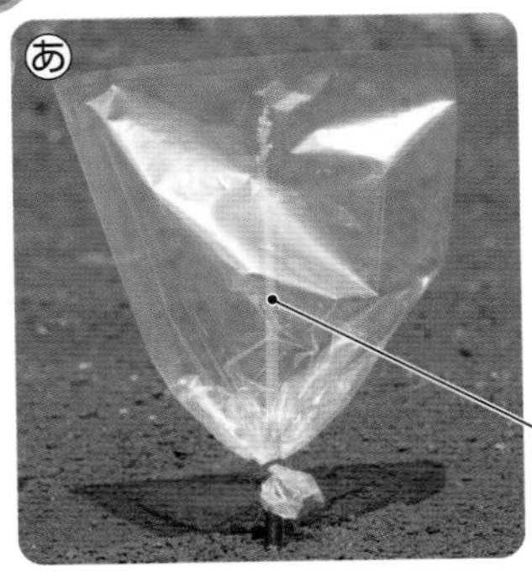

葉をとり去ったホウセンカ

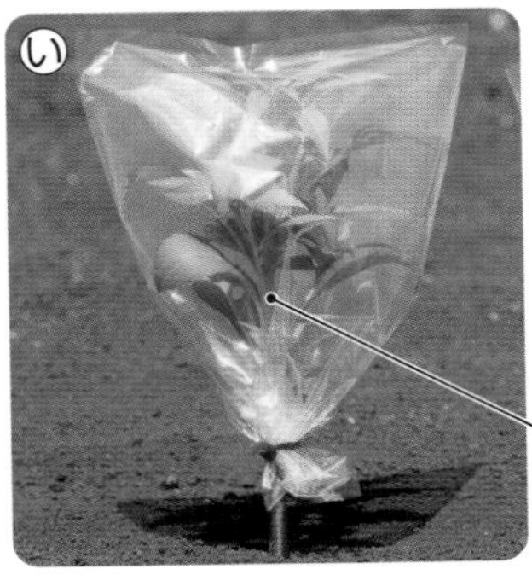

葉をそのままにしたホウセンカ

(1) 時間がたつと、ふくろの内側にたくさん水《すい》てきがつくのはあ、いのどちらですか。（　　　）

(2) (1)のようになるのは、植物から何という気体が出ているからですか。（　　　　）

(3) 水が、植物から(2)となって出ていくことを、何といいますか。（　　　　）

(4) 記述 いの葉を半分くらいとり去ってから、かわいたふくろをかぶせておくと、ふくろの内側につく水てきの量は、あやいのときと比べてどうなると考えられますか。 思考・表現

（　　　　　　　　　　　　　　　　　　）

ふりかえり
2がわからないときは、26ページの1にもどって確認《かくにん》しましょう。
3がわからないときは、26ページの2にもどって確認しましょう。

ぴったり1 準備

学習日　　月　　日

5. 生物と地球環境

①食べものを通した生物どうしの関わり

3分でまとめ

めあて
食べものを通した生物どうしの関わりを確認しよう。

教科書 70～79ページ　答え 17ページ

次の(　)に当てはまる言葉を書くか、当てはまるものを○で囲もう。

1 池にすむメダカは、何を食べているのだろうか。　教科書 70～73ページ

▶池の水の中には、ミジンコやミカヅキモなどの(① 大きな ・ 小さな)生物がいる。

▶池にすむメダカなどは、水の中のミジンコやミカヅキモなどを(② 食べる ・ 食べない)。

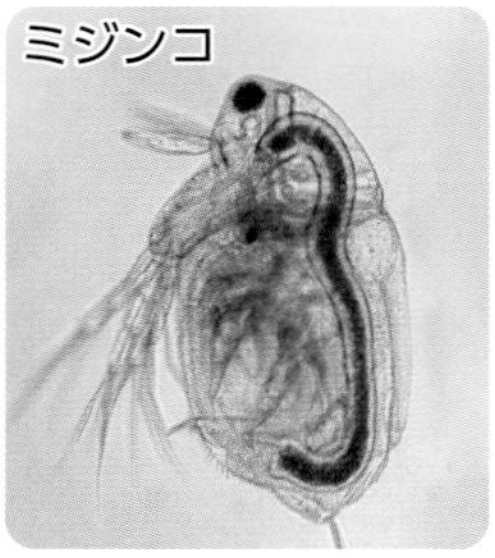
ミジンコ

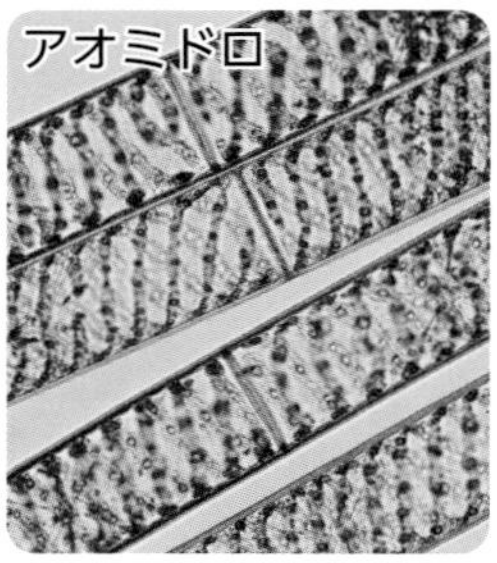
アオミドロ

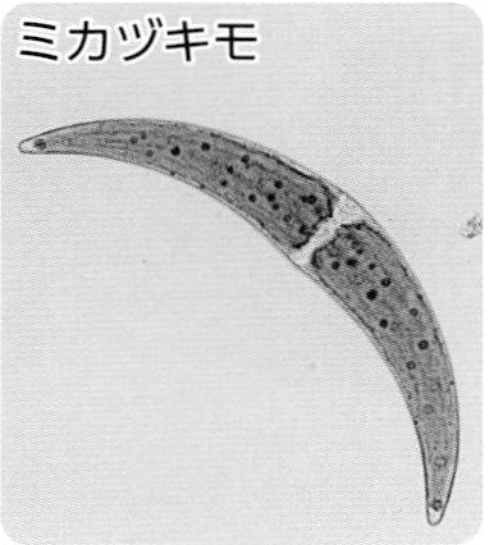
ミカヅキモ

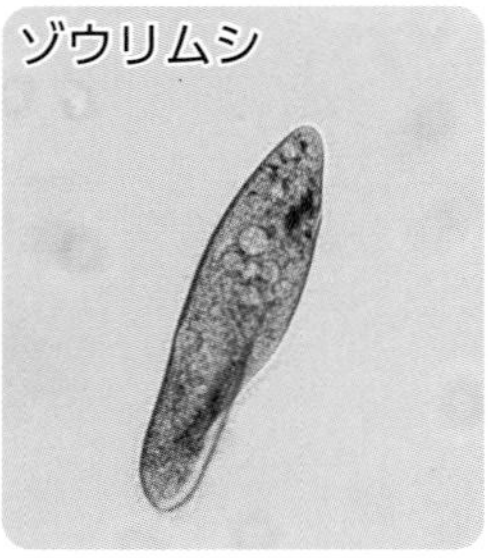
ゾウリムシ

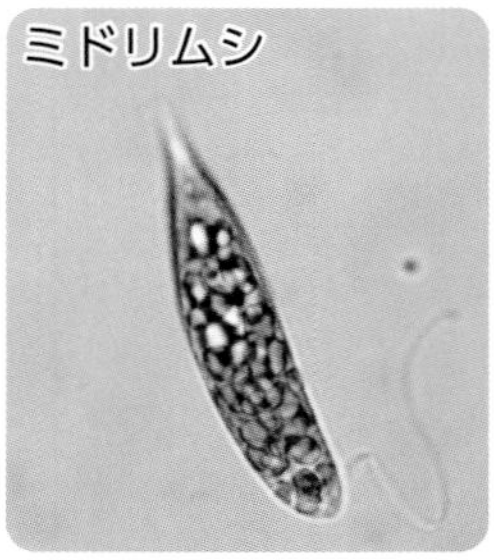
ミドリムシ

2 生物は、食べものを通してどう関わり合っているのだろうか。　教科書 74～78ページ

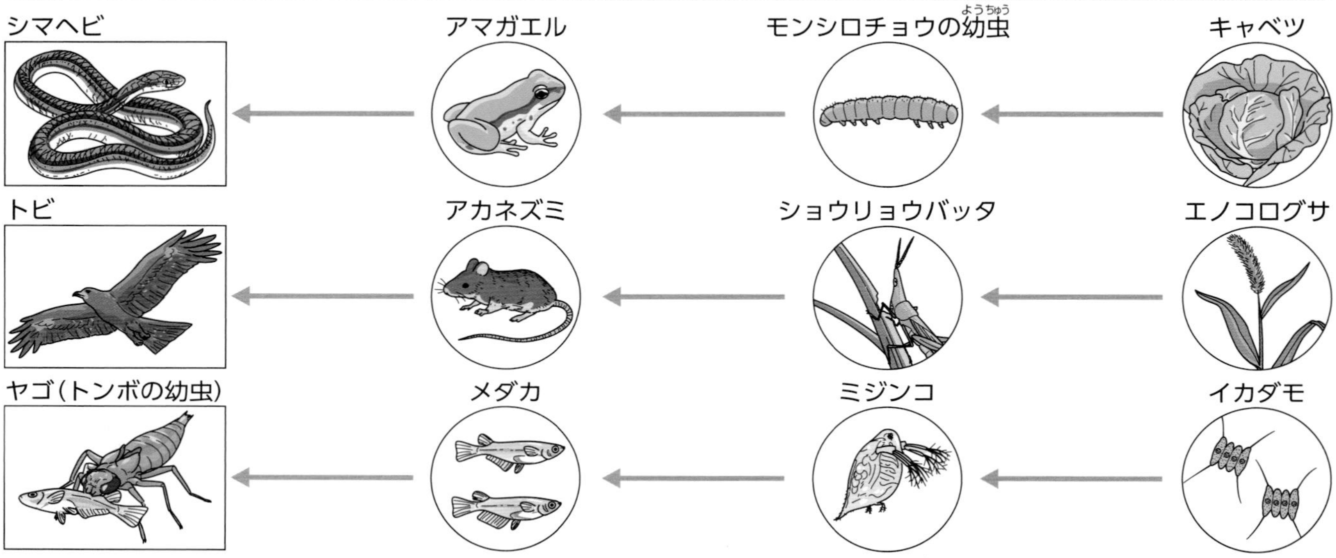
シマヘビ
アマガエル
モンシロチョウの幼虫《ようちゅう》
キャベツ
トビ
アカネズミ
ショウリョウバッタ
エノコログサ
ヤゴ(トンボの幼虫)
メダカ
ミジンコ
イカダモ

▶動物は、植物と動物を食べる雑食動物のほか、植物だけを食べる(①　　　　)、動物だけを食べる(②　　　　)に分けられる。

▶草食動物やそれを食べる肉食動物などがいて、生物は(③　　　　)という関係でつながっている。(③)という関係で1本の線のようになっている生物の間のつながりを、(④　　　　)という。

▶動物の食べもののもとをたどると、(⑤　　　　)が当たると養分ができる(⑥　　　　)にたどり着く。

ここがだいじ!

①池の水の中の小さな生物は、メダカなどの食べものになっている。

②生物は「食べる・食べられる」という関係でつながり、これを食物連鎖《しょくもつれんさ》という。

③食物連鎖のもとをたどると、日光が当たると養分ができる植物にたどり着く。

ぴたトリビア
多くの動物は、いろいろな植物や動物を食べます。このため、1種類の生物が多くの食物連鎖に関係し、食物連鎖は複雑にからみ合っています。

5. 生物と地球環境

①食べものを通した生物どうしの関わり

教科書 70〜79ページ　答え 17ページ

1 水の中の小さな生物とメダカとの関係を調べました。

(1) 水の中の小さな生物は、メダカにとっては何になっていますか。

(　　　　　　)

(2) ①ミジンコ、②ゾウリムシ、③アオミドロを、それぞれ**ア**〜**エ**から選んで、記号で答えましょう。

①(　　)　②(　　)　③(　　)

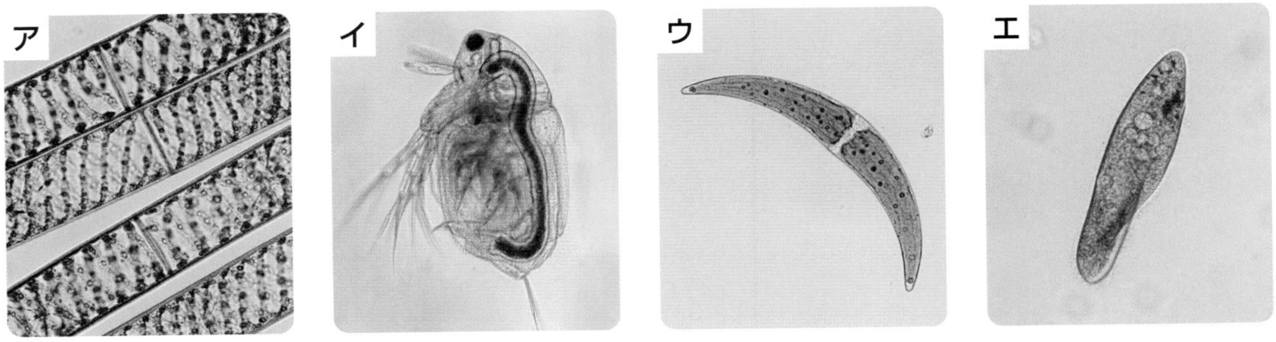

2 動物が何を食べているかを調べ、矢印でつなぎました。

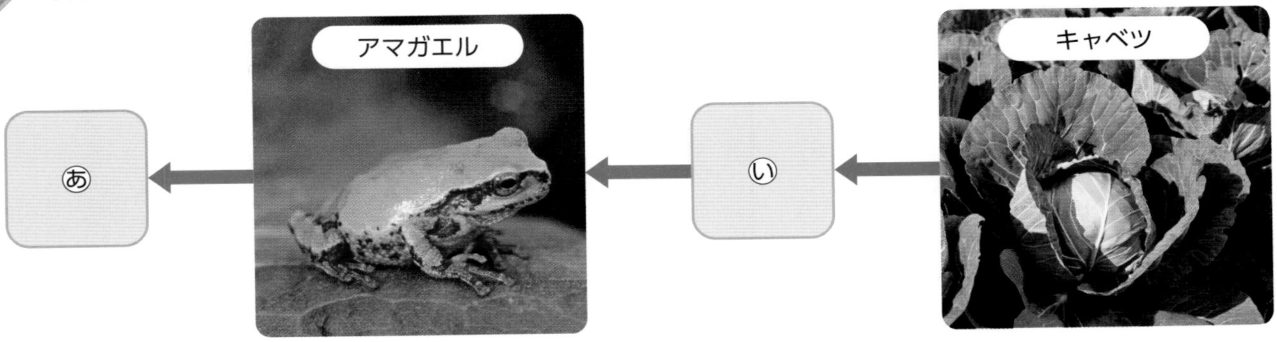

(1) いは植物だけを食べる動物です。このように、植物だけを食べる動物を何といいますか。

(　　　　　　)

(2) あ、いに当てはまる動物の名前を、[　　]から選んで書きましょう。

あ(　　　　　　)

い(　　　　　　)

モンシロチョウの幼虫《ようちゅう》　ミドリムシ　メダカ　シマヘビ

(3) 次の文の(　　)に当てはまる言葉を書きましょう。

- 食べものを通した生物どうしの関わりを調べると、生物どうしが、(①　　　　　　)という関係でつながっていることがわかる。(①)という関係で1本の線のようになっている生物の間のつながりを(②　　　　　　)という。

5. 生物と地球環境

②空気を通した生物どうしの関わり
③水を通した生物どうしの関わり

学習日　月　日

めあて
空気や水を通した生物どうしの関わりを確認しよう。

教科書 80〜89ページ　答え 18ページ

次の(　　)に当てはまる言葉を書くか、当てはまるものを○で囲もう。

1 植物は、どのように空気と関わっているだろうか。　教科書 80〜83ページ

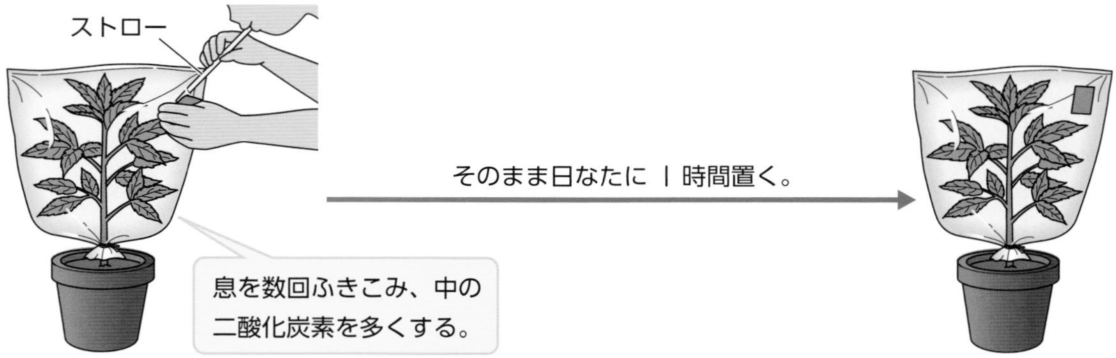
ストロー
そのまま日なたに １時間置く。
息を数回ふきこみ、中の
二酸化炭素を多くする。

時刻《じこく》	酸素	二酸化炭素
１１時(実験開始)	１７％くらい	４％くらい
１２時	１９％くらい	２％くらい

酸素は(①　減る　・　増える　)。　二酸化炭素は(②　減る　・　増える　)。

- 植物も動物と同じように呼吸《こきゅう》をし、(③　　　　)をとり入れて(④　　　　　　)を出す。
- 植物に日光が当たると、(⑤　　　　　　)をとり入れ、(⑥　　　　)を出す。
- 生物は呼吸をして、(⑦　　　　)がつくり出した酸素をとり入れて生きている。

2 地球上の水は、生物とどのように関わっているだろうか。　教科書 84〜89ページ

- 生物が体にとり入れたり、生活に使った水は、排出《はいしゅつ》された後、(①　水蒸気《すいじょうき》　・　氷　)になって空気中にふくまれ、やがて(②　水蒸気　・　雨や雪　)となって地上にもどってくる。このように、水は地球上を(③　　　　　　)している。
- 生物は、水がないところで生きていくことが(④　できる　・　できない　)。

雲
雨
水蒸気
海
川

ここがだいじ!
①植物に日光が当たると、二酸化炭素をとり入れ、酸素を出す。
②植物も動物と同じように呼吸をしていて、酸素をとり入れて二酸化炭素を出す。
③生物が生きていくためには、水が必要である。

ぴたトリビア
生物の体にはとても多くの水がふくまれていて、人など動物では体重の約60％が水です。また、植物ではさらに水が多く、例えばハクサイは全体の重さの約95％が水です。

5. 生物と地球環境

②空気を通した生物どうしの関わり
③水を通した生物どうしの関わり

教科書　80～89ページ　答え　18ページ

1 植物から出入りする気体を調べます。

㋐ ストローで息を数回ふきこむ。

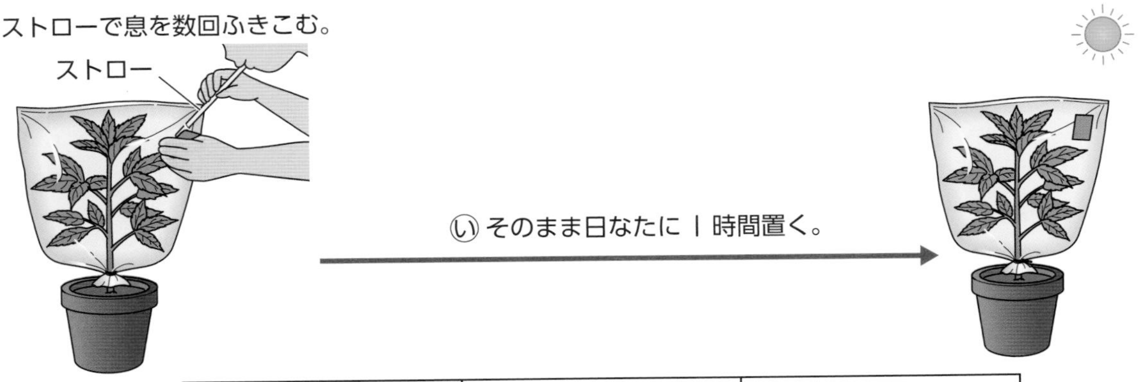
ストロー
㋑ そのまま日なたに１時間置く。

時刻《じこく》	酸素	二酸化炭素
１１時（実験開始）	１７％くらい	４％くらい
１２時	１９％くらい	２％くらい

(1) ㋐でふくろの中に息を数回ふきこむことで、ふくろの中の何が多くなりますか。正しいものを１つ選んで、（　）に○をつけましょう。

ア（　）ちっ素　　イ（　）酸素　　ウ（　）二酸化炭素

(2) ㋑のときに増えていた気体は何ですか。（　　　　）

(3) ㋑のときに減っていた気体は何ですか。（　　　　）

(4) この実験の結果からわかることをまとめた次の文の（　）に、当てはまる言葉を書きましょう。

●植物は、（①　　　）が当たると、（②　　　）をとり入れて、（③　　　）を出す。

(5) 植物は、動物と同じように呼吸《こきゅう》をしていますか、していませんか。

（　　　　）

2 地球上をじゅんかんする水と生物との関わりについて調べました。

(1) 水は、海や川などの水面や地面などから空気中に出ていくとき、何になっていますか。

（　　　　）

(2) 空気中にふくまれて上空に運ばれた水は、何になってまた地上にもどってきますか。正しいものをすべて選んで、（　）に○をつけましょう。

ア（　）風　　イ（　）雨　　ウ（　）雪　　エ（　）かみなり

(3) 動物は、水をとり入れずに生きていくことができますか、できませんか。

（　　　　）

(4) 植物は、水をとり入れずに生きていくことができますか、できませんか。

（　　　　）

5. 生物と地球環境

時間 30 分

/100

合格 70 点

教科書 70〜91ページ　答え 19ページ

よく出る

1 動物が何を食べているかを調べ、食べられる生物から食べる生物へ ➡ をつけます。

1つ10点、(3)は全部できて10点(40点)

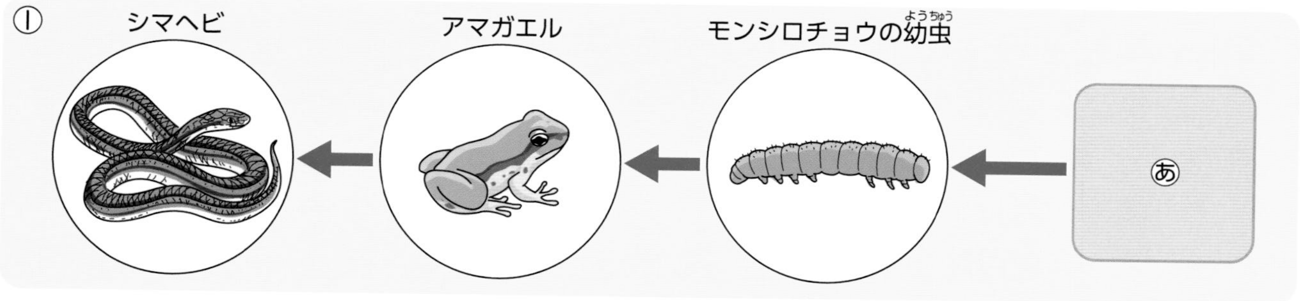
①
シマヘビ
アマガエル
モンシロチョウの幼虫《ようちゅう》
あ

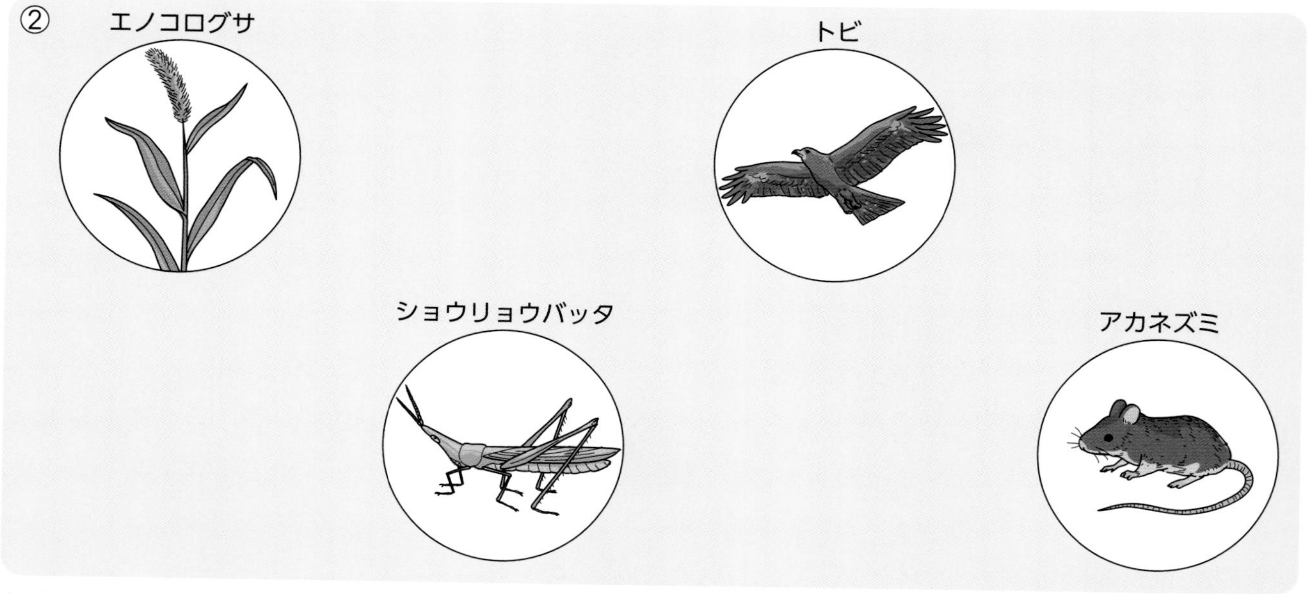
②
エノコログサ
トビ
ショウリョウバッタ
アカネズミ

(1) ①のシマヘビは動物だけを食べます。このような動物を何といいますか。

（　　　　　　）

(2) ①のあに当てはまる生物を1つ選んで、（　）に○をつけましょう。

ア（　）ミジンコ　　**イ**（　）ミカヅキモ

ウ（　）アメリカザリガニ　　**エ**（　）キャベツ

(3) 作図 ②の生物について、食べられるものから食べるものに ➡ をつけましょう。

(4) 次の文の（　）に当てはまる言葉を書きましょう。

● アマガエルがモンシロチョウの幼虫を食べ、そのアマガエルをシマヘビが食べる、というように、生物どうしは「食べる・食べられる」という関係でつながっている。「食べる・食べられる」という関係で1本の線のようになっている生物の間のつながりを、（　　　　　　）という。

2 生物と水の関わりについて調べました。

1つ3点(15点)

(1) 植物の体全体にいきわたった水は、主に葉の気孔《きこう》から水蒸気《すいじょうき》として出ていきます。このように、植物の体から、水が水蒸気となって出ていくことを何といいますか。 (　　　　)

(2) 人は、水がないところで生きていくことができますか、できませんか。

(　　　　)

(3) 次の文の(　　)に、あてはまる言葉を書きましょう。

- 生物が体にとり入れたり、生活に使った水は、排出《はいしゅつ》された後、(①　　　　)になって空気中にふくまれ、やがて(②　　　　)や雪となって地上にもどってくる。このように、水は地球上を(③　　　　)している。

3 植物から出入りする気体を調べます。

1つ5点(35点)

ストローで息を数回ふきこむ。
ストロー
あ そのまま日なたに１時間置く。
い 箱でおおいをして、１時間置く。

	あ		い	
時刻《じこく》	酸素	二酸化炭素	酸素	二酸化炭素
11時(実験開始)	17%くらい	4%くらい	17%くらい	4%くらい
12時	(①)%くらい	(②)%くらい	16%くらい	5%くらい

(1) 結果の表の①、②に当てはまる数字を、それぞれ**ア**～**オ**から選んで、記号で答えましょう。

①(　　)　②(　　)

ア 0.03　**イ** 2　**ウ** 4　**エ** 17　**オ** 19

(2) 次の文の(　　)に当てはまる言葉を書きましょう。

- 植物も動物と同じように、(①　　　　)をとり入れ、(②　　　　)を出す。しかし、植物は動物とちがって、(③　　　　)が当たると、(④　　　　)をとり入れ、(⑤　　　　)を出す。

できたらスゴイ!

4 池にすむメダカと水《すい》そうで飼っているメダカについて考えます。

思考・表現　1つ5点(10点)

(1) えさをあたえなくてもメダカがよく育つほうの(　　)に○をつけましょう。

ア(　　)池にすむメダカ　**イ**(　　)水そうで飼っているメダカ

(2) 記述 (1)のメダカが、えさをあたえなくてもよく育つ理由を説明しましょう。

(　　　　　　　　)

ふりかえり
2 がわからないときは、32ページの 2 にもどって確認《かくにん》しましょう。
4 がわからないときは、32ページの 1 にもどって確認しましょう。

この本の終わりにある「夏のチャレンジテスト」をやってみよう！

ぴったり1 準備

3分でまとめ

6. 月と太陽

月の形とその変化１

学習日　　月　　日

めあて
月の見え方が変わるようすや特ちょうを確認しよう。

教科書 94〜97ページ　答え 20ページ

次の(　　)に当てはまる言葉を書くか、当てはまるものを○で囲もう。

1 月と太陽の位置は、どうなっているだろうか。

教科書 94〜96ページ

月と太陽の位置　　9月7日　午前8時

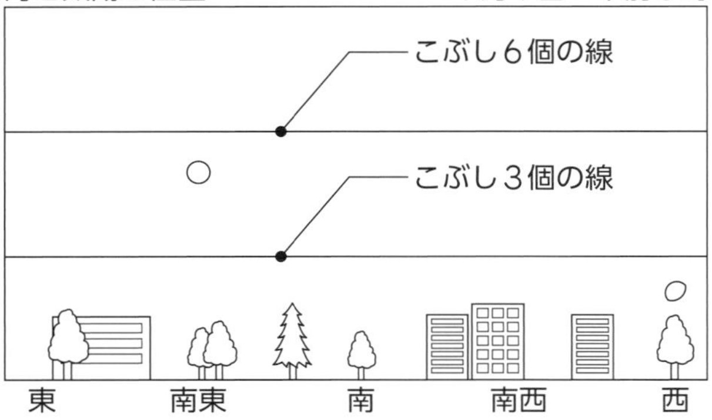

月と太陽の位置　　9月10日　午前8時

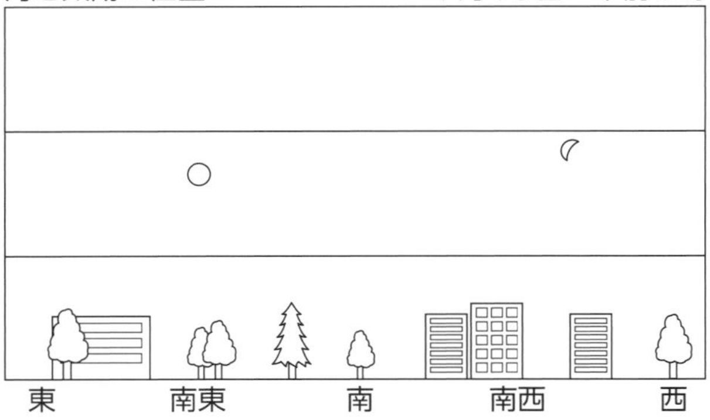

- 太陽はいつも、月のかがやいて(① いる ・ いない)側にある。
- 同じ時刻《じこく》の太陽の位置は、日によってほぼ変わらない。これに対して、同じ時刻の月の位置は、日によって(② 変わる ・ 変わらない)。
- 月の形は、日によって(③ 変わる ・ 変わらない)ように見える。

2 月にはどのような特ちょうがあるのだろうか。

教科書 97ページ

- 月は、自ら光を出して(① いる ・ いない)。
- 月は、(②　　　　　　)をはね返してかがやいている。
- 月の表面には、(③　　　　　　)と呼《よ》ばれる丸いくぼみが見られる。

双眼鏡《そうがんきょう》で観察した月のようす

月の表面を拡大《かくだい》したようす

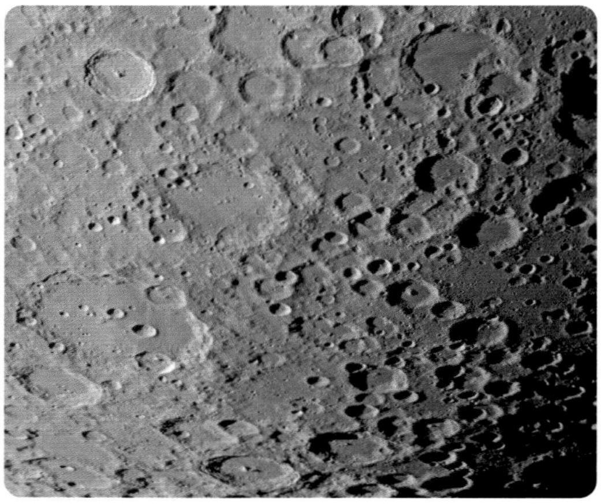

クレーターをよく見ると、太陽の光が当たっている明るい部分と、かげになっている暗い部分があるね。

ここがだいじ！

①月のかがやいている側に太陽がある。
②日によって、同じ時刻の月の位置は変わり、形も変わって見える。
③月は太陽の光をはね返してかがやいている。

ぴたトリビア 月の暗く見える部分は「海」、明るく見える部分は「陸」と呼ばれています。ただし、月には空気も液体の水もないので、月の海には水も波もありません。

6. 月と太陽

月の形とその変化１

教科書 94〜97ページ　答え 20ページ

1 ある日の午前９時に月を観察し、月の位置と形を調べて記録しました。

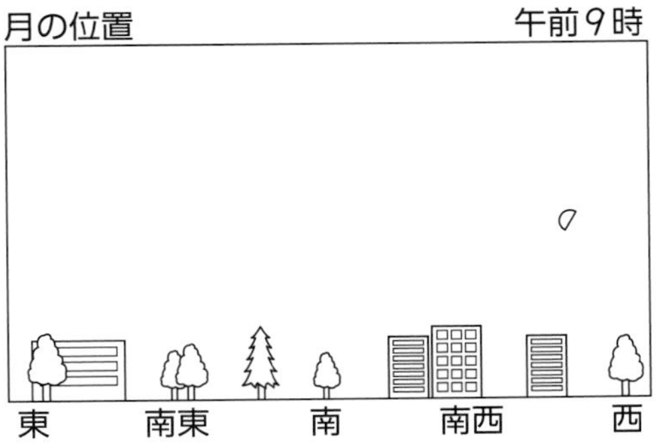
月の位置
午前９時
東
南東
南
南西
西

(1) 観察をしたとき、太陽は、月に対してどこに見えましたか。正しいほうの（　　）に○をつけましょう。

ア（　　）月のかがやいていない側

イ（　　）月のかがやいている側

(2) ３日後の午前９時に月の位置と形を調べると、どうなりますか。正しいものを１つ選んで、（　　）に○をつけましょう。

ア（　　）

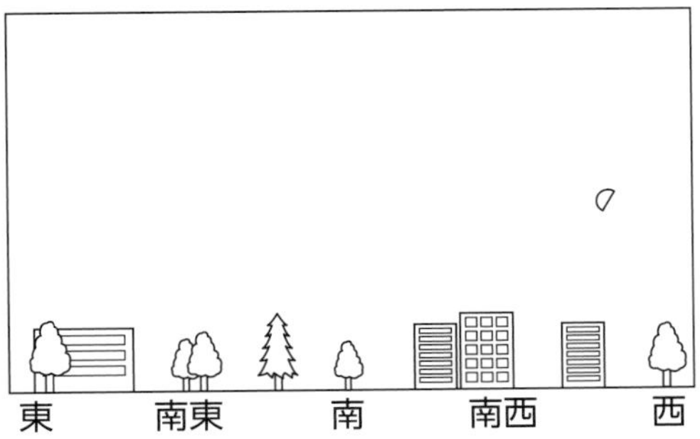
東
南東
南
南西
西

イ（　　）

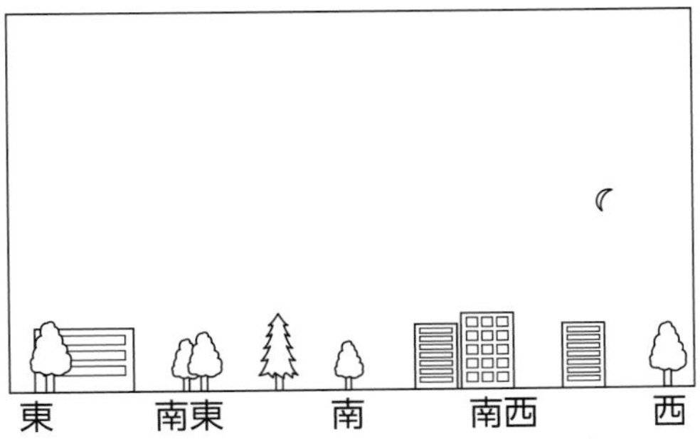
東
南東
南
南西
西

ウ（　　）

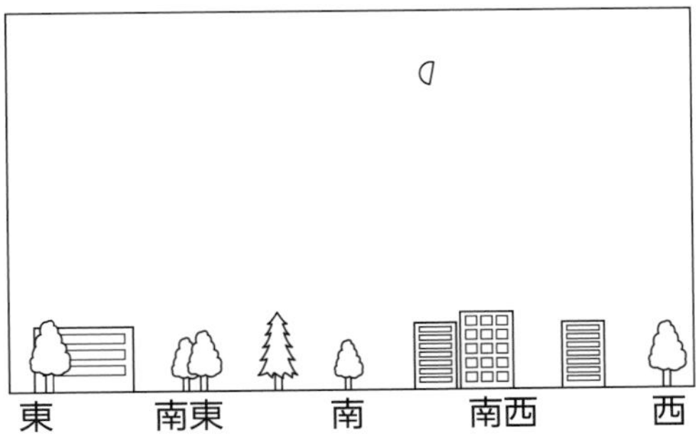
東
南東
南
南西
西

エ（　　）

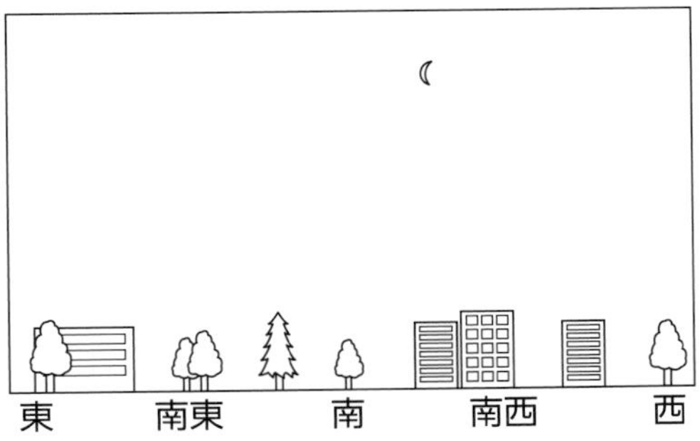
東
南東
南
南西
西

2 月の表面のようすを、望遠鏡を使って調べました。

(1) 月の表面には、右のような丸いくぼみがたくさん見られました。このようなくぼみを何といいますか。

（　　　　　　　　）

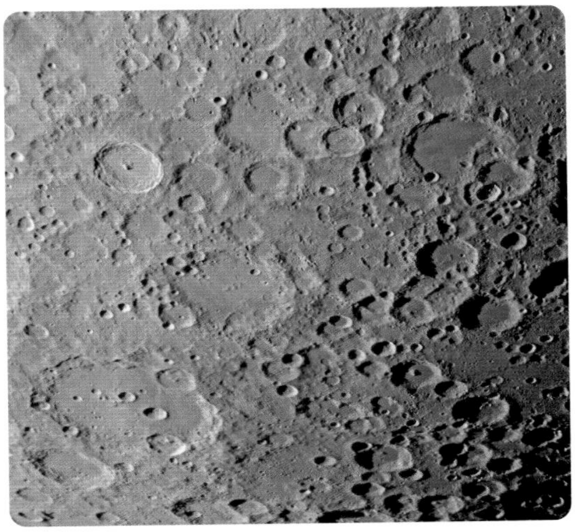

(2) 月はどのようにしてかがやいていますか。正しいものを１つ選んで、（　　）に○をつけましょう。

ア（　　）自ら光を出している。

イ（　　）自らは光を出さず、星座《せいざ》の星の光をはね返してかがやいている。

ウ（　　）自らは光を出さず、太陽の光をはね返してかがやいている。

6. 月と太陽

月の形とその変化２

学習日　　月　　日

めあて
月の見え方の変化の理由と、月の形による名前を確認しよう。

教科書 98〜101ページ　答え 21ページ

次の(　　)に当てはまる言葉を書くか、当てはまるものを○で囲もう。

1 日によって月の形の見え方が変わるのは、なぜだろうか。

教科書 98〜101ページ

ボールを(①　　　　　　)に見立てている。

電灯を(②　　　　　　)に見立てている。

ボール
電灯

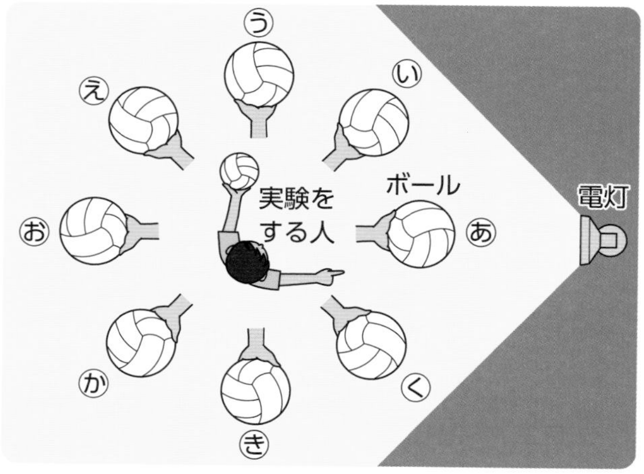

う
い
え
実験をする人
ボール
電灯
お
あ
か
く
き

実験をする人から見たボールのようす

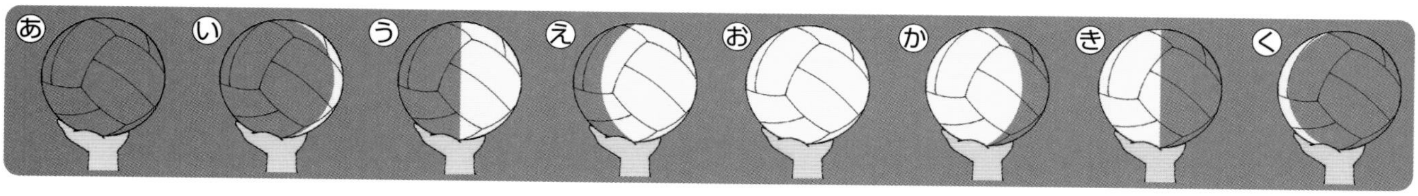

あ
い
う
え
お
か
き
く

- 日によって月の形が変わって見えるのは、月と太陽の(③　　　　　　)が変わるからである。
- 月が太陽と同じ方向にあって、月が見えないとき、これを(④　　　　　)という。
- 月は、(⑤　　　　　)→三日月→半月→(⑥　　　　　)→半月→(⑤)　というように、形が変わって見える。
- 月の形の変化は、約(⑦　7日　・　30日　)でくり返されている。

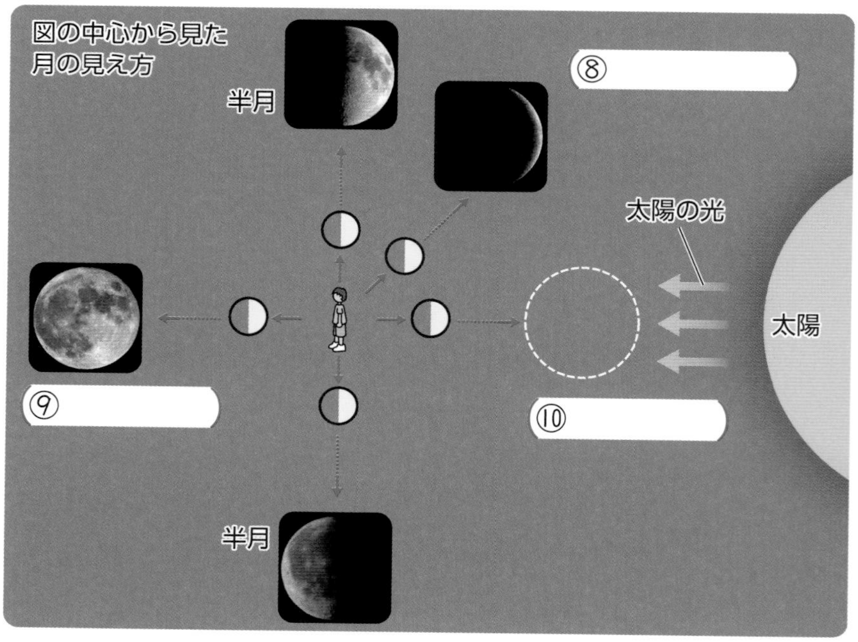

図の中心から見た
月の見え方
半月
⑧
太陽の光
太陽
⑨
⑩
半月

ここがだいじ！

①日によって月の形の見え方が変わるのは、月と太陽の位置関係が変わるからである。

②月の形の変化は、約30日でくり返されている。

ぴたトリビア
南の空にあるときに右半分が明るく光って見える半月を「上弦《じょうげん》の月」、南の空にあるときに左半分が明るく光って見える半月を「下《か》弦《げん》の月」といいます。

6. 月と太陽

月の形とその変化2

教科書 98～101ページ　答え 21ページ

1 **ボールに電灯の光を当てながら向きを変え、月の形が変わって見える理由を調べます。**

(1) この実験では、ボールと電灯は何に見立てていますか。それぞれ**ア**～**ウ**から選んで、記号で答えましょう。

ボール(　　)　電灯(　　)

ア　太陽
イ　月
ウ　地球

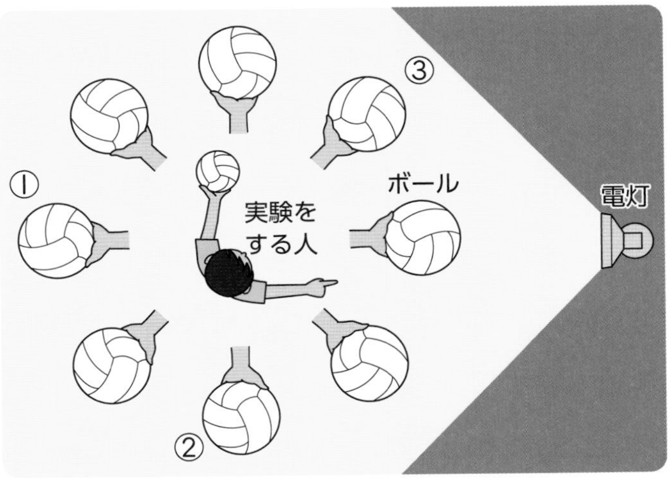

(2) ①～③の位置にあるボールは、実験をする人(中心にいる人)からはどのように見えますか。あ～おからそれぞれ選びましょう。

①(　　)　②(　　)　③(　　)

(3) 月の形が変わって見えるのは、何が変わるからですか。

(　　　　　　　　　　)

2 **月の形が変わって見えるようすを調べました。**

(1) あ～うの月の名前を、[　　]から選んで答えましょう。

満月	三日月
新月	半月

あ(　　　　)
い(　　　　)
う(　　　　)

(2) 月の見える形が変わっていく順について、正しいほうの(　　)に○をつけましょう。

ア(　　)い→う→半月→あ→半月→い
イ(　　)い→半月→あ→半月→う→い

(3) (2)の月の形の変化は、約何日でくり返されていますか。　(　　　　)

6. 月と太陽

時間 30 分
/100
合格 70 点

教科書 94〜103ページ　答え 22ページ

よく出る

1 午前中に見える月の位置や形を調べました。

1つ10点(30点)

月の見える
方向

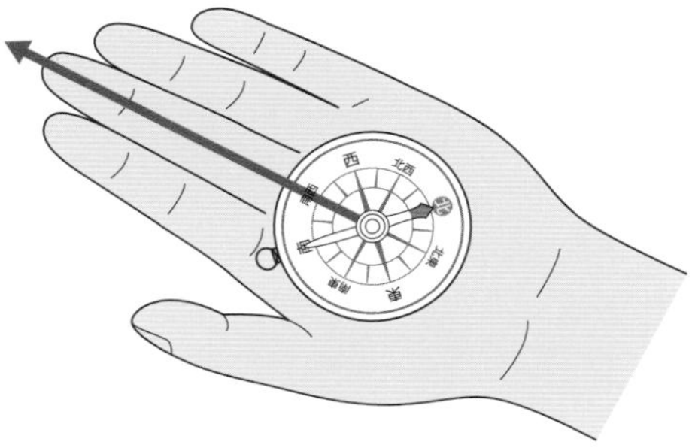

(1) 月の見えた方位を1つ選んで、(　)に○をつけましょう。　技能

ア(　)東　イ(　)南東　ウ(　)南
エ(　)南西　オ(　)西

(2) 太陽は、あ〜えのどの向きにありますか。　(　　)

(3) 2日後の同じ時刻《じこく》には、月の位置と形はどうなりますか。正しいものを1つ選んで、(　)に○をつけましょう。

ア(　)位置も形も変わらない。
イ(　)位置は変わらず、形は変わる。
ウ(　)位置は変わり、形は変わらない。
エ(　)位置も形も変わる。

2 月の表面のようすを、望遠鏡《ぼうえんきょう》を使って観察しました。

1つ10点(20点)

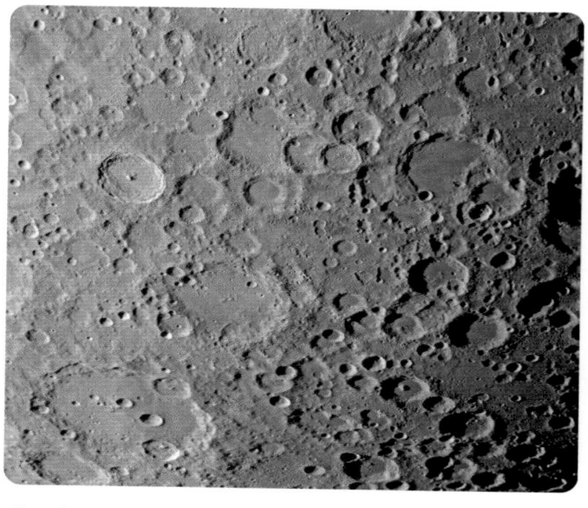

(1) 次の文の(　)に当てはまる言葉を書きましょう。

● 月の表面には、(　　　　　　)と呼《よ》ばれる丸いくぼみがたくさんある。

(2) 月の光り方についての説明として、正しいものを1つ選んで、(　)に○をつけましょう。

ア(　)自ら光を出していて、つねに全体が光って見える。
イ(　)自ら光を出していて、光る部分が変化することで形が変わって見える。
ウ(　)自ら光を出さず、太陽の光が当たっていない部分だけがかがやいて見える。
エ(　)自ら光を出さず、太陽の光が当たっている部分だけがかがやいて見える。

よく出る

3 ボールと電灯を使って、月の形が変わって見えるわけを調べます。

1つ5点(35点)

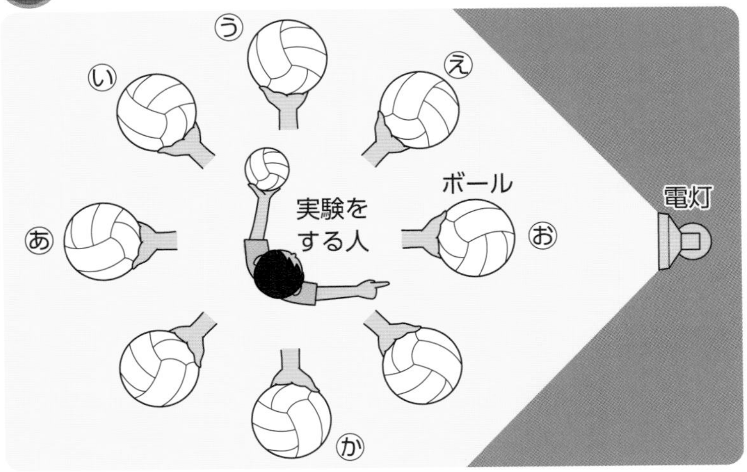

①
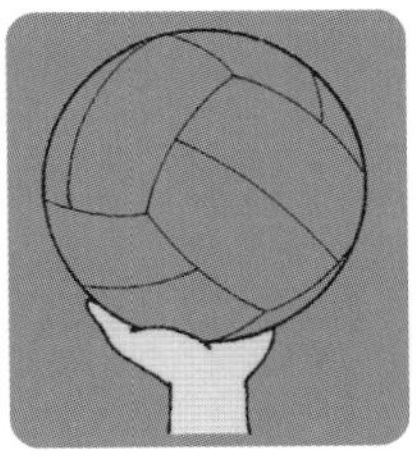

②

③

④

(1) 実験をする人(中心にいる人)からボールが①～④のように見えるのは、それぞれあ～かのどこにあるときですか。

①(　　)　②(　　)　③(　　)　④(　　)

(2) ①、④の見え方のボールは、どの形の月と同じかがやき方になっていますか。それぞれ**ア**～**エ**から選んで、記号で答えましょう。

①(　　)　④(　　)

ア　満月
イ　半月
ウ　新月
エ　三日月

(3) 記述 月の形が変わって見えるのはなぜですか。「月」、「太陽」という言葉を使って説明しましょう。

思考・表現

(　　　　)

できたらスゴイ！

4 太陽が西にしずむときに、あの位置に月が見えました。

思考・表現　(15点)

● 作図 ◯の中に、月の明るくかがやいて見えた部分を、色をぬって表しましょう。

ふりかえり
3 がわからないときは、38ページの 1 にもどって確認《かくにん》しましょう。
4 がわからないときは、40ページの 1 にもどって確認しましょう。

7. 水よう液の性質

①水よう液にとけているもの

学習日　　月　　日

めあて
水よう液ごとの特ちょうや、炭酸水に何がとけているかを確認しよう。

教科書 104～111ページ　答え 23ページ

次の（　）に当てはまる言葉を書くか、当てはまるものを○で囲もう。

1 炭酸水には何がとけているのだろうか。

教科書 104～110、222 ページ

▶液体のにおいを調べるときには、（① 直接 ・ 手であおいで ）かぐ。

▶こまごめピペットは、ゴム球に液体が入るとゴム球をいためるので、先を（② 上 ・ 下 ）に向けないようにする。

こまごめピペットの使い方

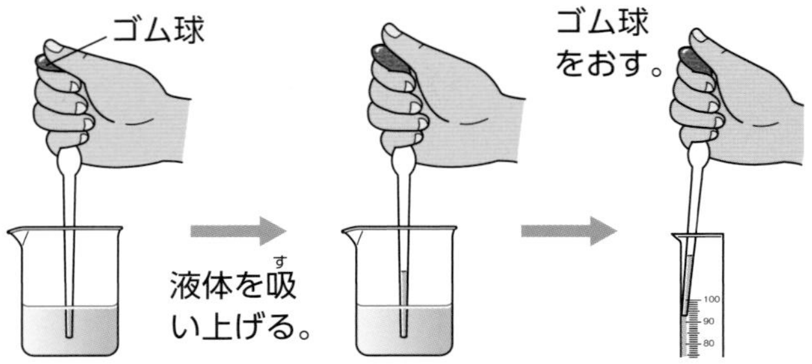
ゴム球
液体を吸《す》い上げる。
ゴム球をおす。

▶いろいろな水よう液について調べた結果

水よう液	食塩水	炭酸水	アンモニア水	塩酸	石灰水《せっかいすい》
見た目	とうめいで色はなし。	とうめいで色はなし。（③　　　）が出ている。	とうめいで色はなし。	とうめいで色はなし。	とうめいで色はなし。
におい	なし。	（④　　　）。	つんとしたにおいがする。	なし。熱したときににおいがする。	なし。
熱した後	白い固体が残る。	（⑤ 固体が残る・何も残らない ）。	（⑥ 固体が残る・何も残らない ）。	（⑦ 固体が残る・何も残らない ）。	白い固体が残る。

▶炭酸水をふると、あわが（⑧ 出る ・ 出ない ）。

▶炭酸水をあたためると、あわが（⑨ 出る ・ 出ない ）。

▶炭酸水から出たあわを試験管に集め、火のついた線こうを入れると、（⑩ 燃え続ける ・ すぐに火が消える ）。

▶炭酸水から出たあわを試験管に集め、石灰水を入れてふると、石灰水は（⑪ 変化しない ・ 白くにごる ）。

▶炭酸水には、（⑫　　　　　）がとけている。

▶水よう液には、炭酸水やアンモニア水、塩酸のように、（⑬ 固体 ・ 気体 ）がとけているものがある。

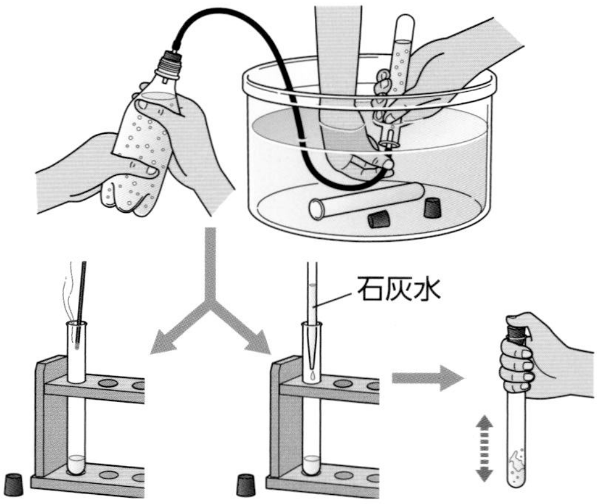
石灰水

ここがだいじ！

①水よう液には、気体がとけているものがある。

②炭酸水には、気体である二酸化炭素がとけている。

③炭酸水を熱すると、二酸化炭素が空気中に出ていくため、何も残らない。

ぴたトリビア
石灰水に二酸化炭素がふれたときに生じる白いにごりの正体は、炭酸カルシウムというものです。炭酸カルシウムは、貝がらや大理石などの主成分です。

ぴったり2
練習

7. 水よう液の性質
①水よう液にとけているもの

学習日　　月　　日

教科書　104～111ページ　答え　23ページ

1 水よう液のにおいを調べます。

(1) においをかぐときにはどうすればよいですか。正しいほうの(　　)に○をつけましょう。

ア(　　)

直接、深く吸《す》いこんでかぐ。

イ(　　)

手であおぐようにしてかぐ。

(2) においがある水よう液を１つ選んで、(　　)に○をつけましょう。

ア(　　)食塩水　　イ(　　)炭酸水　　ウ(　　)石灰水《せっかいすい》　　エ(　　)アンモニア水

(3) (2)でにおいがある水よう液にとけているのは、固体ですか、気体ですか。　(　　　　)

2 炭酸水に何がとけているかを調べます。

あ

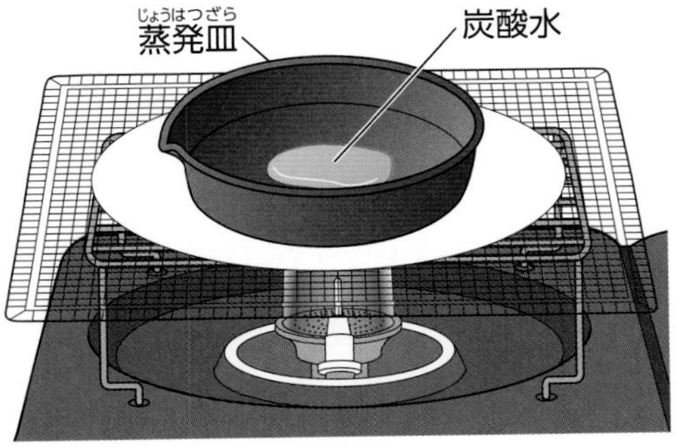

蒸発皿《じょうはつざら》
炭酸水

い

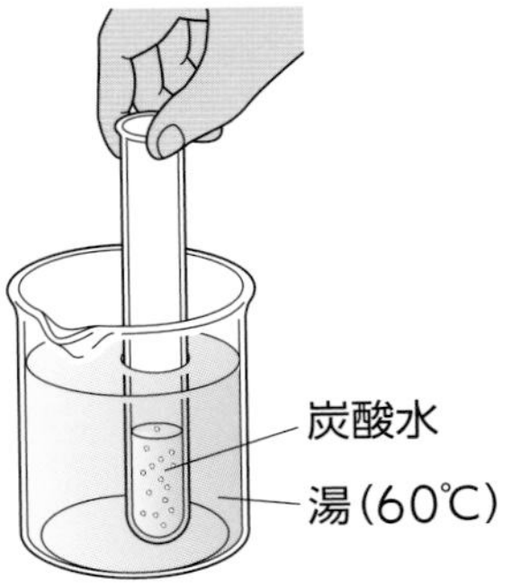

炭酸水
湯(60℃)

う

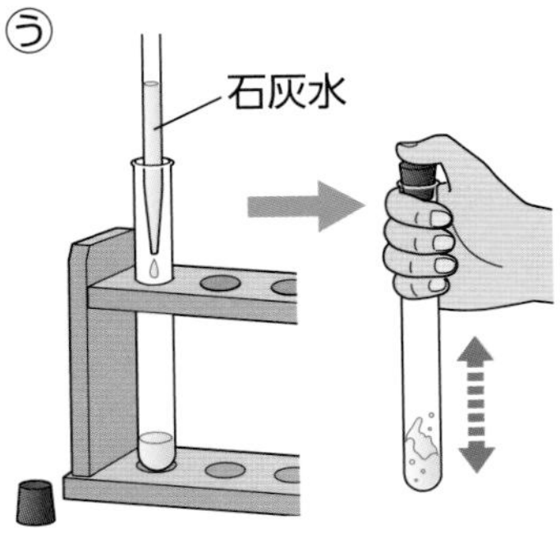

石灰水

(1) あのように炭酸水を熱して水を蒸発させると、蒸発皿の上に残るものはありますか、ありませんか。　(　　　　)

(2) いのように炭酸水の入った試験管を60℃の湯につけると、どうなりますか。正しいものを１つ選んで、(　　)に○をつけましょう。

ア(　　)固体が出てくる。

イ(　　)あわが出てくる。

ウ(　　)白くにごる。

エ(　　)変化しない。

(3) あやいの実験から、炭酸水には何がとけていることがわかりますか。正しいものを１つ選んで、(　　)に○をつけましょう。

ア(　　)固体　　イ(　　)液体　　ウ(　　)気体

(4) 炭酸水から出たあわを試験管に集め、うのように石灰水を入れてふると、石灰水は白くにごりました。このことから、炭酸水には何がとけていることがわかりますか。

(　　　　　　)

7. 水よう液の性質

②酸性・中性・アルカリ性の水よう液

めあて
リトマス紙によって水よう液の仲間分けができることを確認しよう。

教科書 112〜115ページ　答え 24ページ

次の(　)に当てはまる言葉を書こう。

1 リトマス紙の使い方をまとめよう。

教科書 113ページ

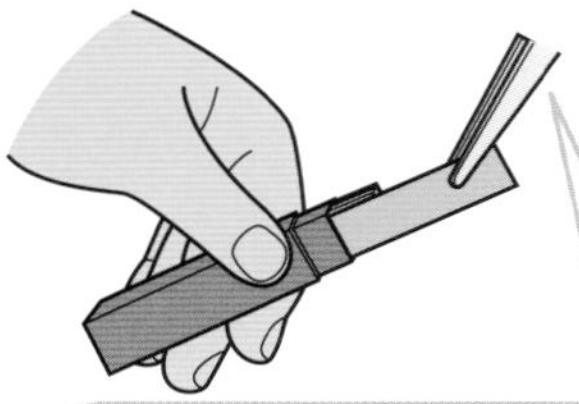

リトマス紙には直接手をふれず、(①　　　　　　)でとり出す。

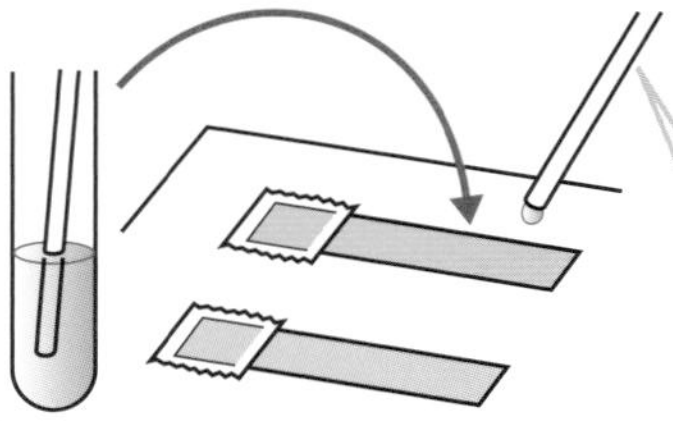

調べる液はかくはん棒《ぼう》を使ってリトマス紙につけ、調べる液を変えるときは(②　　　　)で洗《あら》う。

(③　　　　)性の水よう液	(④　　　　)性の水よう液	(⑤　　　　)性の水よう液
青色（赤色） 赤色		青色 赤色（青色）
青色リトマス紙が赤色に変わる。赤色リトマス紙の色は変わらない。	青色、赤色のどちらのリトマス紙の色も変わらない。	青色リトマス紙の色は変わらない。赤色リトマス紙が青色に変わる。

2 それぞれの水よう液が何性かを、リトマス紙で調べよう。

教科書 112〜114ページ

水よう液	リトマス紙の変化	酸性・中性・アルカリ性
食塩水	青色→(①　　　)色 赤色→(②　　　)色	(⑪　　　　)性
炭酸水	青色→(③　　　)色 赤色→(④　　　)色	(⑫　　　　)性
アンモニア水	青色→(⑤　　　)色 赤色→(⑥　　　)色	(⑬　　　　)性
塩酸	青色→(⑦　　　)色 赤色→(⑧　　　)色	酸性
石灰水《せっかいすい》	青色→(⑨　　　)色 赤色→(⑩　　　)色	アルカリ性

▶水よう液には、炭酸水や塩酸のような(⑭　　　　)性の水よう液、食塩水のような(⑮　　　　)性の水よう液、アンモニア水や石灰水のような(⑯　　　　)性の水よう液がある。

ここがだいじ！
①水よう液には、酸性、中性、アルカリ性のものがある。
②酸性の水よう液は青色リトマス紙を赤色に変え、アルカリ性の水よう液は赤色リトマス紙を青色に変える。中性の水よう液はリトマス紙の色を変えない。

ぴたトリビア
ムラサキキャベツの葉をしぼったしるは水よう液の性質によって色が変わるので、酸性・中性・アルカリ性を見分けることができます。

ぴったり２ 練習

7. 水よう液の性質

②酸性・中性・アルカリ性の水よう液

学習日　　月　　日

教科書 112〜115ページ　答え 24ページ

1 リトマス紙の使い方についてまとめます。

(1) 正しいものには○、まちがっているものには×を（　　）につけましょう。

ア（　　）リトマス紙はピンセットで持つ。

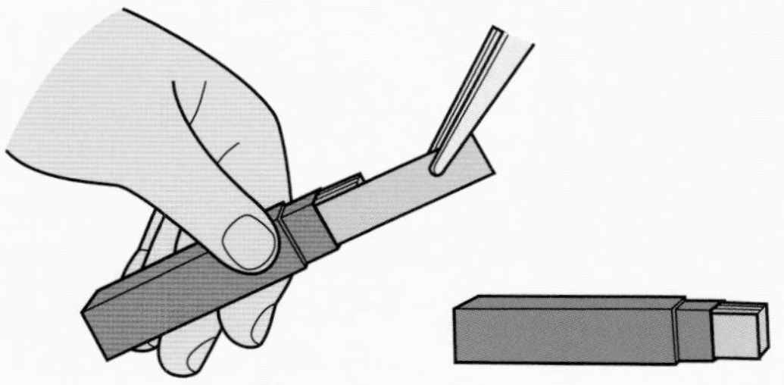

イ（　　）かくはん棒《ぼう》は、調べる液を変えるごとに布でふく。

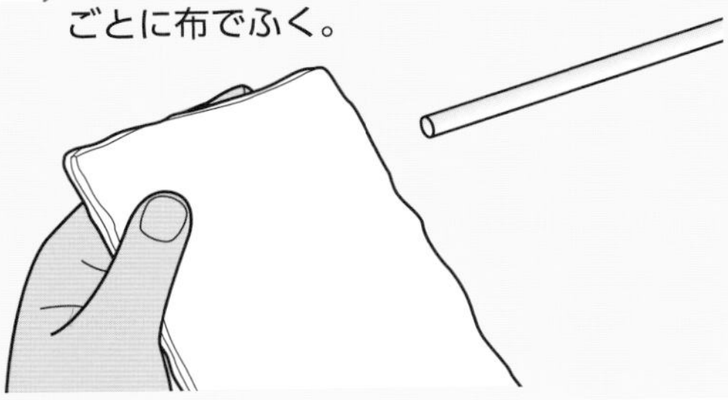

(2) 中性の水よう液を青色と赤色のリトマス紙につけると、それぞれどうなりますか。

青色リトマス紙（　　　　　　　　　　）
赤色リトマス紙（　　　　　　　　　　）

(3) 酸性の水よう液を青色と赤色のリトマス紙につけると、それぞれどうなりますか。

青色リトマス紙（　　　　　　　　　　）
赤色リトマス紙（　　　　　　　　　　）

(4) アルカリ性の水よう液を青色と赤色のリトマス紙につけると、それぞれどうなりますか。

青色リトマス紙（　　　　　　　　　　）
赤色リトマス紙（　　　　　　　　　　）

2 水よう液の性質を調べます。

(1) 次の①〜③の水よう液をリトマス紙につけたときの結果を、それぞれ**ア**〜**ウ**から選んで、記号で答えましょう。

① 食塩水（　　）
② 塩酸（　　）
③ アンモニア水（　　）

ア

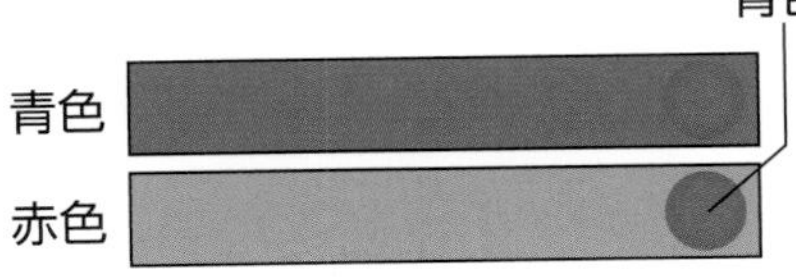

イ

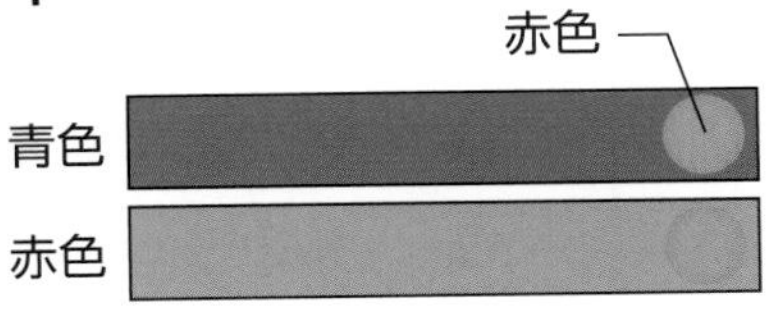

ウ

どちらも変わらない。

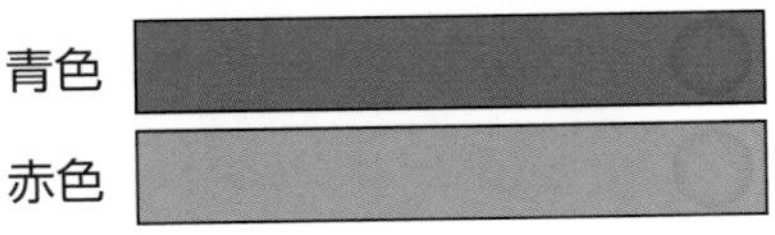

(2) 次の①、②の水よう液は、酸性、中性、アルカリ性のどれですか。それぞれ答えましょう。

① 炭酸水（　　　　　）
② 石灰水《せっかいすい》（　　　　　）

ぴったり1 準備

7. 水よう液の性質

③金属をとかす水よう液

学習日　　月　　日

めあて
金属を変化させる水よう液があることと、そのときの変化を確認しよう。

教科書 116〜121ページ　答え 25ページ

次の(　　)に当てはまる言葉を書くか、当てはまるものを○で囲もう。

1 塩酸や炭酸水にアルミニウムを入れると、どうなるのだろうか。 教科書 116〜117ページ

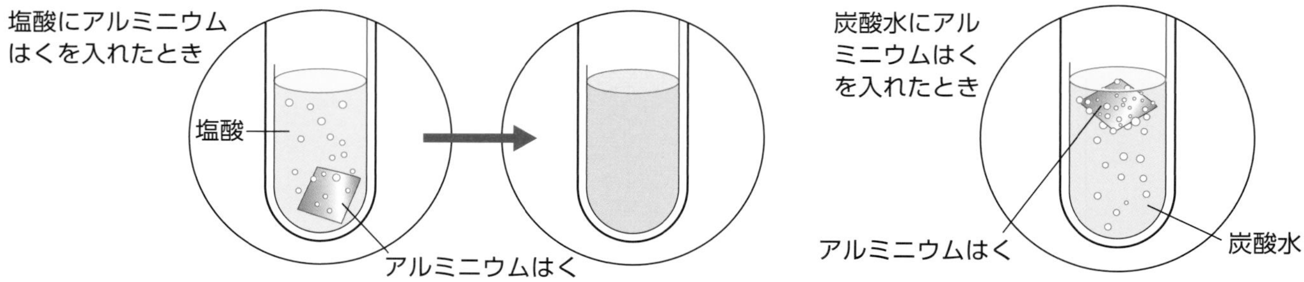

塩酸にアルミニウムはくを入れたとき
塩酸
アルミニウムはく
炭酸水にアルミニウムはくを入れたとき
アルミニウムはく
炭酸水

▶塩酸にアルミニウムを入れると、アルミニウムの表面からは(①　　　　)が出て、アルミニウムは(②　とける　・　とけない　)。

▶炭酸水にアルミニウムを入れると、アルミニウムは(③　とける　・　とけない　)。

▶酸性の水よう液には、金属をとかすものが(④　ある　・　ない　)。

ほかにも、水酸化ナトリウムの水よう液にアルミニウムを入れると、あわを出してとけるよ。

2 アルミニウムがとけた液体を熱したら、何が出てくるだろうか。 教科書 117〜120ページ

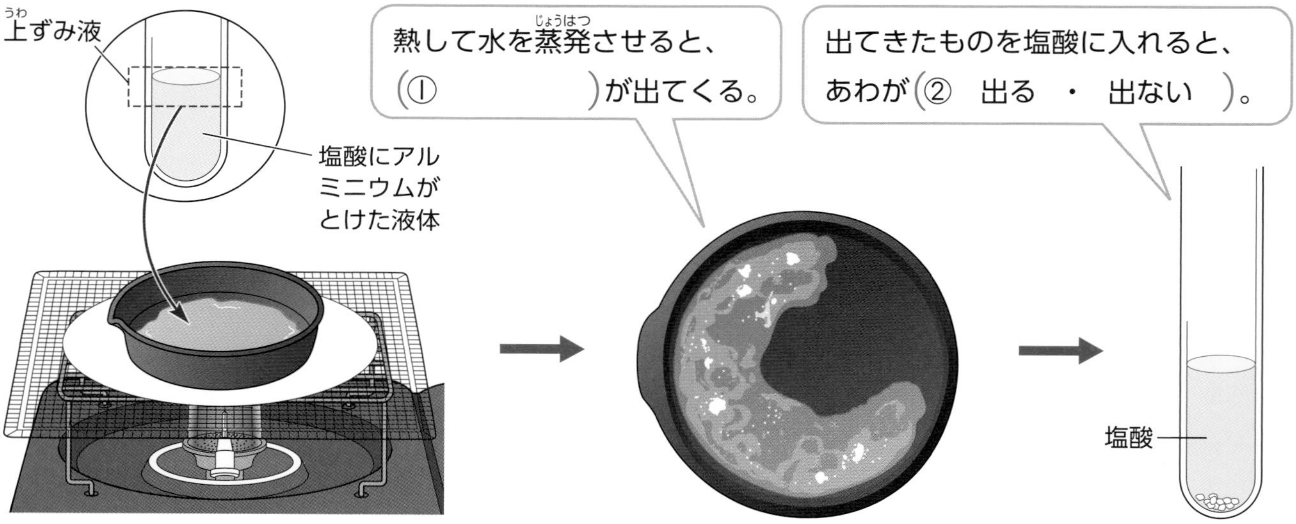

上《うわ》ずみ液
塩酸にアルミニウムがとけた液体
塩酸

熱して水を蒸発《じょうはつ》させると、(①　　　　)が出てくる。

出てきたものを塩酸に入れると、あわが(②　出る　・　出ない　)。

▶塩酸にアルミニウムがとけた液体を熱して出てきたものは、アルミニウム(③　である　・　ではない　)。

▶アルミニウムは、塩酸にとけて別のものに(④　変化する　・　変化しない　)。

ここが、だいじ！

①塩酸にアルミニウムを入れると、表面からあわを出しながらとける。
②アルミニウムは、塩酸にとけて別のものに変化する。
③水よう液には、金属を別のものに変化させるものがある。

ぴたトリビア　水よう液は、ふれたものを変化させることがあるので、保管する容器に何を使うかには注意が必要です。

1 塩酸や炭酸水にアルミニウムを入れるとどうなるか調べます。

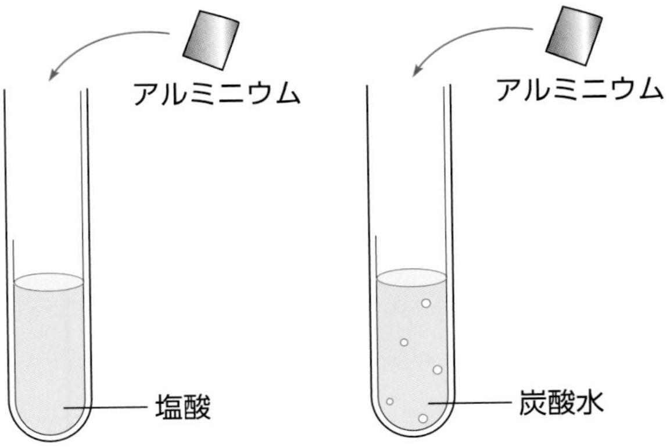

(1) 塩酸にアルミニウムを入れると、どうなりますか。正しいものを1つ選んで、(　　)に○をつけましょう。

ア(　　)何も変化は見られない。
イ(　　)あわが出るが、アルミニウムはとけない。
ウ(　　)あわを出しながらとける。

(2) 炭酸水にアルミニウムを入れると、どうなりますか。正しいほうの(　　)に○をつけましょう。

ア(　　)ようすは変わらず、アルミニウムはとけない。
イ(　　)あわを出しながらとける。

(3) 酸性の水よう液についての説明として、正しいほうの(　　)に○をつけましょう。

ア(　　)酸性の水よう液はすべて、金属をとかす。
イ(　　)酸性の水よう液の一部は、金属をとかす。

2 塩酸にアルミニウムがとけた液体について調べます。

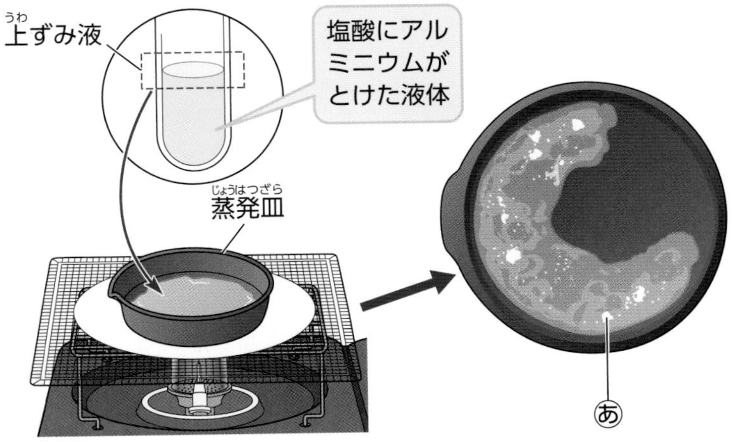

(1) 蒸発皿に残った(あ)を塩酸に入れると、どうなりますか。正しいものを1つ選んで、(　　)に○をつけましょう。

ア(　　)あわを出しながらとける。
イ(　　)あわを出さずにとける。
ウ(　　)とけずに、塩酸の中にそのましずむ。

(2) (あ)が塩酸にとけるときのようすは、アルミニウムが塩酸にとけるときのようすと同じですか、ちがいますか。 (　　　　　　)

(3) (あ)は、もとのアルミニウムと同じものですか、別のものですか。 (　　　　　　)

7. 水よう液の性質

時間 30分

／100

合格 70点

教科書 104〜123ページ　答え 26ページ

1 炭酸水に何がとけているかを調べます。

1つ10点(20点)

あ

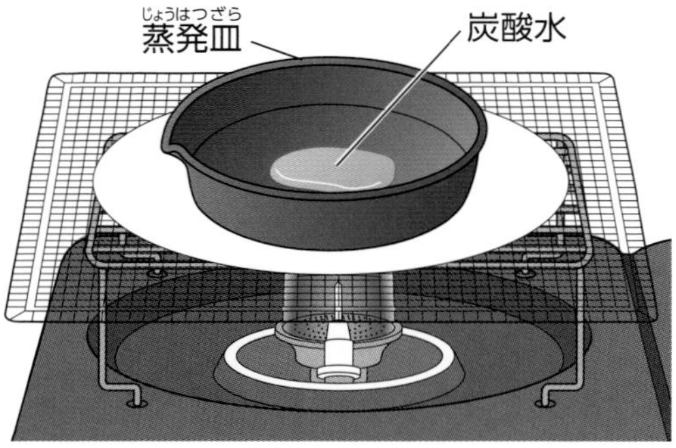
蒸発皿《じょうはつざら》
炭酸水

い

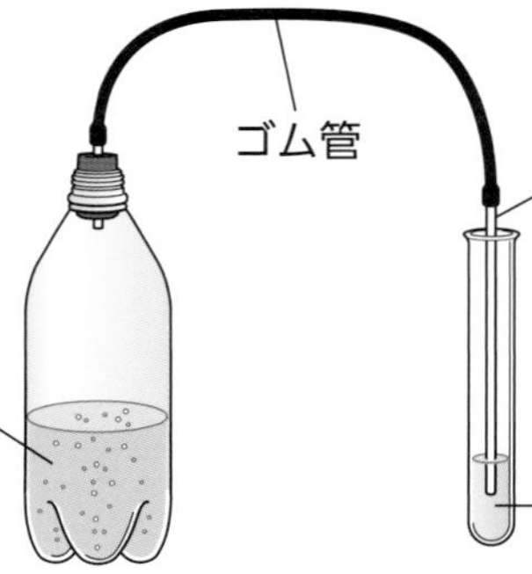
ゴム管
ガラス管
炭酸水
石灰水《せっかいすい》

(1) 記述 あのように蒸発皿を熱して水を蒸発させると、蒸発皿には何も残りませんでした。このことからわかることを、説明しましょう。　思考・表現

(　　　　　　　　　　　　　　　　　　　　)

(2) いの装置《そうち》の石灰水は白くにごりました。このことから、炭酸水には何がとけていることがわかりますか。　(　　　　　　)

よく出る

2 水よう液を、リトマス紙を使って区別します。

1つ5点、(3)は全部できて5点(30点)

(1) 水よう液をあつかう実験の注意で、正しいものには○、まちがっているものには×を(　　)につけましょう。　技能

ア(　　)

薬品が手についたら、すぐに流水で洗《あら》い流す。

イ(　　)

液を熱しているときには、顔を近づけて観察する。

ウ(　　)

気体が発生する実験では、かん気をする。

(2) 表の(　　)に当てはまるものを、それぞれア～ウから選んで、記号で答えましょう。

ア　酸性の水よう液　　**イ**　中性の水よう液　　**ウ**　アルカリ性の水よう液

	(①　　　)	(②　　　)
青色リトマス紙につけたとき	変化しない。	変化しない。
赤色リトマス紙につけたとき	変化しない。	青色になる。

(3) 酸性の水よう液をすべて選んで、(　　)に○をつけましょう。

ア(　　)石灰水　　**イ**(　　)食塩水　　**ウ**(　　)アンモニア水

エ(　　)炭酸水　　**オ**(　　)塩酸

よく出る

3 塩酸にアルミニウムを入れました。

1つ10点、(1)は両方できて10点(20点)

(1) あ、いを塩酸に入れたとき、あわは出ますか。

あ(　　　　　　)

い(　　　　　　)

あアルミニウム
変化が見られなくなってから、上《うわ》ずみ液をとる。
い
塩酸

(2) この実験からわかることは何ですか。正しいほうの(　)に○をつけましょう。

ア(　)アルミニウムは、塩酸にとけても、アルミニウムのままである。

イ(　)アルミニウムは、塩酸にとけると、別のものに変わる。

4 食塩水、石灰水、アンモニア水、塩酸の4つの水よう液があります。これらを区別するために、においを調べ、水よう液を蒸発皿で熱する実験と、青色リトマス紙につける実験をしました。

1つ5点、(4)は全部できて5点(30点)

	におい	蒸発皿で熱したとき	青色リトマス紙につけたとき
あ	つんとしたにおいがした。	何も残らない。	変化しなかった。
い	熱するとにおいがした。	何も残らない。	赤色に変わった。
う	においはしなかった。	白色の粉が残った。	変化しなかった。
え	においはしなかった。	白色の粉が残った。	変化しなかった。

(1) 蒸発皿で熱した結果からわかることについて説明した次の文の(　)に当てはまる言葉を書きましょう。

- あ、いでは何も残らなかったので、あといには(①　　　　)がとけていることがわかる。
- う、えでは白色の粉が残ったので、うとえには(②　　　　)がとけていることがわかる。

(2) いの水よう液は何性ですか。正しいものを1つ選んで、(　)に○をつけましょう。

ア(　)酸性　　イ(　)中性　　ウ(　)アルカリ性

(3) あ、いの水よう液は何ですか。

あ(　　　　　　)

い(　　　　　　)

(4) うとえを見分けるにはどうすればよいですか。正しいと考えられる意見をすべて選んで、(　)に○をつけましょう。

思考・表現

赤色リトマス紙につけて青色になったほうが石灰水だといえると思うよ。

ア(　)

ヨウ素液を加えて青むらさき色にならなければ、食塩水だといえると思うな。

イ(　)

二酸化炭素を通して白くにごらなければ、食塩水だといえるんじゃないかな。

ウ(　)

ふりかえり
2がわからないときは、44ページの1、46ページの1 2にもどって確認《かくにん》しましょう。
3がわからないときは、48ページの1 2にもどって確認しましょう。

8. 土地のつくりと変化

①土地をつくっているもの

めあて
地層がどのようなものからできているのかを確認しよう。

教科書 124～133ページ　答え 27ページ

次の(　　)に当てはまる言葉を書こう。

1 土地をつくっているものは、どのようなものだろうか。

教科書 124～132ページ

▶しま模様《もよう》が見られるがけにふくまれるもの

(①　　　　　)
…ゴマつぶくらいの大きさよりも大きなもの(小さな石)。

(②　　　　　)
…グラニュー糖《とう》くらいの大きさのもの。さわるとざらざらで、つぶは見える。

(③　　　　　)
…小麦粉くらいの大きさのもの。さわるとさらさらで、つぶは見えない。

▶土地は、れき、砂《すな》、どろ、火山灰《かざんばい》などが集まり、重なって層《そう》をつくっている。このように、層が重なり合って広がっているものを(④　　　　　)という。

▶地層《ちそう》の中には、動物や植物の一部、動物のすみか、足あとなどが見つかることもあり、これらを(⑤　　　　　)という。

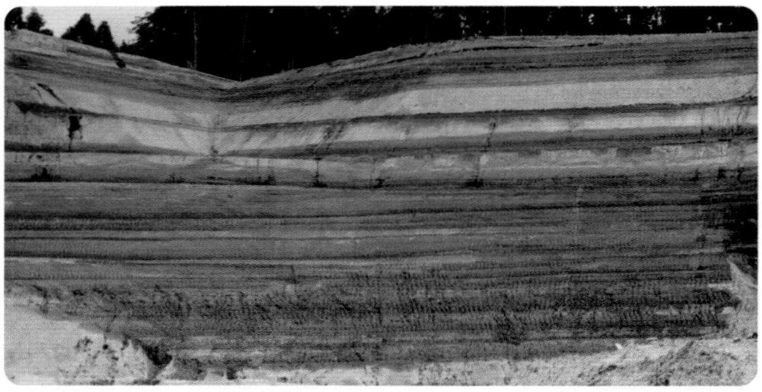
地層はがけの表面だけでなく、おくにも続いている。

魚の化石

貝の化石

木の葉の化石

ここがだいじ!
①土地は、れきや砂、どろ、火山灰などが集まり、重なって層をつくっている。このように、層が重なり合って広がっているものを地層という。
②地層の中から見つかる、動物や植物の一部、動物の足あとなどを化石という。

ぴたトリビア
化石には、例えば花粉や水中の小さな生物の化石のように、けんび鏡《きょう》で見ないとわからない小さな化石もあります。

8. 土地のつくりと変化

①土地をつくっているもの

学習日　　月　　日

教科書　124～133ページ　答え　27ページ

1 しま模様《もよう》が見られるがけを観察すると、あ～うのようなものをふくむ層《そう》が見られました。

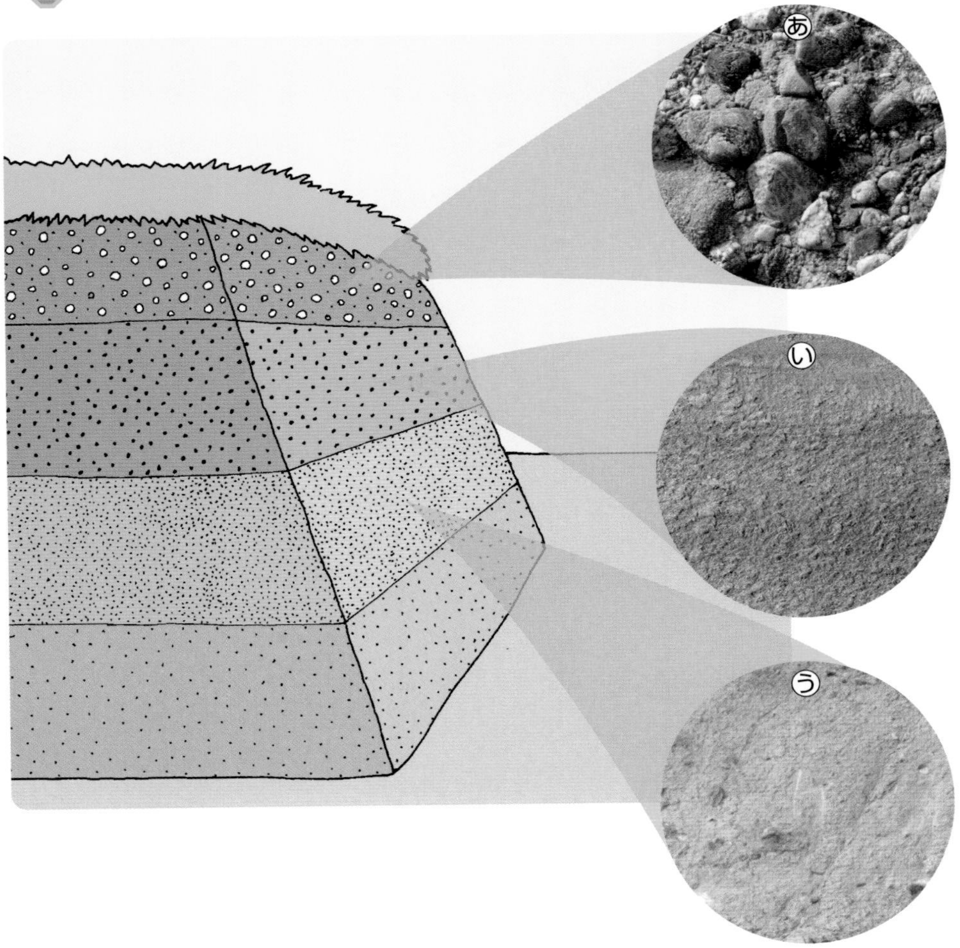

あ　ゴマつぶくらいの大きさよりも大きなもの（小さな石）。

い　グラニュー糖《とう》くらいの大きさのもの。さわるとざらざらで、つぶは見える。

う　小麦粉くらいの大きさのもの。さわるとさらさらで、つぶは見えない。

(1) あ～うの層をつくっているものを、それぞれ［　］から選んで答えましょう。

［　れき　　砂《すな》　　どろ　］

あ（　　　　）
い（　　　　）
う（　　　　）

(2) れき、砂、どろなどの層が重なり合って広がっているものを何といいますか。

（　　　　）

(3) (2)は横やおくにも広がっていますか、広がっていませんか。

（　　　　）

(4) うの層の中から、動物の足あとや動物の体の一部が見つかりました。このようなものを何といいますか。

（　　　　）

学習日　　月　　日

8. 土地のつくりと変化

②地層のでき方１

めあて
流れる水のはたらきによる地層のでき方を実験で確認しよう。

教科書 134～136ページ　答え 28ページ

次の(　　)に当てはまる言葉を書くか、当てはまるものを○で囲もう。

1 地層《ちそう》は、流れる水のはたらきによってできるのだろうか。

教科書 134～136ページ

水
砂《すな》とどろを混ぜたもの
とい
水を入れた容器
バット

(①　　　　)に見立てている。

(②　　　　)などに見立てている。

▶ 1回流しこんだ後のようす

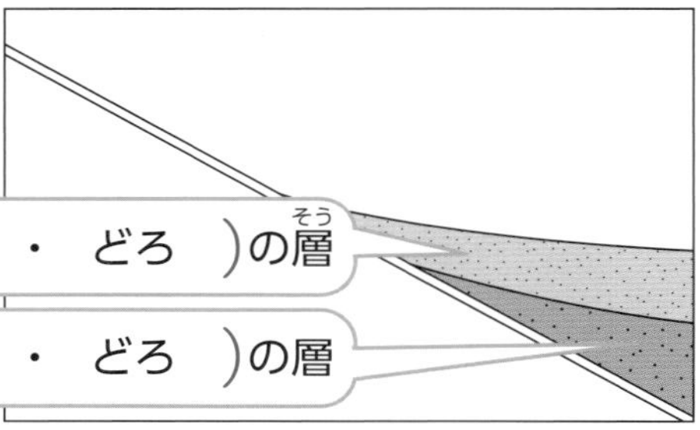

(③　砂　・　どろ　)の層《そう》

(④　砂　・　どろ　)の層

▶ 2回流しこんだ後のようす

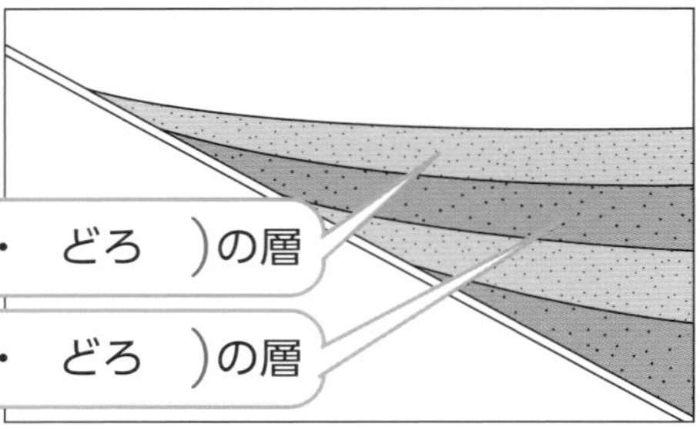

2回目
1回目

(⑤　砂　・　どろ　)の層

(⑥　砂　・　どろ　)の層

▶ 地層は、(⑦　　　　　　　)のはたらきによって運ぱんされたれき、砂、どろなどが、(⑧　山頂《さんちょう》　・　海底　)などに層になってたい積し、それが何度かくり返されてできる。

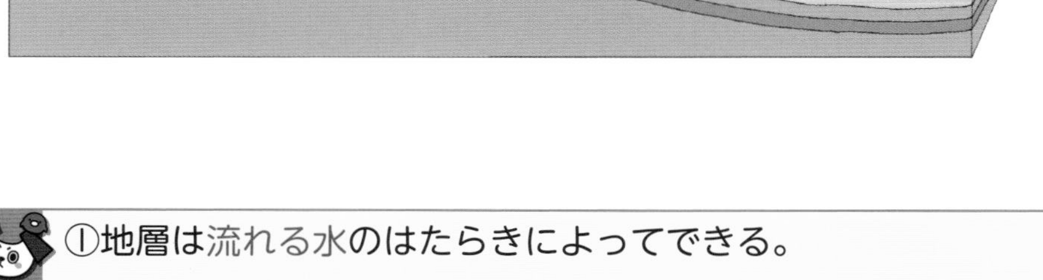

①しん食される
②運ぱんされる
③海底にたい積する

流れる水のしん食、運ぱん、たい積のはたらきで地層ができるんだよ。

ここがだいじ!
①地層は流れる水のはたらきによってできる。
②れき、砂、どろなどが海底などに層になって、積み重なって、地層ができる。

ぴたトリビア
海や湖の底に土や砂がたい積するとき、死んだ直後の生物が土や砂にうまると、酸素にあまりふれずくさりにくくなるため、化石になりやすくなります。

1 地層《ちそう》のでき方を調べる実験を行います。

あ砂《すな》とどろを混ぜたもの
水を入れた容器
とい
バット

(1) あを１回流しこんだ後のようすはどうなりますか。正しいほうの(　　)に○をつけましょう。

ア(　　)

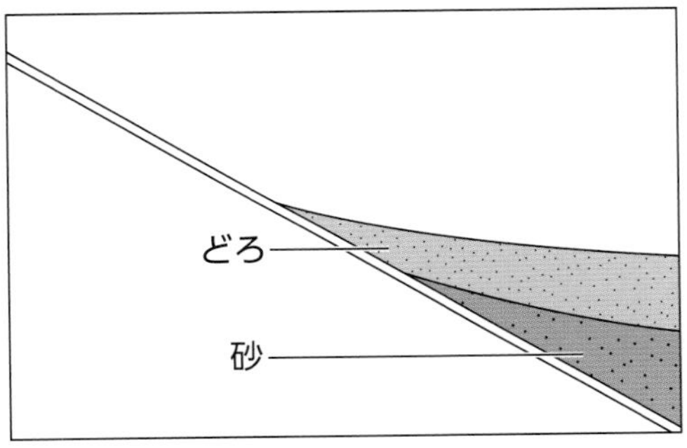
どろ
砂

イ(　　)

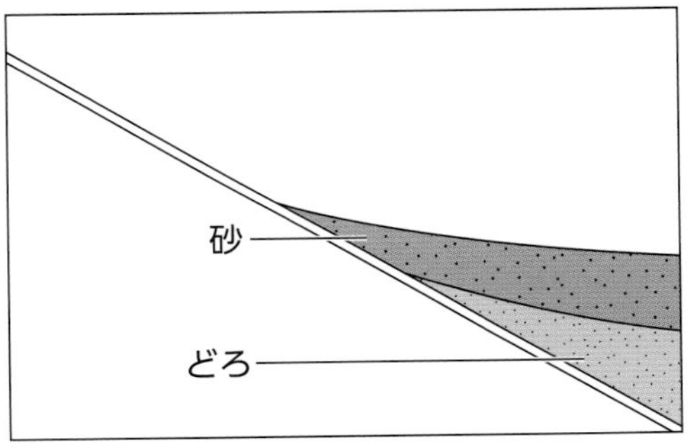
砂
どろ

(2) (1)のようになるのは、砂とどろで何がちがうからですか。正しいものを１つ選んで、(　　)に○をつけましょう。

ア(　　)つぶの色

イ(　　)つぶのかたさ

ウ(　　)つぶの大きさ

(3) あを２回流しこんだ後のようすはどうなりますか。正しいほうの(　　)に○をつけましょう。

ア(　　)

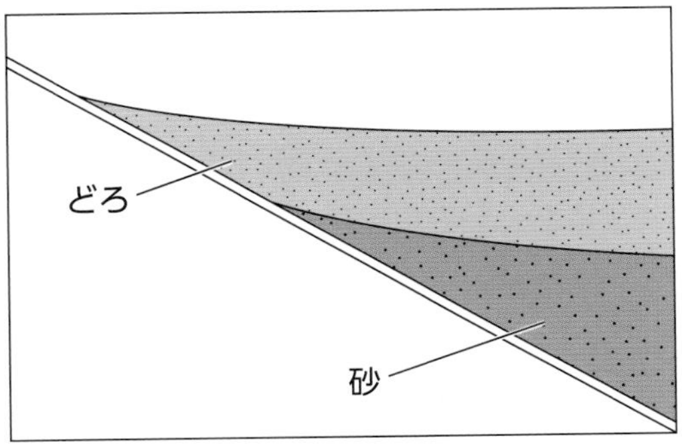
どろ
砂

イ(　　)

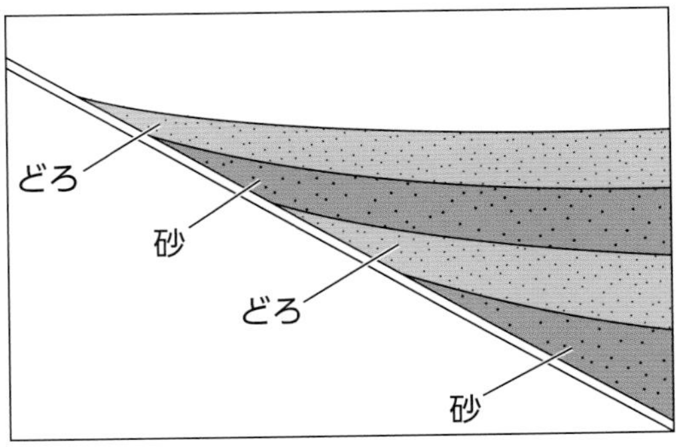
どろ
砂
どろ
砂

(4) この実験から、地層が何のはたらきでできることがわかりますか。

(　　　　　　　　　　　　　　　　)

8. 土地のつくりと変化

②地層のでき方2

学習日　　月　　日

めあて
れき岩・砂岩・泥岩と、火山のはたらきによる地層のでき方を確認しよう。

教科書 136〜141ページ　答え 29ページ

次の(　)に当てはまる言葉を書くか、当てはまるものを○で囲もう。

1 れき岩《がん》・砂岩《さがん》・でい岩《がん》についてまとめよう。

教科書 136ページ

▶海底などにたい積したれきや砂《すな》、どろなどの層《そう》は、長い年月の間に固まって(①　　　　　　)となることがある。

主に、れきからできている岩石を(②　　　　　　)という。

主に、砂からできている岩石を(③　　　　　　)という。

主に、どろからできている岩石を(④　　　　　　)という。

2 地層《ちそう》は、火山のはたらきによってできるのだろうか。

教科書 137〜140ページ

▶火山のふん火のときに出た(①　　　　　　)などが積もると層ができる。

▶火山のふん火が何度かくり返されて層が積み重なると、(②　　　　　　)ができる。

▶火山のふん火によってできた地層の中には、(③　丸みがある　・　角ばっている　)つぶや、穴《あな》の多いれきなどがふくまれている。

流れる水のはたらきでできた層のつぶは丸みがあるけれど、火山のふん火でふき出された火山灰《かざんばい》が積もった層のつぶは角ばっているよ。

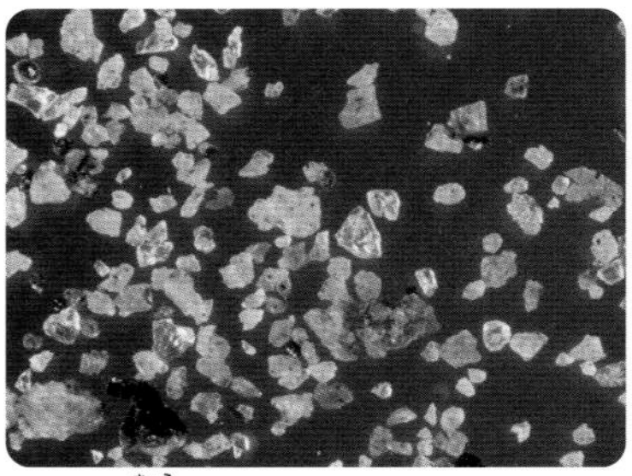

けんび鏡《きょう》で見た火山灰の中のつぶ

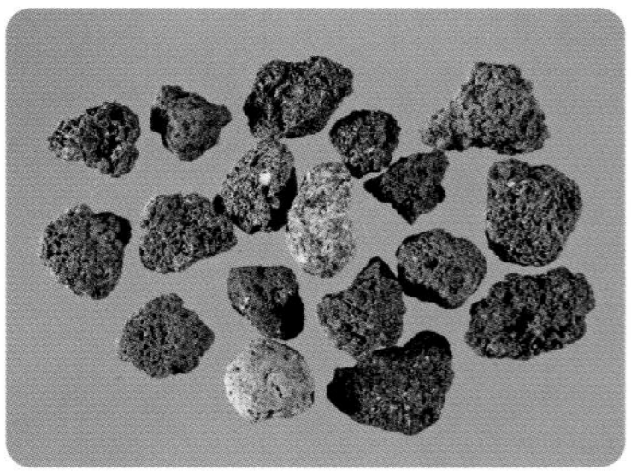

火山のはたらきでできた地層の中のれき

ここがだいじ!

①たい積したれきや砂、どろの層が固まると、れき岩、砂岩、でい岩ができる。

②地層には、火山のふん火のときに出た火山灰などが積もってできたものもあり、その層には角ばっているつぶの火山灰や穴の多いれきなどがふくまれる。

ぴたトリビア

火山灰は、火山の地下にあるマグマがふき出すときに発泡《はっぽう》してできた細かい破片《はへん》のことです。木や紙などを燃やしてできる灰《はい》とはちがいます。

8. 土地のつくりと変化

②地層のでき方２

教科書 136〜141ページ 答え 29ページ

1 地層《ちそう》をつくっている岩石を調べました。

あ

主に砂《すな》からできている。

い

主にれきからできている。

う

主にどろからできている。

(1) あ〜うの岩石の名前を、それぞれ[ ]から選んで答えましょう。

れき岩《がん》　砂岩《さがん》　でい岩《がん》

あ(　　　　　)
い(　　　　　)
う(　　　　　)

(2) あ〜うの岩石はどのようにしてできましたか。正しいほうの(　)に○をつけましょう。

ア(　)火山のはたらきでできた層《そう》が固まってできた。

イ(　)流れる水のはたらきでできた層が固まってできた。

2 地層を調べていると、火山灰《かざんばい》の層がありました。

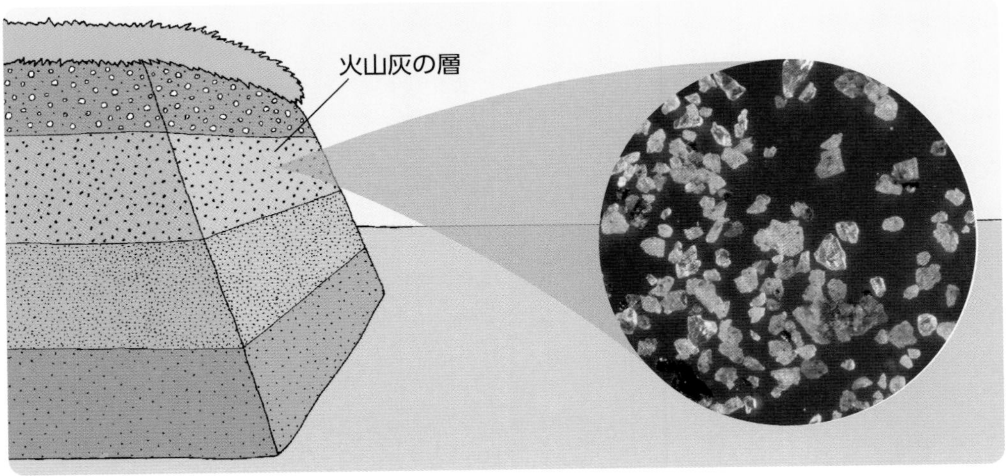

(1) 火山灰の層は、何によってできましたか。正しいものを１つ選んで、(　)に○をつけましょう。

ア(　)山火事　　**イ**(　)火山のふん火　　**ウ**(　)川の水の流れ

(2) 火山灰の中のつぶは、どのような形をしていますか。正しいほうの(　)に○をつけましょう。

ア(　)角ばっている。

イ(　)丸みをもっている。

ぴったり1 準備

3分でまとめ

8. 土地のつくりと変化

③火山活動や地震による土地の変化

学習日　月　日

めあて
火山活動や地震による大地の変化や災害について確認しよう。

教科書 142〜149ページ　答え 30ページ

次の(　)に当てはまる言葉を書こう。

1 火山活動や地震《じしん》で、土地はどのように変化するのだろうか。　教科書 142〜149ページ

▶(①　　　　　)によって、火山灰《かざんばい》やよう岩《がん》が土地のようすを大きく変えたり、新たな土地ができたり、くぼ地(カルデラ)や湖ができたりすることがある。

降《ふ》り積もった火山灰とよう岩により変化した土地

海底の火山がふん火してできた島

ふん火によってできた広大なくぼ地(カルデラ)

ふん火によってできた湖

▶(②　　　　　)によって、土地が盛《も》り上がったりしずんだり、がけがくずれたりして、土地のようすが変化することがある。

▶土地に大きな力がはたらいてできるずれを(③　　　　　)という。

地表に現れた断層《だんそう》

地震によってくずれた山のしゃ面(土砂《どしゃ》くずれ)

▶火山活動や地震による被害《ひがい》

火山灰にうもれた神社の鳥居

地震による津波《つなみ》でこわれた建てもの

火山のふん火や地震に備えて、ハザードマップがつくられたり、ひ難《なん》訓練をしたりしているよ。

▶海底で地震が起こると(④　　　　　)が発生して、建てものが流されるなどの被害が出ることがある。

ここが だいじ!

①火山活動で火山灰やよう岩がふき出すことで、土地が大きく変化したり、新しく土地ができたりする。

②地震で土地が盛り上がる、しずむ、がけがくずれるなどして、土地が変化する。

ぴたトリビア　火山活動や地震は被害だけでなく、わき水や温泉《おんせん》、美しい景観などをもたらし、生活を豊かにすることもあります。

8. 土地のつくりと変化

③火山活動や地震による土地の変化

学習日　　月　　日

教科書 142〜149ページ　答え 30ページ

1 次の土地の変化は、それぞれ火山活動と地震《じしん》のどちらによるものですか。

地表に土地のずれ（断層《だんそう》）が現れた。

①(　　　　　　)

海底からよう岩《がん》がふき出して小さな島ができた。

②(　　　　　　)

火山灰《かざんばい》とよう岩によって土地のようすが変化した。

③(　　　　　　)

火口の付近に広大なくぼ地ができた。

④(　　　　　　)

山のしゃ面がくずれた。

⑤(　　　　　　)

ふん火によって川がせき止められ、湖ができた。

⑥(　　　　　　)

2 火山活動と地震による被害《ひがい》について調べました。

㋐にうもれた神社の鳥居

㋑でこわれた建てもの

(1) ①は火山活動による被害の例で、㋐は地層《ちそう》をつくることもある小さなつぶです。㋐に当てはまる言葉を書きましょう。(　　　　　　)

(2) ②は地震による被害の例で、㋑は海底で地震が起こると発生することがある現象です。㋑に当てはまる言葉を書きましょう。(　　　　　　)

8. 土地のつくりと変化

時間 30 分

／100

合格 70 点

教科書 124〜151ページ　答え 31ページ

よく出る

1 地層《ちそう》をつくっている岩石について調べました。

1つ4点(20点)

㋐

主にどろからできている。

㋑

主にれきからできている。

㋒

主に砂《すな》からできている。

(1) ㋐～㋒の名前を、それぞれ答えましょう。

㋐(　　　　　)　㋑(　　　　　)　㋒(　　　　　)

(2) 次の文の(　　)に当てはまる言葉を、下の[　　]から選んで書きましょう。

● ㋐～㋒は(①　　　　　)のはたらきによってできた層《そう》が固まってできたものである。そのため、㋐～㋒にふくまれるつぶの形を調べると、(②　　　　　　　)。

角ばっている　丸みがある　火山　流れる水

2 土地の変化について調べました。

1つ4点(20点)

(1) 火山活動による土地の変化には△、地震《じしん》による土地の変化には×を(　　)につけましょう。

ア(　　)

地表に土地のずれが現れた。

イ(　　)

ふん火によって川がせき止められ、湖ができた。

ウ(　　)

海底からよう岩《がん》がふき出して小さな島ができた。

エ(　　)

ゆれによって山のしゃ面がくずれた。

(2) (1)のアのような土地のずれを何といいますか。　(　　　　　)

よく出る

3 地層のでき方を調べるため、砂とどろを混ぜたものを、容器に２回流しこみます。

1つ10点(30点)

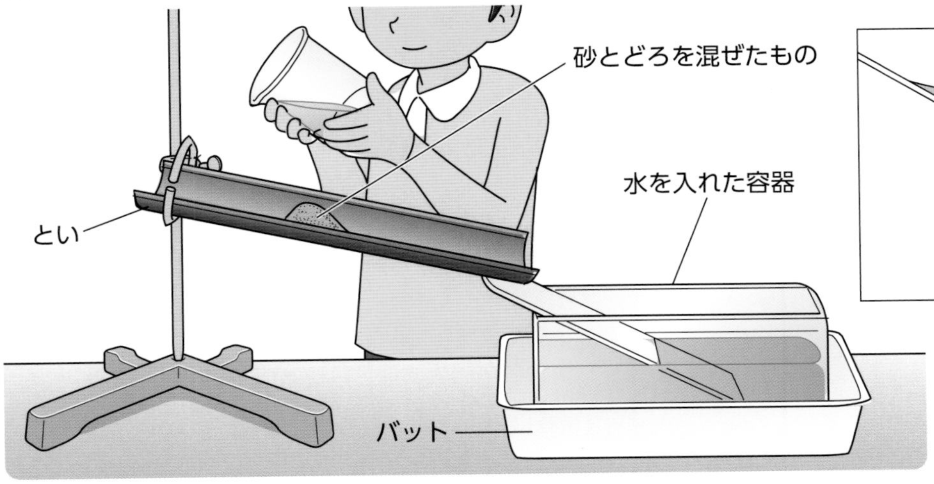
砂とどろを混ぜたもの
水を入れた容器
とい
バット

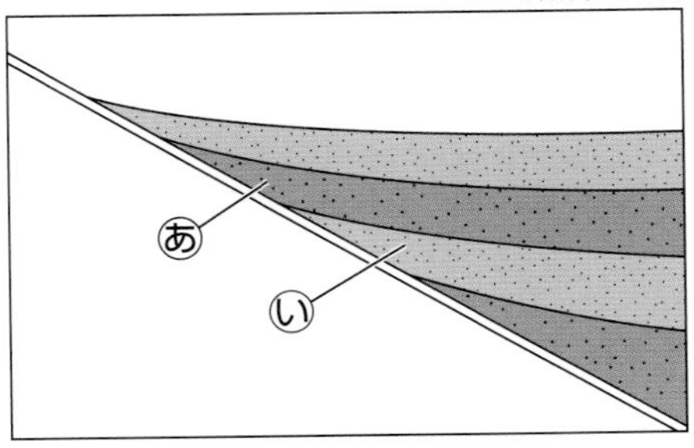
あ
い

(1) ２回目に流しこむのは、いつがよいですか。正しいほうの(　　)に○をつけましょう。 技能

ア(　　)１回目を流しこんだすぐ後。

イ(　　)１回目を流しこんでから、しばらくそのままにした後。

(2) どろはあ、いのどちらですか。 (　　)

(3) この実験からわかることについて、次の文の(　　)に当てはまる言葉を書きましょう。

● 水に運ぱんされた砂とどろは、つぶの(　　　　　)によって分かれてたい積する。

4 道路の両側に見られる２つの地層について調べました。

1つ5点(30点)

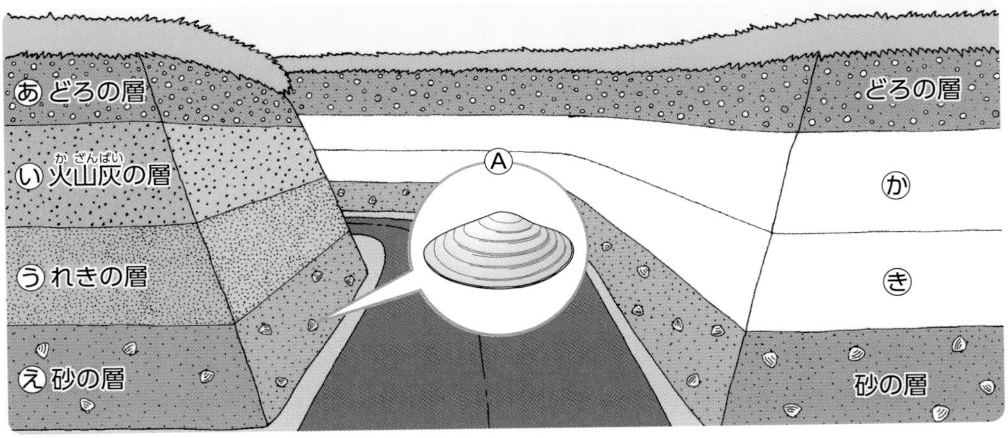
あ どろの層
い 火山灰《かざんばい》の層
う れきの層
え 砂の層
Ⓐ
どろの層
か
き
砂の層

(1) あ〜えのうち、はじめにできたのはどの層だと考えられますか。 (　　)

(2) いの火山灰の層があることから、この層ができたころ、この付近では何があったといえますか。

(　　　　　　　　)

(3) 地層の中から見つかる、Ⓐのようなものを何といいますか。 (　　　　)

(4) 記述 Ⓐが見つかったことから、この層はどのようにできたと考えられますか。

(　　　　　　　　　　　　　　　　)

(5) か、きはそれぞれ何の層だと考えられますか。

か(　　　　　　)　き(　　　　　　)

9. てこのはたらき

てこのはたらき1

学習日　　月　　日

めあて
てこのしくみやそのはたらきを確認しよう。

教科書 152〜155ページ　答え 32ページ

次の(　)に当てはまる言葉を書くか、当てはまるものを○で囲もう。

1 力点や作用点の位置を変えると手ごたえはどうなるのだろうか。 教科書 152〜155ページ

▶棒《ぼう》を１点で支え、ものを持ち上げたり、動かしたりするしくみを(①　　　　)という。

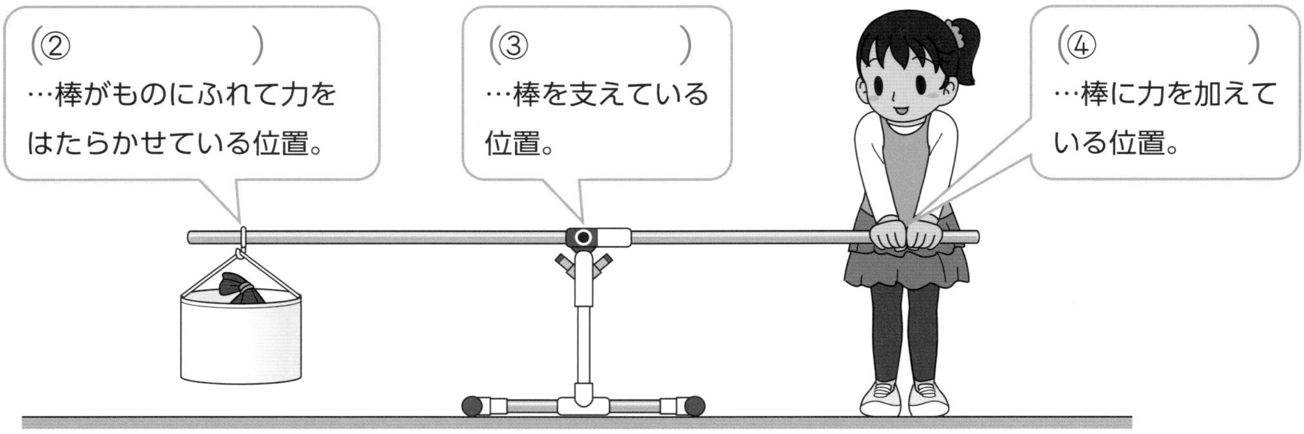
(②　　　　)
…棒がものにふれて力をはたらかせている位置。
(③　　　　)
…棒を支えている位置。
(④　　　　)
…棒に力を加えている位置。

▶変える条件は力点の位置で、変えない条件は支点と作用点の位置のとき、力点を支点から遠ざけると、手ごたえが(⑤　　　　)なる。

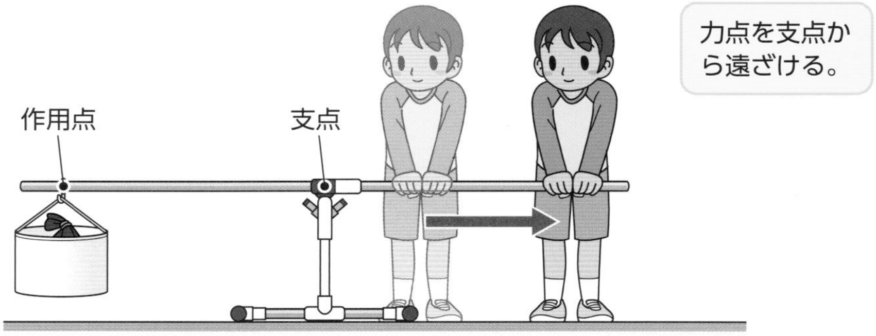
作用点
支点
力点を支点から遠ざける。

▶てこでものを持ち上げるとき、支点から力点までのきょりが(⑥　短い　・　長い　)ほど、小さな力で持ち上げることができる。

▶変える条件は作用点の位置で、変えない条件は支点と力点の位置のとき、作用点を支点に近づけると、手ごたえが(⑦　　　　)なる。

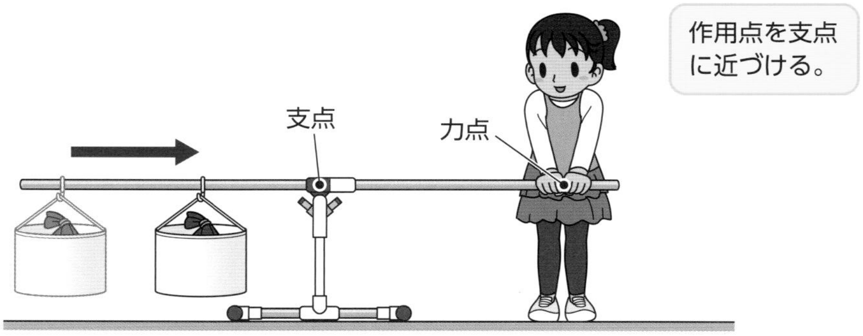
作用点を支点に近づける。
支点
力点

▶てこでものを持ち上げるとき、支点から作用点までのきょりが(⑧　短い　・　長い　)ほど、小さな力で持ち上げることができる。

ここがだいじ!

①てこには、支点、力点、作用点という３つの点がある。

②てこを使うとき、支点から力点までのきょりが長いほど、また、支点から作用点までのきょりが短いほど、小さな力でものを持ち上げることができる。

ぴたトリビア てこのしくみを利用すると、そのままでは動かすことができない重いものも、人の力で動かすことができるので、災害救助などにも利用されています。

9. てこのはたらき

てこのはたらき1

1 棒《ぼう》を使ってものを持ち上げるときの手ごたえを調べます。

(1) 図のように、棒を１点で支えて、力を加えることでものを持ち上げたり、ものを動かしたりするしくみを、何といいますか。

（　　　　）

(2) あ〜うの位置を何といいますか。それぞれ□から選んで答えましょう。

作用点　　力点　　支点

あ（　　　　）　い（　　　　）　う（　　　　）

(3) 力を加えるうの位置をいから遠ざけると、持ち上げるときの手ごたえはどうなりますか。正しいものを１つ選んで、（　）に○をつけましょう。

ア（　）大きくなる。
イ（　）変わらない。
ウ（　）小さくなる。

2 てこの作用点の位置を変えたときの手ごたえを調べました。

あ

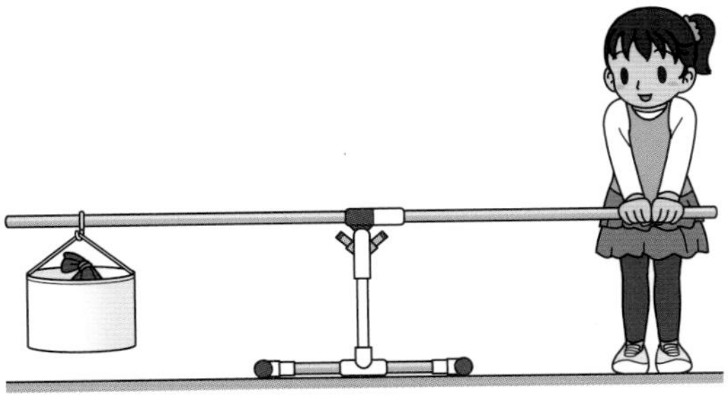

い

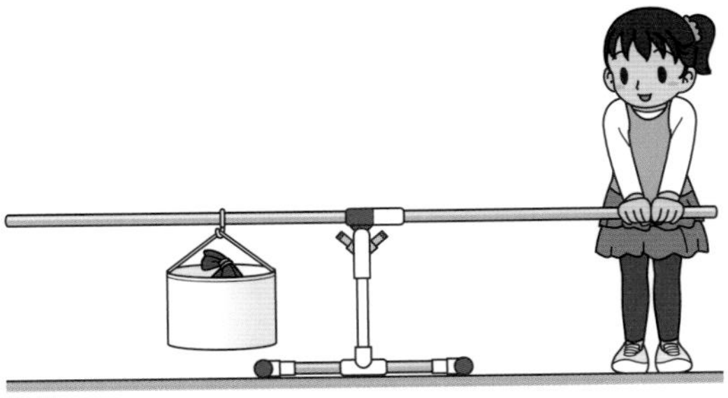

(1) いのときの手ごたえは、あのときと比べてどうなっていますか。正しいものを１つ選んで、（　）に○をつけましょう。

ア（　）大きくなっている。
イ（　）同じである。
ウ（　）小さくなっている。

(2) この実験からわかることを１つ選んで、（　）に○をつけましょう。

ア（　）支点から力点までのきょりが短いほど、小さな力でものを持ち上げることができる。
イ（　）支点から力点までのきょりが短いほど、ものを持ち上げるのに大きな力が必要である。
ウ（　）支点から作用点までのきょりが短いほど、小さな力でものを持ち上げることができる。
エ（　）支点から作用点までのきょりが短いほど、ものを持ち上げるのに大きな力が必要である。

学習日　　月　　日

9. てこのはたらき

てこのはたらき2

めあて
てこのうでをかたむけるはたらきや、つり合うときのきまりを確認しよう。

教科書 156〜161ページ　答え 33ページ

次の(　　)に当てはまる言葉を書くか、当てはまるものを○で囲もう。

1 てこがつり合うときは、どのようなきまりがあるだろうか。

教科書 156〜161ページ

- 実験用てこは、力の大きさをおもりの(①　　　　)で表すことができる。
- てこのうでは、左右のおもりの位置によってかたむきが(②　変わる　・　変わらない　)。
- てこのおもりをつるしたうでが水平になっているとき、(③　　　　　　　　)という。

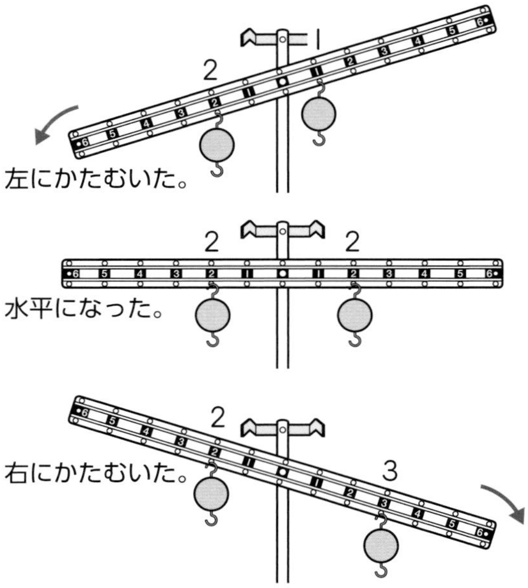

2
1
左にかたむいた。
2
2
水平になった。
2
3
右にかたむいた。

左右のうでにつるすおもりの重さが同じときには、左右の同じ目盛《めも》りの位置につるすとつり合うよ。

- てこがつり合うときのきまりを調べる実験の結果(×はつり合わないことを表す。)

	左うで	右うで					
目盛りの数	3	1	2	3	4	5	6
おもりの重さ(g)	20	60	30	20	×	×	(④　　　)

	左うで	右うで					
目盛りの数	6	1	2	3	4	5	6
おもりの重さ(g)	10	60	30	(⑤　　　)	×	×	(⑥　　　)

	左うで	右うで					
目盛りの数	2	1	2	3	4	5	6
おもりの重さ(g)	60	120	60	(⑦　　　)	(⑧　　　)	×	20

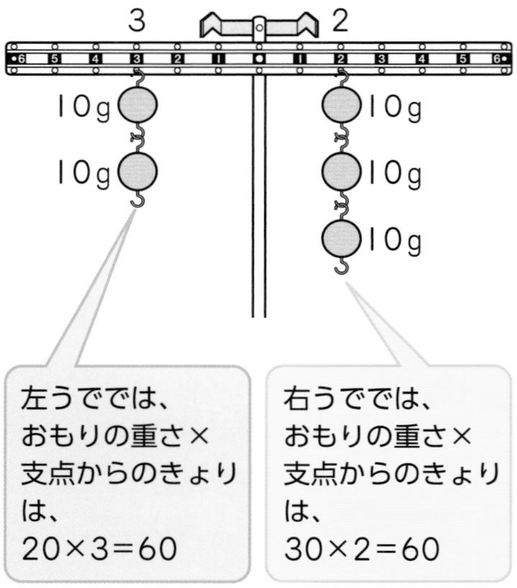

3
2
10g
10g
10g
10g
10g
左うででは、おもりの重さ×支点からのきょりは、20×3=60
右うででは、おもりの重さ×支点からのきょりは、30×2=60

- 実験用てこのうでが水平になってつり合っているとき、左右のうでで、(⑨　　　　　　)×(⑩　　　　　　)が等しくなっている。

ここがだいじ!
①てこのおもりをつるしたうでが水平になっているとき、つり合っているという。
②実験用てこのうでが水平になってつり合っているとき、左右のうでで、力の大きさ(おもりの重さ)×支点からのきょり(目盛りの数)が等しくなっている。

ぴたトリビア
上皿《うわざら》てんびんは、左右のうでの長さが同じになっています。左右に同じ重さのものをのせると水平につり合うことを利用して、重さをはかります。

9. てこのはたらき

てこのはたらき2

教科書 156〜161ページ　答え 33ページ

1 実験用てこのうでのかたむきを調べます。

あ

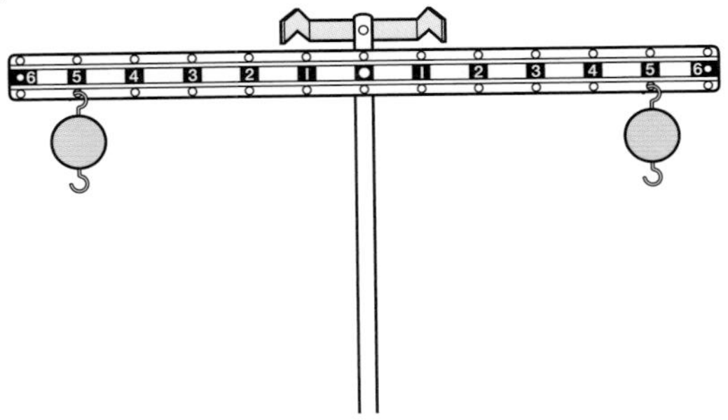

い

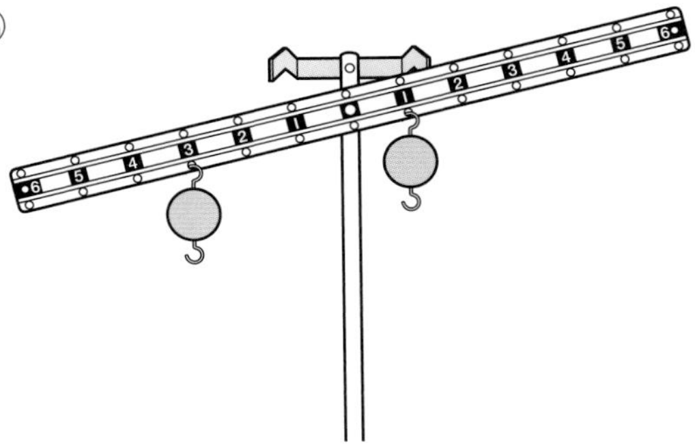

(1) あのように、おもりをつるしたうでが水平になっているとき、このことを何といいますか。

(　　　　　　　　　)

(2) いの右うでの目《め》盛《も》り１の位置につるしたおもりを、目盛り２〜６の位置へと動かしていくと、うでのかたむきはどうなりますか。それぞれ［　　］から選んで答えましょう。

右にかたむく。　　左にかたむく。　　水平になる。

目盛り２(　　　　　　　　)
目盛り３(　　　　　　　　)
目盛り４(　　　　　　　　)
目盛り５(　　　　　　　　)
目盛り６(　　　　　　　　)

2 実験用てこの左うでの目盛り３の位置におもり４個(40g)をつるすと、てこは左にかたむきました。

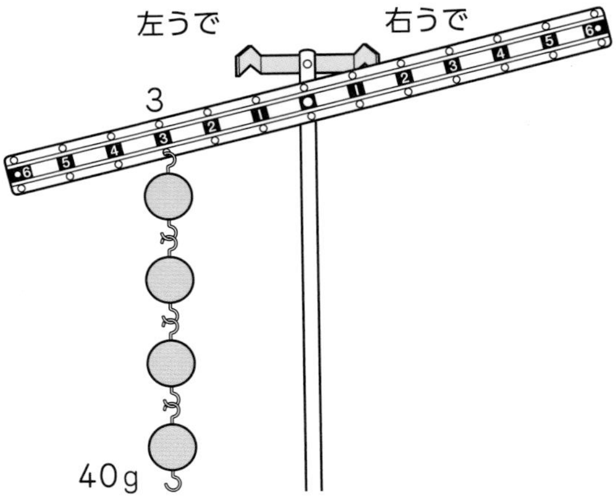

(1) 右うでの目盛り３の位置におもりをつるすとき、何gのおもりをつるすとてこがつり合いますか。

(　　　　)

(2) 次の①〜④におもりをつるしてうでを水平にするには、それぞれ何gのおもりをつるせばよいですか。

① 右うでの目盛り１の位置　(　　　　)
② 右うでの目盛り２の位置　(　　　　)
③ 右うでの目盛り４の位置　(　　　　)
④ 右うでの目盛り６の位置　(　　　　)

(3) 右うでの目盛り６の位置におもり３個(30g)をつるすと、てこのかたむきはどうなりますか。正しいものを１つ選んで、(　)に○をつけましょう。

ア(　　)左にかたむく。　**イ**(　　)水平になる。　**ウ**(　　)右にかたむく。

9. てこのはたらき

てこのはたらき3

学習日　　月　　日

めあて　てこを利用した道具のしくみを確認しよう。

教科書 162～167ページ　答え 34ページ

次の(　)に当てはまる言葉を書くか、当てはまるものを○で囲もう。

1 てこのはたらきを利用した道具を調べてみよう。

教科書 162～163ページ

▶はさみは、支点、力点、作用点がある、てこのはたらきを利用した道具であり、
(① 大きな ・ 小さな)力で、紙を切ることができる。

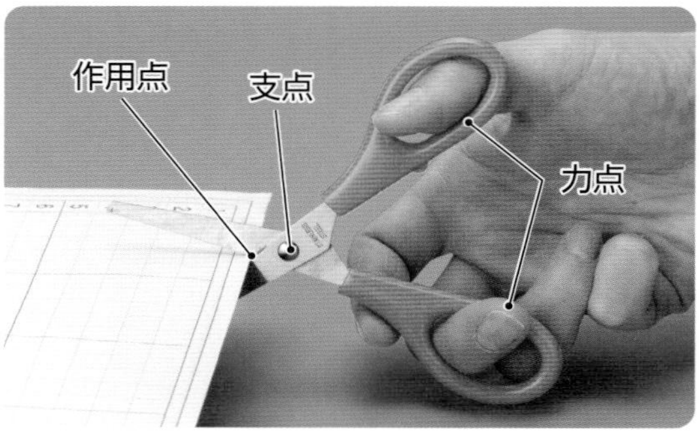
作用点
支点
力点

▶②～⑲の(　)に当てはまる言葉を〔　〕から選んで書きましょう。
〔　支点　　力点　　作用点　〕

ペンチ

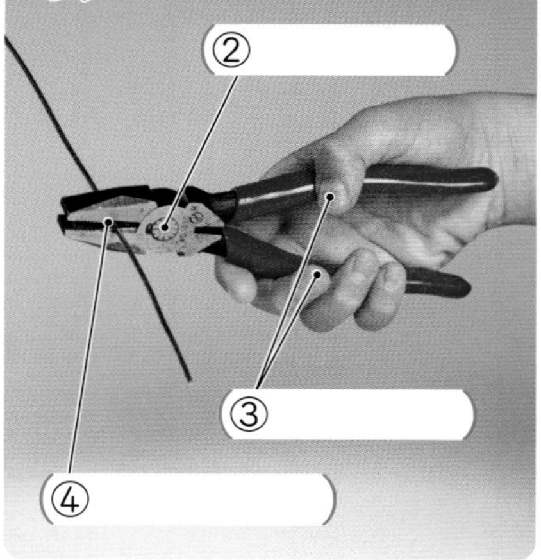
②
③
④

せんぬき

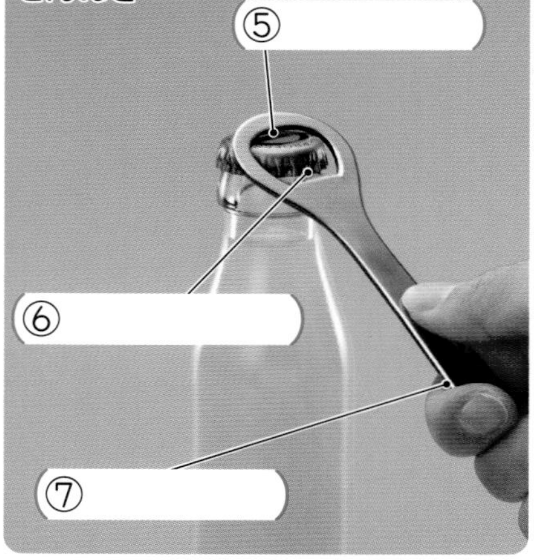
⑤
⑥
⑦

トング

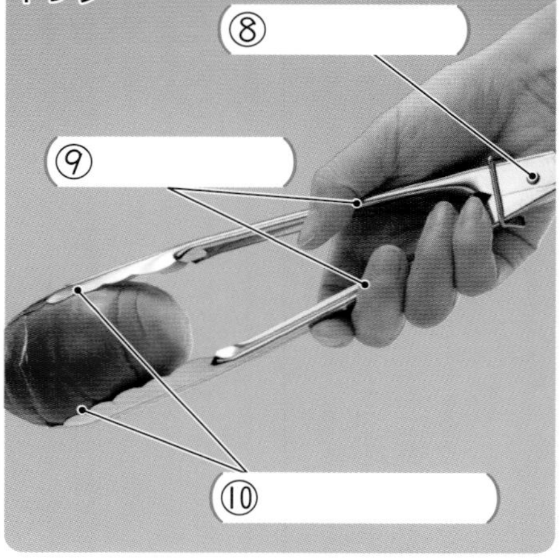
⑧
⑨
⑩

くぎぬき

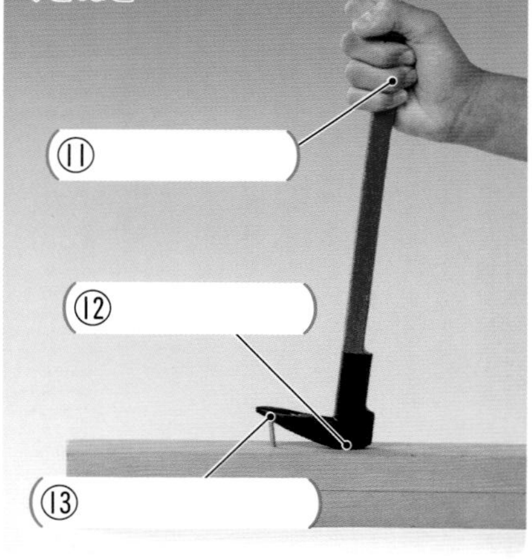
⑪
⑫
⑬

空きかんつぶし器

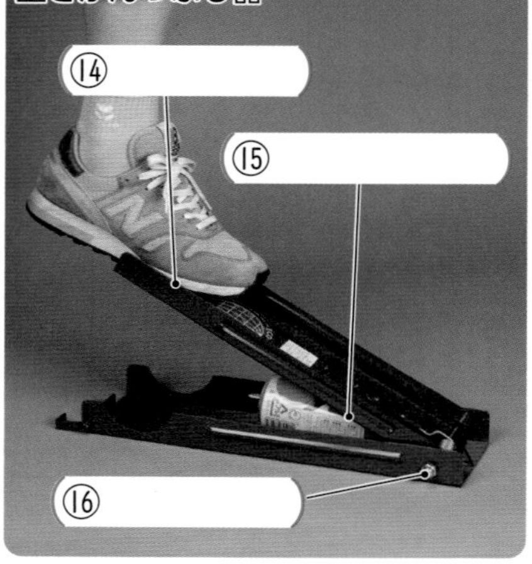
⑭
⑮
⑯

ピンセット

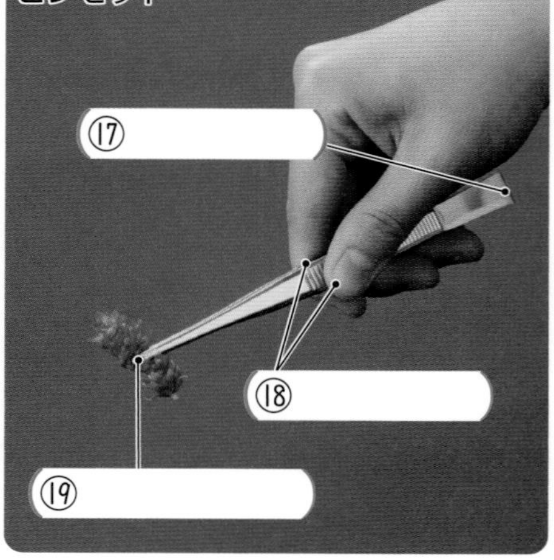
⑰
⑱
⑲

▶トングやピンセットのように、はたらく力を(⑳ 大きく ・ 小さく)する道具もある。

ここが だいじ!
①身の回りには、てこのはたらきを利用した道具がたくさんある。
②支点、力点、作用点の位置は、道具によってちがう。

ぴたトリビア　輪軸《りんじく》という道具は、てこと同じように小さな力で大きな力を出すことができ、ドアノブやドライバー、自動車のハンドル、水車などに利用されています。

ぴったり2 練習

9. てこのはたらき

てこのはたらき3

学習日　　月　　日

教科書 162〜167ページ　答え 34ページ

1 てこのはたらきを利用した道具について調べました。

(1) ペンチの支点、力点、作用点はどこですか。正しく表しているものを１つ選んで、（　　）に○をつけましょう。

ア（　　）

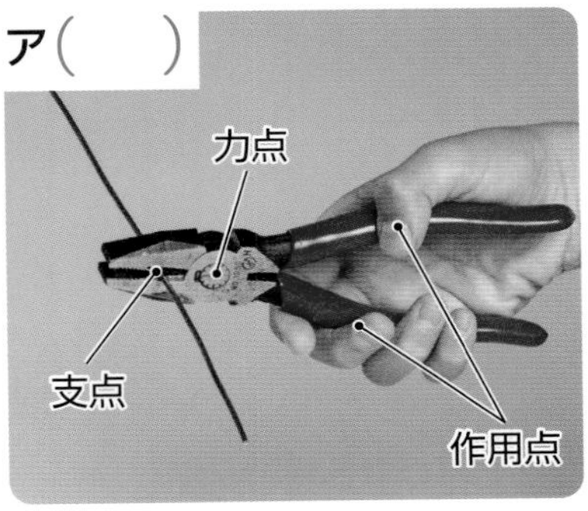

イ（　　）

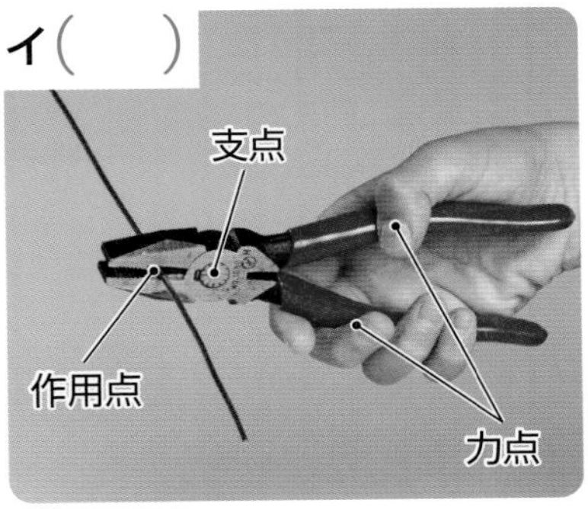

ウ（　　）

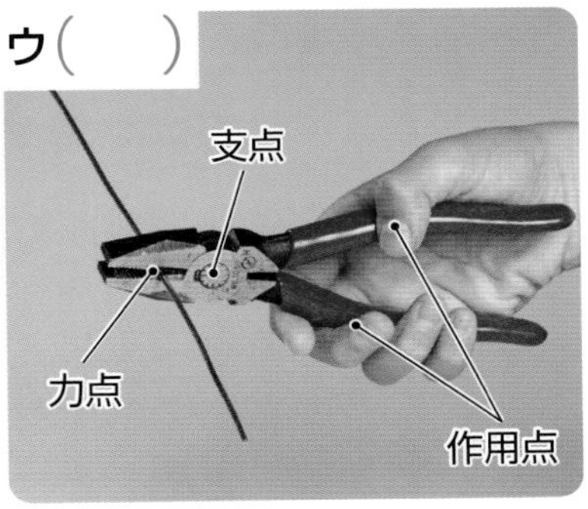

(2) 作用点が支点と力点の間にある道具をすべて選んで、（　　）に○をつけましょう。

ア（　　）

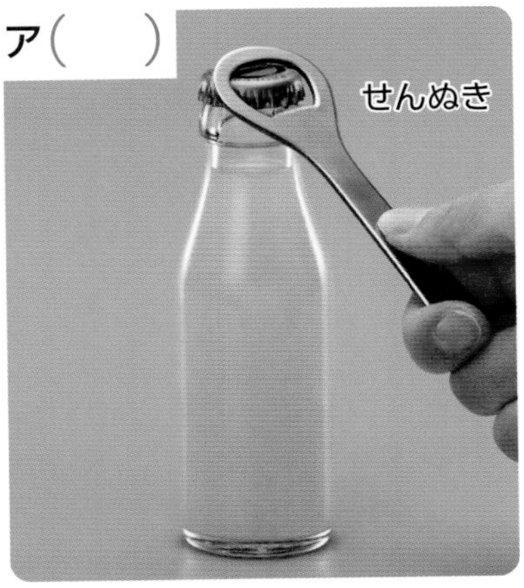

イ（　　）

ウ（　　）

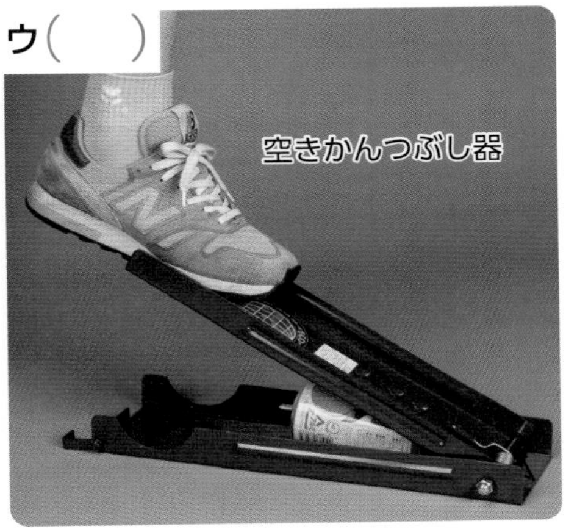

2 ピンセットについて調べました。

(1) ㋐〜㋒の点を、それぞれ何といいますか。

㋐（　　　　　）
㋑（　　　　　）
㋒（　　　　　）

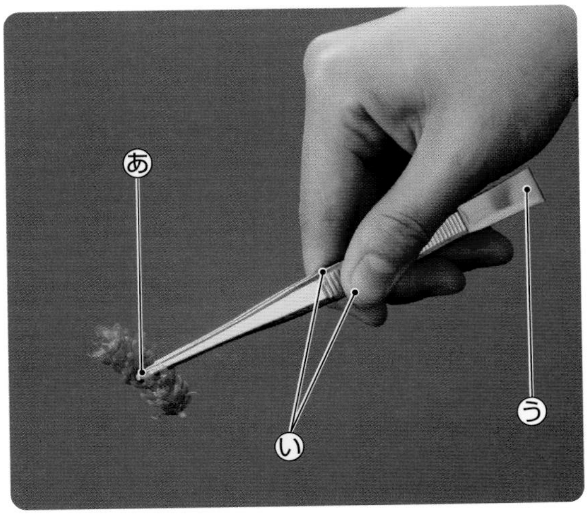

(2) ピンセットについての説明で、正しいほうの（　　）に○をつけましょう。

ア（　　）力点に加えた力より小さな力が作用点ではたらく。

イ（　　）力点に加えた力より大きな力が作用点ではたらく。

ぴったり3
確かめのテスト
9. てこのはたらき

時間 30 分

/100

合格 70 点

教科書 152〜169ページ　答え 35ページ

1 てこを使ってものを持ち上げます。

1つ5点(35点)

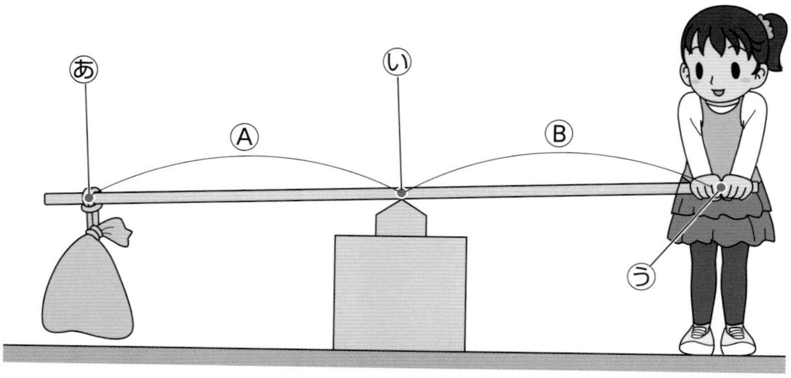

(1) あ〜うは、支点、力点、作用点のどれですか。

あ(　　　　　)　い(　　　　　)　う(　　　　　)

(2) 次の①、②のとき、手ごたえはそれぞれどうなりますか。

① あをいに近づけたとき　(　　　　　)

② うをいに近づけたとき　(　　　　　)

(3) ものを小さな力で持ち上げるためには、ⒶやⒷの長さはそれぞれどうすればよいですか。

Ⓐの長さ(　　　　　)

Ⓑの長さ(　　　　　)

よく出る

2 てこのはたらきを利用した道具について調べます。

1つ5点(15点)

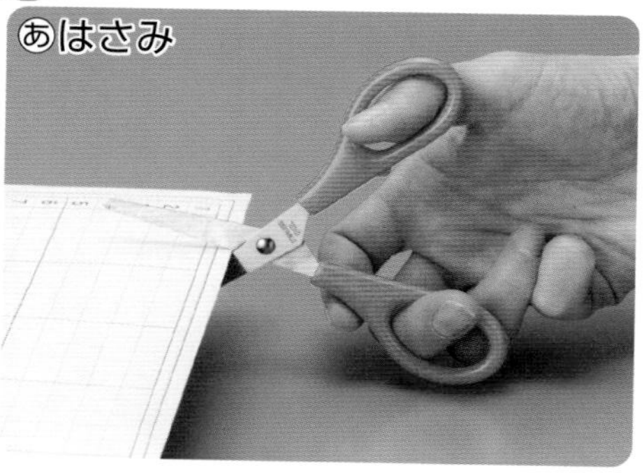
あはさみ

いピンセット

(1) あ、いの道具の支点、力点、作用点の位置関係の説明として正しいものを、それぞれ**ア**〜**ウ**から選んで、記号で答えましょう。

あ(　)　い(　)

ア　作用点が支点と力点の間にある。

イ　支点が力点と作用点の間にある。

ウ　力点が支点と作用点の間にある。

(2) 力点で加えた力より小さな力が作用点ではたらくのは、あ、いのどちらですか。

(　)

3 実験用てこの左うでの目盛《めも》り３の位置におもりを１個つるし、うでがかたむくようすを調べます。

1つ5点(15点)

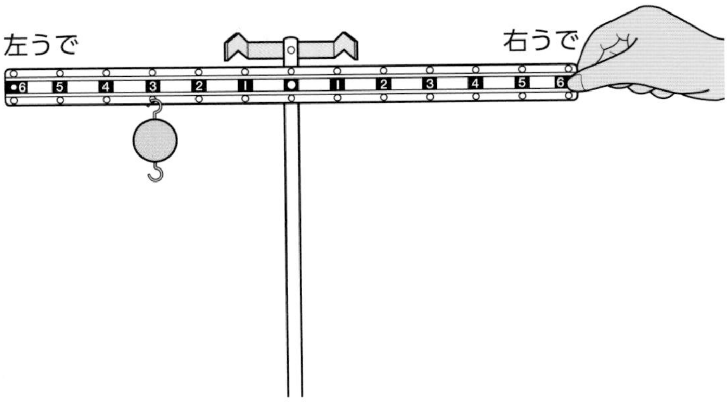

(1) 右うでの目盛り１や６の位置におもりを１個つるしたとき、うではそれぞれ左、右のどちらにかたむきますか。

目盛り１(　　　)

目盛り６(　　　)

(2) おもりを１個つるしてうでを水平にするには、右うでの目盛り２～５のどの位置につるせばよいですか。(　　　)

よく出る

4 実験用てこの左うでの目盛り６の位置に10gのおもりを２個つるし、右うでに10gのおもりを何個つるすとてこがつり合うかを調べ、表にまとめます。

1つ5点、(2)は全部できて5点(25点)

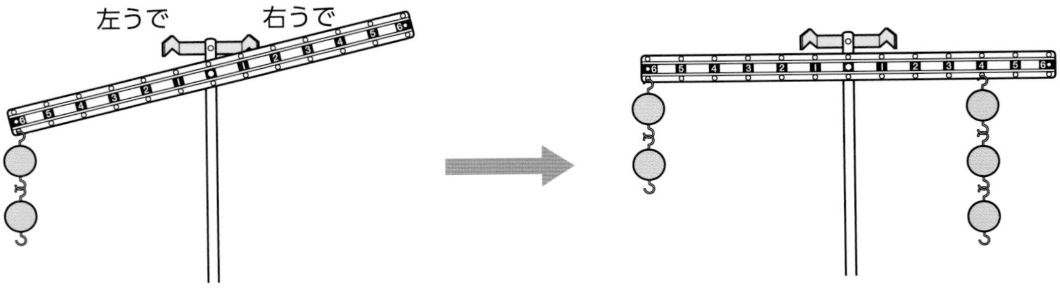

	左うで	右うで					
目盛りの数	6	1	2	3	4	5	6
おもりの重さ(g)	20	120	①	②	30	③	④

(1) 表の①～④に当てはまる数字を書きましょう。ただし、つり合わないときは×をつけましょう。

①(　　　)　②(　　　)　③(　　　)　④(　　　)

(2) てこがつり合っているときには、左右のうでで何と何の積が等しくなっていますか。

(　　　　　　)　(　　　　　　)

できたらスゴイ！

5 くぎぬきでくぎをぬくとき、手の位置を変えて比べます。

思考・表現　1つ5点(10点)

(1) あといではどちらのほうが小さな力でくぎをぬけますか。(　　　)

(2) 記述 (1)のように考えられる理由を説明しましょう。

(　　　　　　)

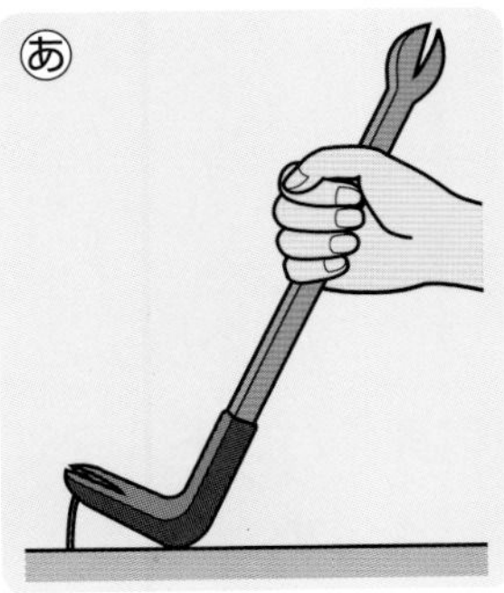

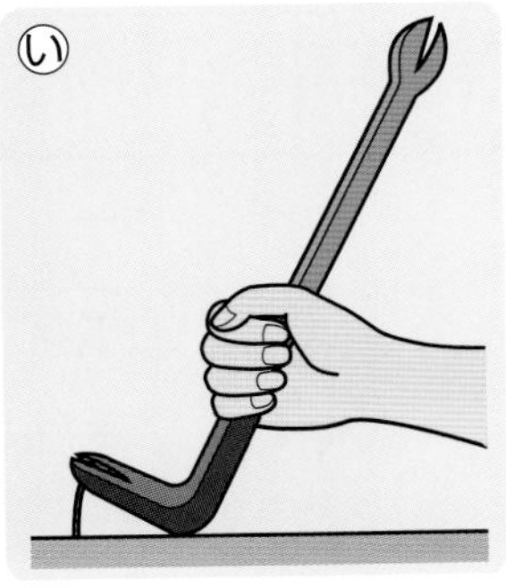

→ この本の終わりにある「冬のチャレンジテスト」をやってみよう！

ふりかえり

4 がわからないときは、64ページの**1**にもどって確認《かくにん》しましょう。
5 がわからないときは、62ページの**1**、66ページの**1**にもどって確認しましょう。

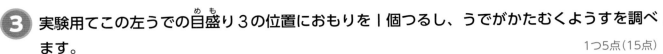

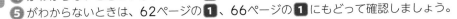

10. 私たちの生活と電気

私たちの生活と電気1

めあて
手回し発電機、光電池、コンデンサーのはたらきを確認しよう。

教科書　170～176ページ　答え　36ページ

次の(　)に当てはまる言葉を書くか、当てはまるものを○で囲もう。

1 電気は、つくったりためたりできるだろうか。

教科書　170～175ページ

- 私《わたし》たちの生活で利用する電気の多くは、(①　　　　)でつくられる。
- 電気をつくることを(②　　　　)という。
- 手回し発電機は(③　　　　)をつくることができる。
- (④　　　　)に光を当てると、電気をつくることができる。
- 手回し発電機につないだとき

	ハンドルをゆっくり回す。	ハンドルを速く回す。
豆電球	明かりが(⑤　　　　)。	ゆっくり回したときよりも(⑥　　　　)なった。
モーター	(⑦　　　　)。	ゆっくり回したときよりも(⑧　　　　)回った。

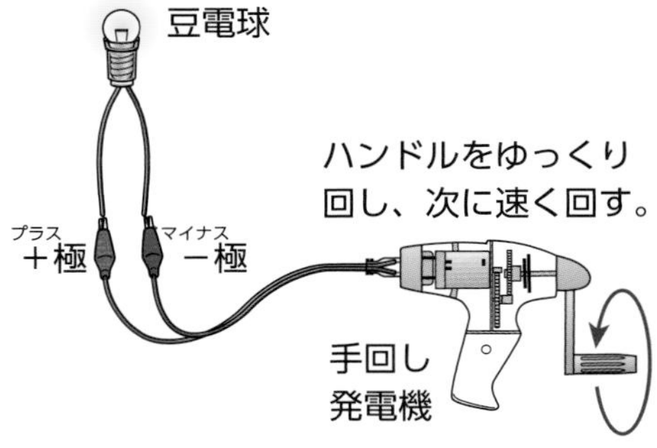
豆電球
ハンドルをゆっくり回し、次に速く回す。
＋《プラス》極
－《マイナス》極
手回し発電機

- 光《こう》電池につないだとき

	光を弱く当てる。(半とうめいのシートあり)	光を強く当てる。(半とうめいのシートなし)
豆電球	明かりが(⑨　　　　)。	光を弱く当てたときよりも(⑩　　　　)なった。
モーター	(⑪　　　　)。	光を弱く当てたときよりも(⑫　　　　)回った。

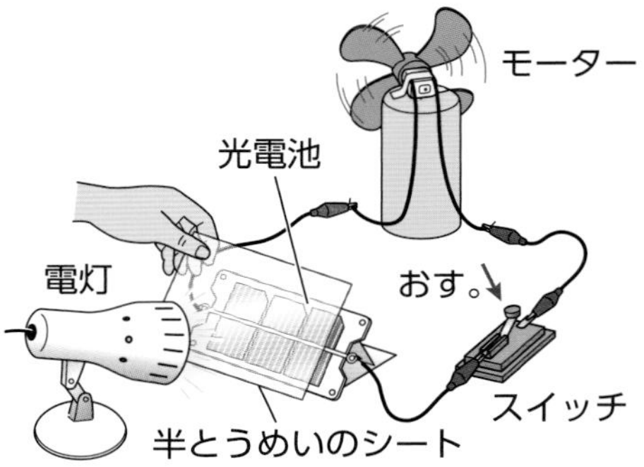
モーター
光電池
電灯
おす。
スイッチ
半とうめいのシート

- 手回し発電機のハンドルを速く回したり、光電池に当てる光を強くしたりすると、電流の大きさが(⑬　変わる　・　変わらない　)。
- コンデンサーを使うと、電気を(⑭　　　　)ことができる。
- 電気をためたコンデンサーにつないだとき

豆電球	明かりが(⑮　　　　)。
モーター	(⑯　　　　)。

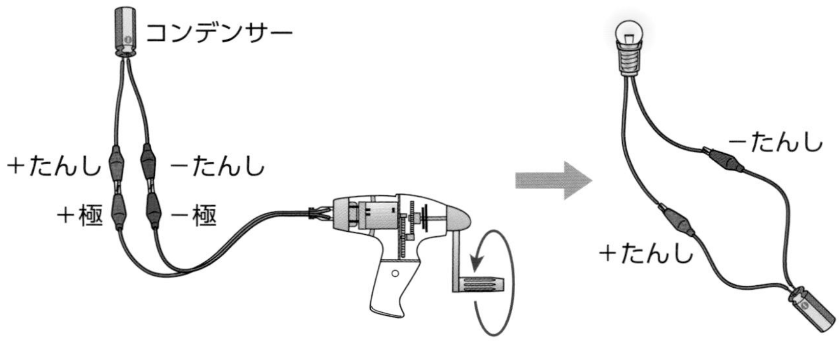
コンデンサー
＋たんし
－たんし
＋極
－極
－たんし
＋たんし

ここが だいじ!

①電気は、つくったりためたりすることができる。
②手回し発電機のハンドルを速く回したり、光電池に当てる光を強くしたりすると、電流の大きさが変わる。

ぴたトリビア
発電の方法には、波の力を利用する波力《はりょく》発電、地下深くの高温の水や水蒸気《すいじょうき》を利用する地熱発電、バイオマス(動物のふんや生ごみなど)を利用するバイオマス発電などもあります。

1 手回し発電機にモーター、光《こう》電池に豆電球をつなぎ、どうなるか調べます。

(あ)

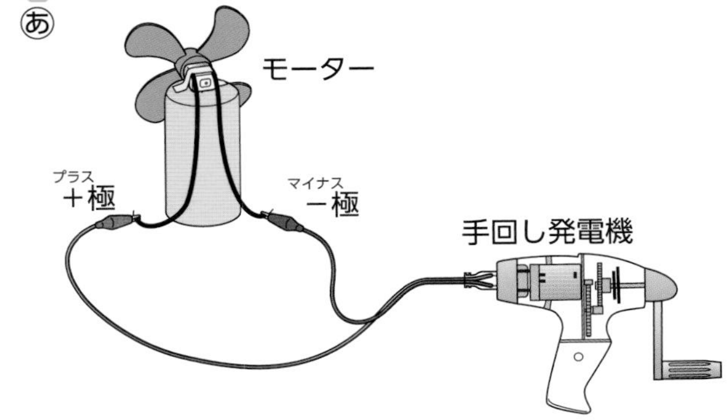

(い)

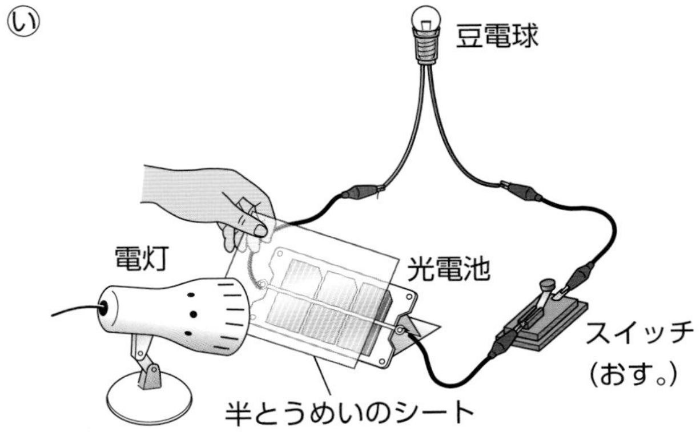

(1) (あ)の手回し発電機のハンドルをゆっくり回すと、モーターは回りますか、回りませんか。
（　　　　　　　）

(2) (あ)の手回し発電機のハンドルを(1)のときより速く回すと、どうなりますか。正しいほうの（　）に○をつけましょう。

ア（　）ゆっくり回したときよりも、モーターがゆっくり回った。

イ（　）ゆっくり回したときよりも、モーターが速く回った。

(3) (い)の光電池に電灯の光を当てると、豆電球の明かりはつきますか、つきませんか。
（　　　　　　　）

(4) (い)の半とうめいのシートをなくして、光電池に電灯の光を当てるとどうなりますか。正しいほうの（　）に○をつけましょう。

ア（　）半とうめいのシートがあるときよりも、豆電球が明るくなった。

イ（　）半とうめいのシートがあるときよりも、豆電球が暗くなった。

(5) 手回し発電機と光電池でつくった電気は、かん電池の電気と同じはたらきをしますか、しませんか。
（　　　　　　　）

2 コンデンサーにつないだ手回し発電機のハンドルを回してから、コンデンサーを豆電球につなぎ、豆電球の明かりがつくか調べます。

(1) コンデンサーにつないだ豆電球はどうなりますか。正しいほうの（　）に○をつけましょう。

ア（　）明かりがついた。

イ（　）明かりがつかなかった。

(2) この実験から、何がわかりますか。正しいほうの（　）に○をつけましょう。

ア（　）コンデンサーは、電気をつくることができる。

イ（　）コンデンサーは、電気をためることができる。

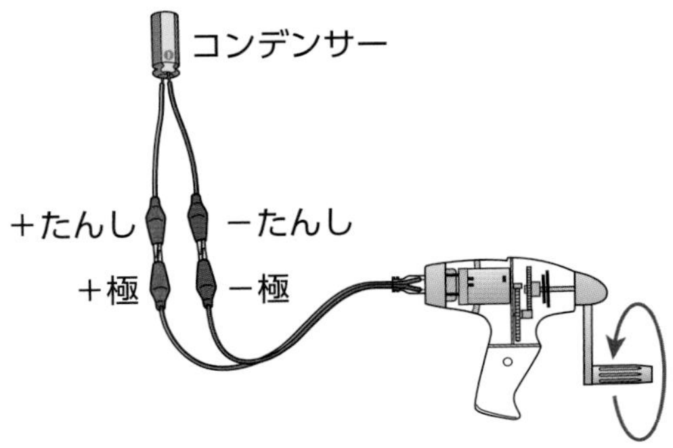

学習日　　月　　日

10. 私たちの生活と電気

私たちの生活と電気２

めあて
身の回りの電気製品では電気を何に変かんしているかを確認しよう。

教科書 177〜179ページ　答え 37ページ

次の(　　)に当てはまる言葉を書くか、当てはまるものを○で囲もう。

1 電気はどのようなものに変わるのだろうか。

教科書 177〜179ページ

- 発光ダイオードは、電気を(①　　　　)に変えている。
- ブザーは、電気を(②　　　　)に変えている。
- モーターは、電気を(③　　　　)に変えて利用している。
- 身の回りの電気製品

発熱を調べる装置《そうち》

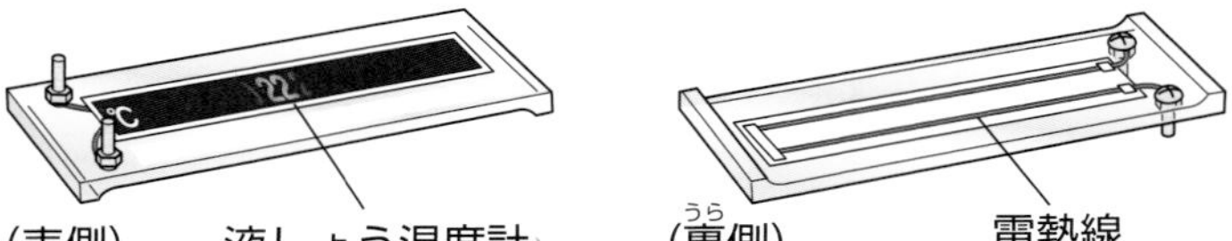

温度が(④　下がる　・　上がる　)。
➡電気が(⑤　　　　)に変わった。

せん風機

電気を(⑥　　　　)に変える。

ホットプレート

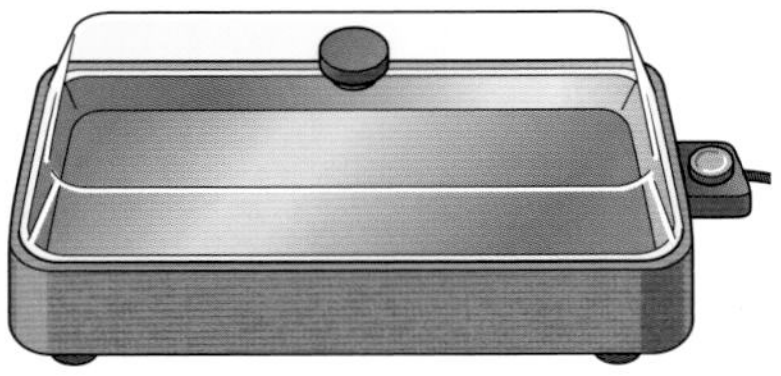

電気を(⑦　　　　)に変える。

照明

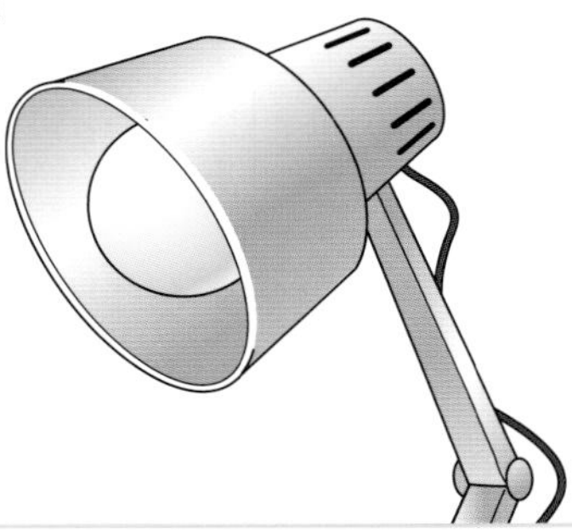

電気を(⑧　　　　)に変える。

テレビ

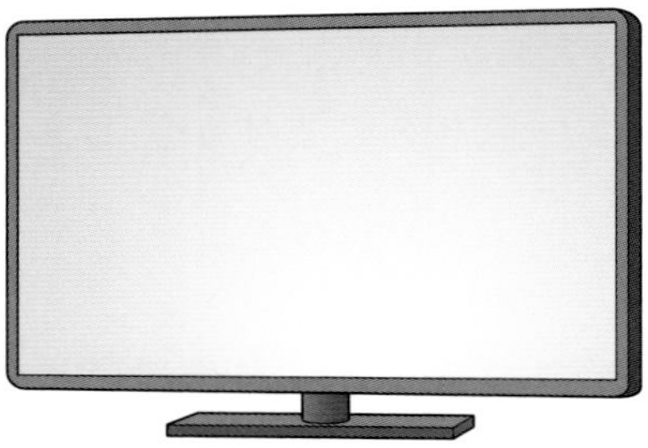

電気を(⑨　　　　)と(⑩　　　　)に変える。

ドライヤー

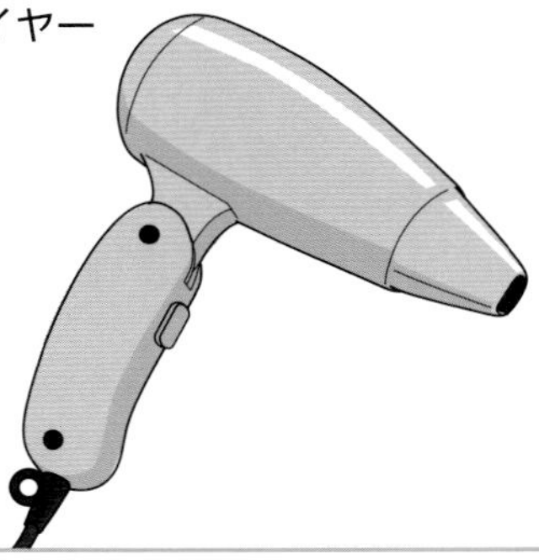

電気を(⑪　　　　)と運動に変える。

ハンドミキサー

電気を(⑫　　　　)に変える。

- 光《こう》電池は(⑬　　　　)を電気に変えることができる。
- モーターは(⑭　　　　)を電気に変えることができる。
- 火力発電所や水力発電所、風力発電所のタービンでは、(⑮　　　　)を電気に変えている。

ここが だいじ!
①電気は光、音、熱、運動に変わる性質があり、身の回りの道具にいろいろと利用されている。

ぴたトリビア
電灯に明かりをつけるとあたたかくなることからわかるように、電灯は電気を光だけでなく熱にも変かんしています。

10. 私たちの生活と電気

私たちの生活と電気2

教科書 177〜179ページ　答え 37ページ

1 電気はどのようなものに変わる性質があるかを調べました。

(1) あ〜えに当てはまる言葉を、それぞれ［　　］から選んで答えましょう。

［運動　熱　光　音］

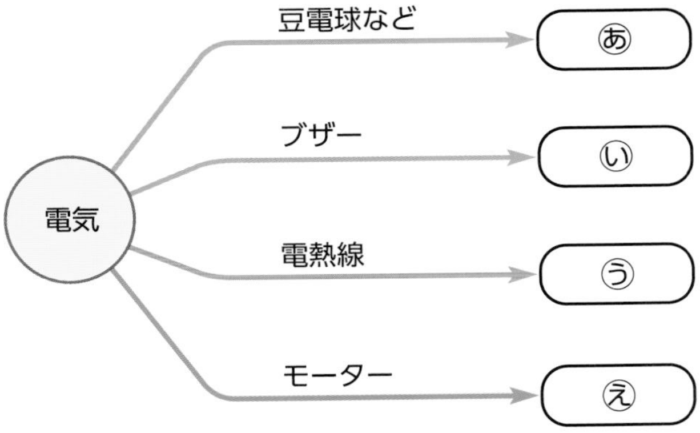

あ(　　　　)
い(　　　　)
う(　　　　)
え(　　　　)

(2) 豆電球のほかに、電気をあに変えているものを1つ選んで、(　)に○をつけましょう。

ア(　)発光ダイオード
イ(　)ドライヤー
ウ(　)コンデンサー
エ(　)手回し発電機

2 身の回りにある電気製品について調べます。

あ　ハンドミキサー

い　ホットプレート

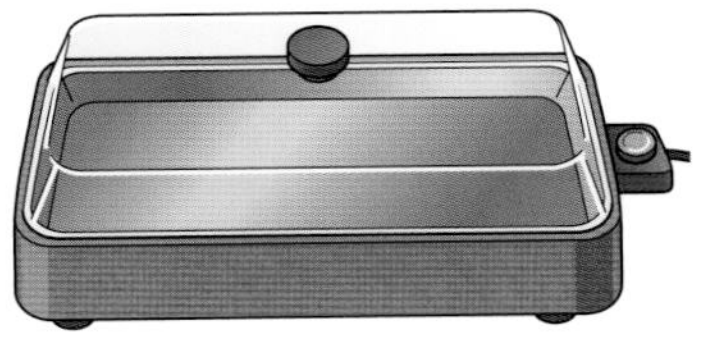

う　せん風機

え　テレビ

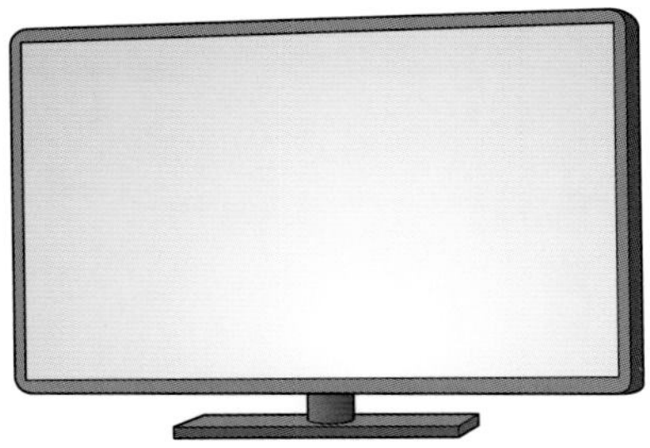

お　照明

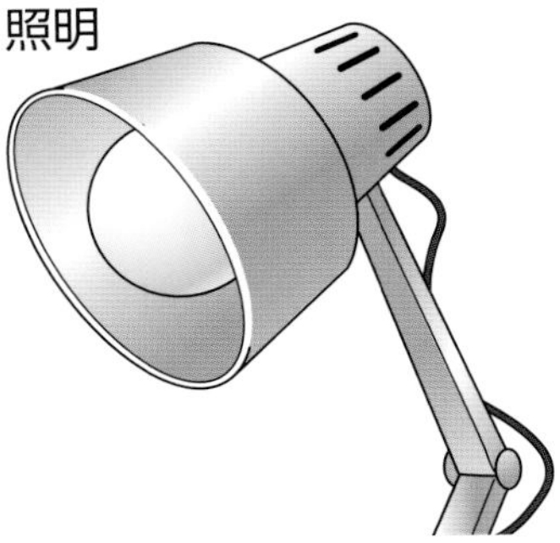

か　ドライヤー

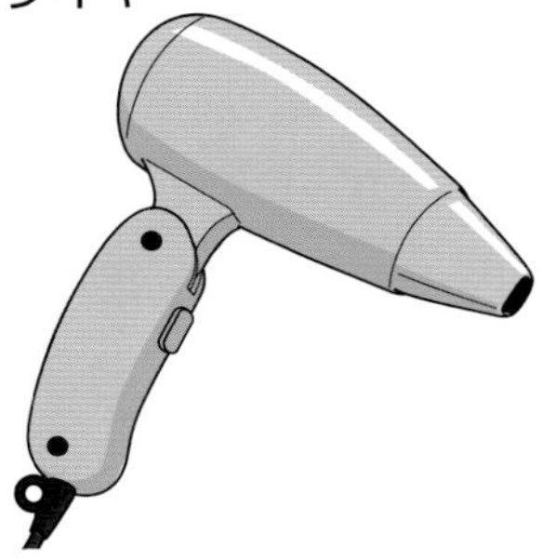

(1) あ、い、うはそれぞれ、電気を何に変えて利用していますか。

あ(　　　　)　い(　　　　)　う(　　　　)

(2) 電気を光と音に変えて利用している道具をえ〜かから1つ選んで、記号で答えましょう。

(　　)

10. 私たちの生活と電気

私たちの生活と電気３

学習日　　月　　日

めあて
豆電球と発光ダイオードのちがいとプログラミングについて確認しよう。

教科書　180～189ページ　答え　38ページ

次の（　）に当てはまる言葉を書くか、当てはまるものを○で囲もう。

1 豆電球と発光ダイオードが使う電気の量はちがうのだろうか。

教科書　180～182ページ

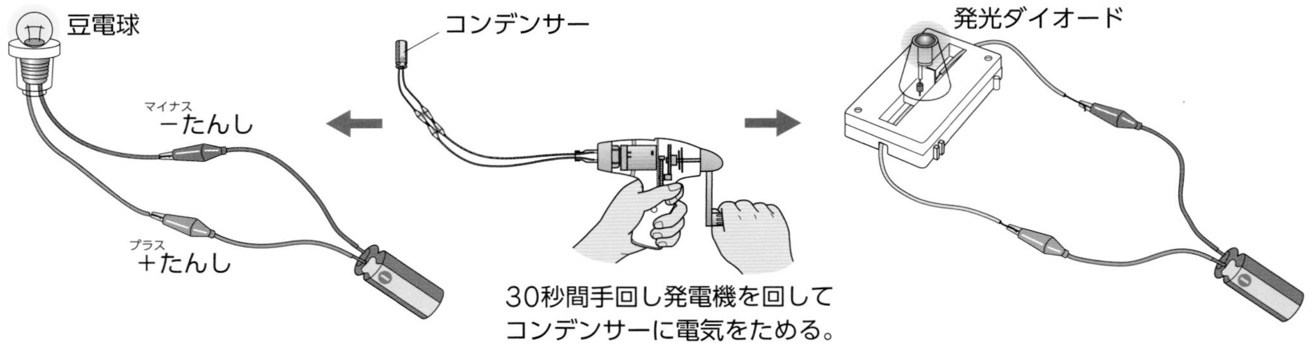

豆電球
−《マイナス》たんし
+《プラス》たんし
コンデンサー
発光ダイオード

30秒間手回し発電機を回して
コンデンサーに電気をためる。

明かりのついている時間は、豆電球よりも発光ダイオードのほうが（①　長い　・　短い　）。

▶豆電球と発光ダイオードでは、発光ダイオードのほうが使う電気の量が（②　多い　・　少ない　）。

2 プログラミングとはどのようなものなのだろうか。

教科書　185～189ページ

▶コンピュータが動くための指示を（①　　　　　）といい、指示をつくることを（②　　　　　）という。

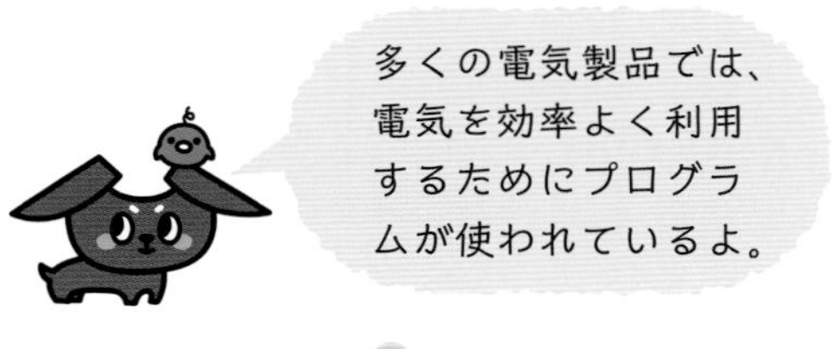

多くの電気製品では、電気を効率よく利用するためにプログラムが使われているよ。

［暗くなって人が通ったときだけ発光ダイオードの明かりがつくプログラム］

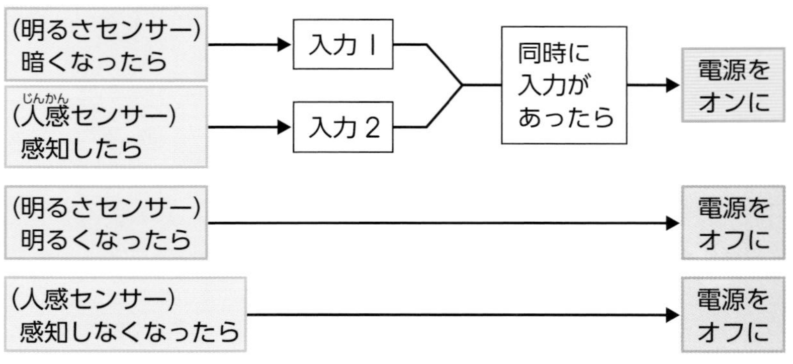

（明るさセンサー）暗くなったら
入力１
（人感《じんかん》センサー）感知したら
入力２
同時に入力があったら
電源をオンに
（明るさセンサー）明るくなったら
電源をオフに
（人感センサー）感知しなくなったら
電源をオフに

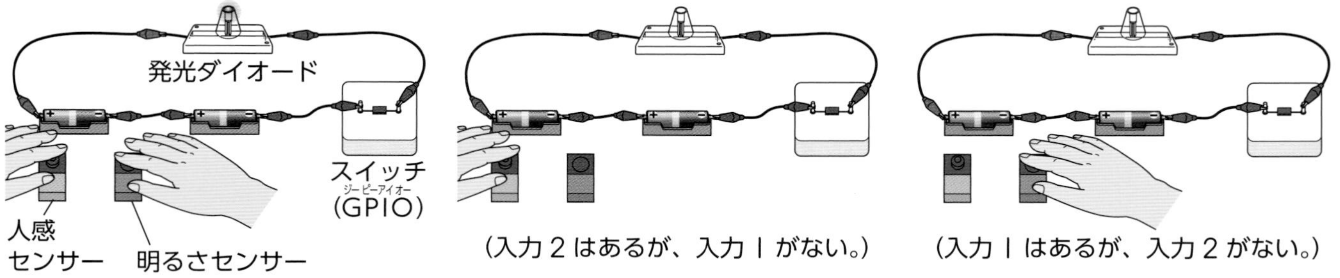

発光ダイオード
スイッチ
（GPIO《ジーピーアイオー》）
人感センサー
明るさセンサー

（入力２はあるが、入力１がない。）　（入力１はあるが、入力２がない。）

ここがだいじ！

①豆電球と発光ダイオードでは、使う電気の量がちがう。

②使う電気の量は、豆電球よりも発光ダイオードのほうが少ない。

③コンピュータへの指示をプログラム、指示をつくることをプログラミングという。

ぴたトリビア　センサーはいろいろな種類があり、例えば、火災報知器では温度やけむりを感知するセンサー、ガスもれ警報《けいほう》機《き》ではガス器具からもれたガスを感知するセンサーが使われています。

学習日　月　日

10. 私たちの生活と電気

私たちの生活と電気3

教科書 180〜189ページ　答え 38ページ

1 電気をためたコンデンサーで、豆電球と発光ダイオードの明かりがつく時間を調べます。

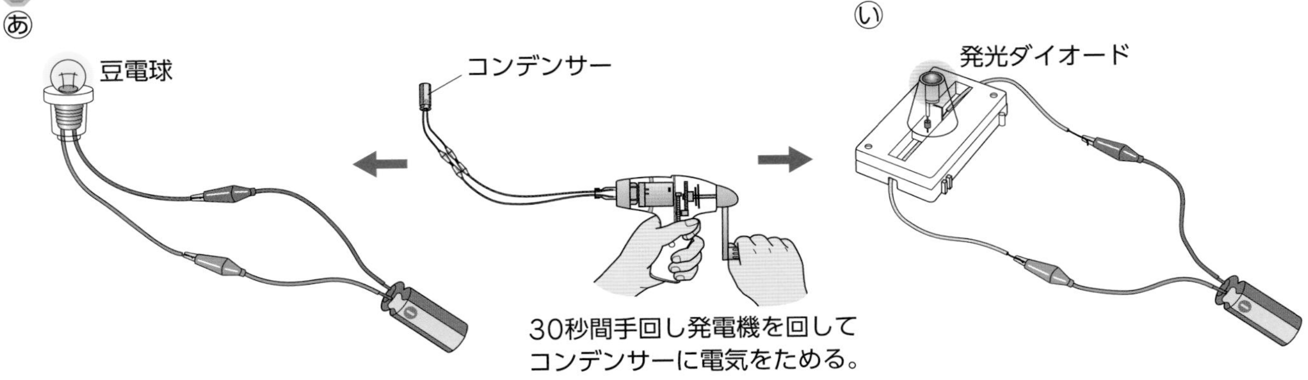
あ
豆電球
コンデンサー
い
発光ダイオード
30秒間手回し発電機を回して
コンデンサーに電気をためる。

(1) あといで使ったコンデンサーにたまっていた電気の量は同じですか、ちがいますか。
（　　　　　）

(2) あといでは、どちらのほうが明かりのついている時間が長いですか。
（　　）

(3) この実験から何がわかりますか。正しいものを１つ選んで、（　）に○をつけましょう。

ア（　）豆電球より発光ダイオードのほうが、使う電気の量が多い。
イ（　）豆電球と発光ダイオードが使う電気の量は等しい。
ウ（　）豆電球より発光ダイオードのほうが、使う電気の量が少ない。

2 人が通るときに、明かりが必要ならば発光ダイオードの電源がオンになるようなプログラムをつくりました。

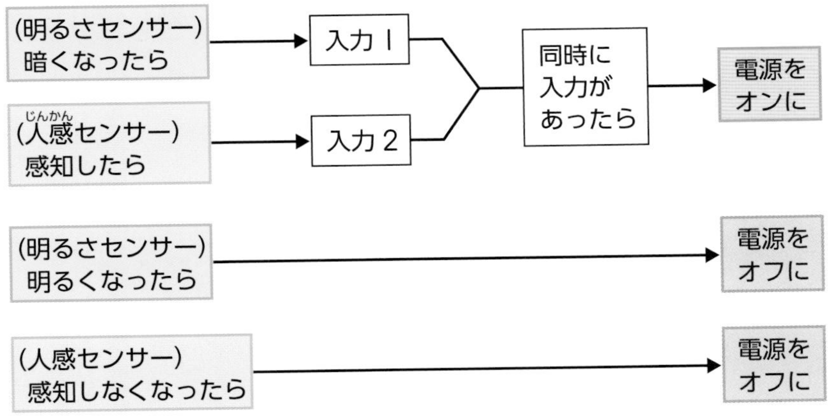
(明るさセンサー)暗くなったら
入力１
(人感《じんかん》センサー)感知したら
入力２
同時に入力があったら
電源をオンに
(明るさセンサー)明るくなったら
電源をオフに
(人感センサー)感知しなくなったら
電源をオフに

(1) プログラムをつくることを何といいますか。（　　　　　　　）

(2) 発光ダイオードの電源がオフになっているのは、どのようなときですか。正しいものをすべて選んで、（　）に○をつけましょう。

ア（　）明るくて人がいないとき。
イ（　）明るくて人が通ったとき。
ウ（　）暗くて人がいないとき。
エ（　）暗くて人が通ったとき。

ぴったり3

確かめのテスト

10. 私たちの生活と電気

時間 30分　　/100　　合格 70点

教科書 170〜191ページ　　答え 39ページ

1 モーターをつないだ光《こう》電池に当てる光の強さを変えたとき、モーターがどのようになるかを調べます。

1つ5点(20点)

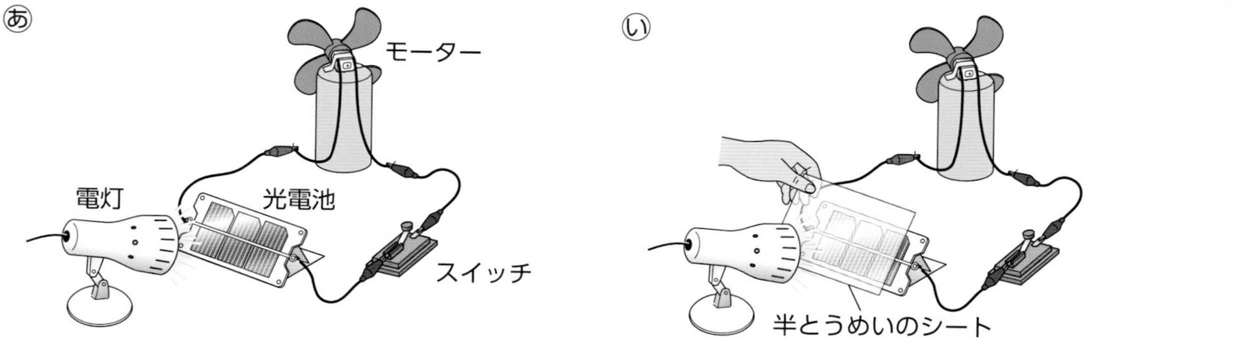

(1) あ、いのスイッチをおしたときの結果はどうなりますか。正しいものを１つ選んで、(　　)に○をつけましょう。

ア(　　)あのモーターもいのモーターも同じくらいの速さで回る。

イ(　　)あのモーターはゆっくり回り、いのモーターは速く回る。

ウ(　　)あのモーターは速く回り、いのモーターはゆっくり回る。

エ(　　)あのモーターもいのモーターも回らない。

(2) この実験からわかることをまとめます。(　　)に当てはまる言葉を書きましょう。

● 光電池は、(①　　　　)を(②　　　　)に変えることができる器具である。光電池に当たる(①)が(③　　　　)なると、つくられる(②)は多くなる。

よく出る

2 手回し発電機とコンデンサーを使って、発光ダイオードを光らせました。 技能 1つ5点(20点)

(1) 手回し発電機とコンデンサーのはたらきを、それぞれ**ア**〜**ウ**から選んで、記号で答えましょう。

手回し発電機(　　)

コンデンサー(　　)

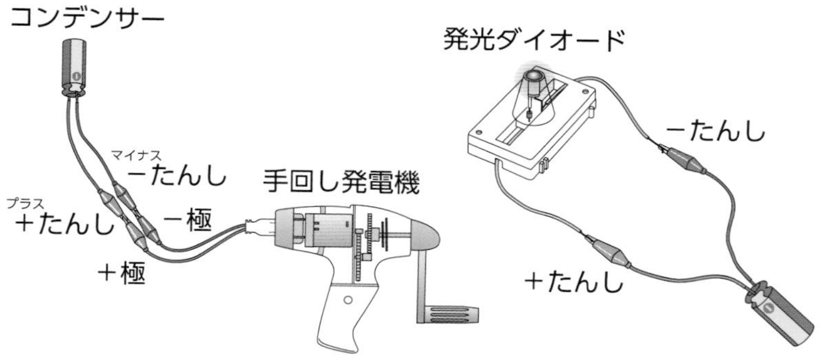

ア 電気をためる。

イ 電気をつくる。

ウ 電気を熱に変える。

(2) コンデンサーと発光ダイオードをつなぐとき、コンデンサーの+たんしと−たんしを反対にすると、発光ダイオードは光りますか、光りませんか。(　　　　　　)

(3) 実験後のコンデンサーはどのようにしておきますか。正しいほうの(　　)に○をつけましょう。

ア(　　)コンデンサーをかん電池につないでおく。

イ(　　)コンデンサーの+たんしと−たんしをつないでおく。

よく出る

3 身の回りにある電気製品を調べました。

1つ10点、(2)は全部できて10点（30点）

㋐ せん風機

㋑ 照明

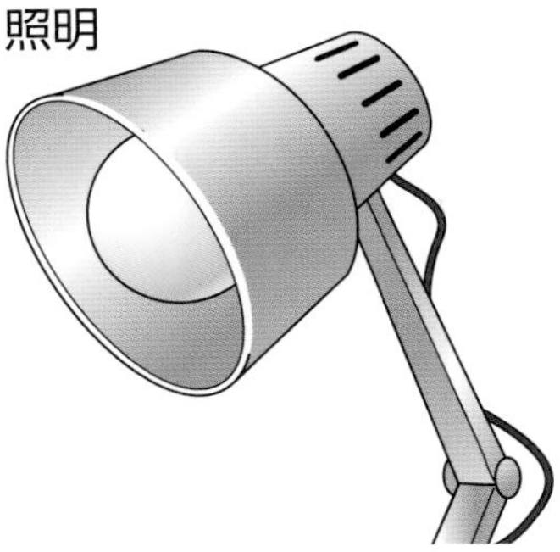

㋒ テレビ

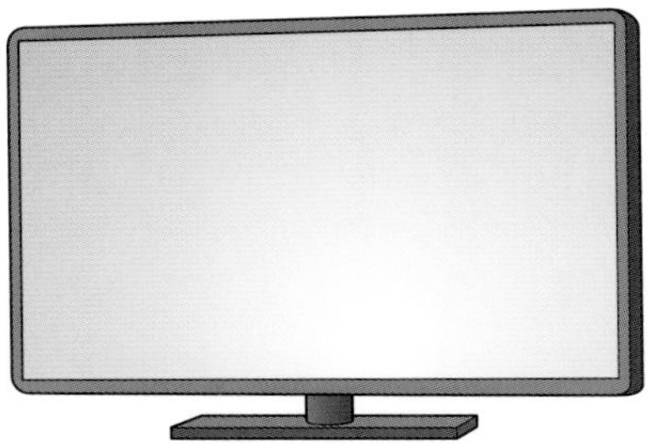

(1) 次の①、②に当てはまるものを、㋐～㋒からそれぞれ選んで答えましょう。

① 電気を音に変える。（　　）

② 電気を運動に変える。（　　）

(2) 電気を㋑と同じように変えて利用している電気製品は何ですか。正しいものをすべて選んで、（　　）に○をつけましょう。

ア（　　）豆電球　　イ（　　）ドライヤー

ウ（　　）ハンドミキサー　　エ（　　）発光ダイオード

できたらスゴイ！

4 同じ条件のコンデンサーを使って、豆電球と発光ダイオードの明かりがつく時間を比べます。

1つ10点（30点）

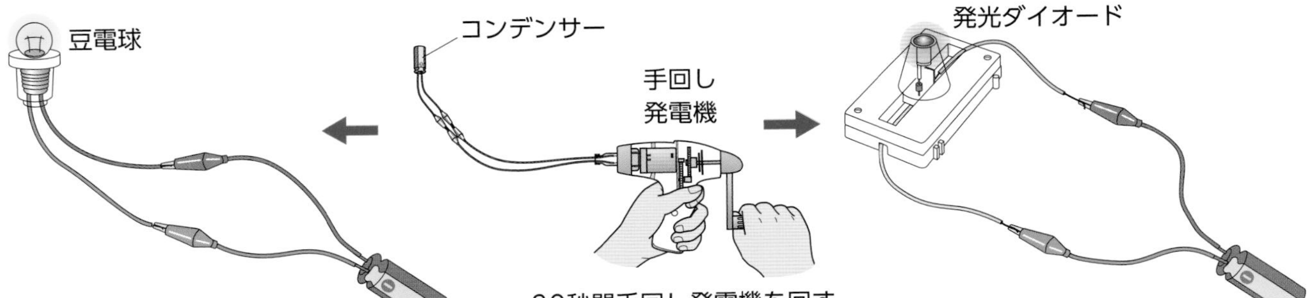

30秒間手回し発電機を回す。

(1) 明かりのついている時間が短いのは、豆電球と発光ダイオードのどちらですか。

（　　　　　　）

(2) 記述 (1)のようになるのは、なぜですか。　思考・表現

（　　　　　　）

(3) 記述 信号機は、以前はすべて電球を使ったものでしたが、現在では発光ダイオードを使ったものに変わってきています。その理由を、「節約」という言葉を使って説明しましょう。　思考・表現

（　　　　　　）

ふりかえり
❷がわからないときは、70ページの❶にもどって確認《かくにん》しましょう。
❹がわからないときは、74ページの❶にもどって確認しましょう。

3分でまとめ

学習日　月　日

11. かけがえのない地球環境

地球環境を守る

めあて
地球の環境を守るためのとり組みを確認しよう。

教科書 194～207ページ　答え 40ページ

次の(　　)に当てはまる言葉を書くか、当てはまるものを○で囲もう。

1 地球環境《かんきょう》を守るため、私《わたし》たちはどうすればよいだろうか。

教科書 194～207ページ

▶環境にえいきょうをあたえている例

生活(①　　　　　)や農業(①)などで、湖の水がよごれることがある。

自動車からの(②　　　　　)により、空気がよごれる。

土地利用の拡大《かくだい》などのために、海辺の(③　　　　　)が減少している。

人が家《か》ちくを守るためにオオカミの数を減らすと、シカが急増した。

▶環境を守るとり組みの例

水をきれいにするヨシを植えている。

自動車を共同利用し、自動車の使用をおさえる。

干潟《ひがた》の生物の生活を守るため、ごみ拾いなどを行う。

ほかの地域《ちいき》からオオカミを連れてきて、シカの数を管理する。

▶人の生活は、周りの環境にいろいろなえいきょうをあたえるので、生物がすみやすい地球環境を(④　こわす　・　守る　)必要がある。

ここがだいじ!
①人の生活は周りの環境にえいきょうをあたえるので、生物がすみやすい地球環境を守るためのとり組みをしていく必要がある。

ぴたトリビア
SDGsは、2015年に国際連合で定められた、2030年までに持続可能でよりよい世界を目指す国際目標の略称《りゃくしょう》で、日本語では「持続可能な開発目標」といいます。

学習日　　月　　日

11. かけがえのない地球環境

地球環境を守る

教科書 194〜207ページ　答え 40ページ

1 人が環境《かんきょう》にえいきょうをおよぼしている例を調べました。①〜④のような環境へのえいきょうを少なくするためのとり組みは、㋐〜㋓のどれですか。●と●を――で結びましょう。

① 生活排水《はいすい》で湖の水がよごれた。

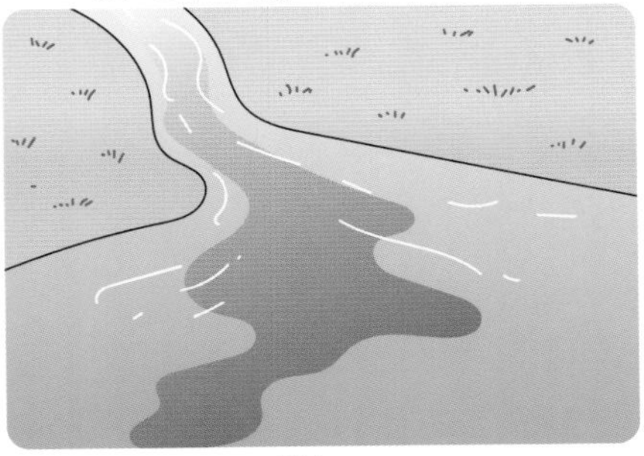

② 自動車の排《はい》ガスで空気がよごれた。

③ 干潟《ひがた》が土地利用などのために減少した。

④ 人がオオカミの数を減らすとシカが急増した。

㋐ 自動車を共同利用して、自動車の使用をおさえる。

㋑ 水をきれいにするヨシを水辺に植える。

㋒ ほかの土地からオオカミを連れてきて、シカの数を管理する。

㋓ 干潟にすむ生物の生活を守るため、ごみ拾いなどをする。

11. かけがえのない地球環境

時間 30 分

／100

合格 70 点

教科書 194～207ページ　答え 41ページ

1 水や空気を通して、人が環境《かんきょう》にえいきょうをおよぼしている例について調べました。

1つ25点、(1)、(2)はそれぞれ全部できて25点(100点)

㋐ 生活排水《はいすい》で湖の水がよごれた。

㋑ 自動車の排《はい》ガスで空気がよごれた。

(1) 人が生活排水や農業排水などによって水をよごしたときにえいきょうを受ける生物を、**ア**～**ウ**からすべて選んで、(　　)に○をつけましょう。

ア(　　)植物　　**イ**(　　)動物　　**ウ**(　　)人

(2) 人が自動車の排ガスなどによって空気をよごしたときにえいきょうを受ける生物を、**ア**～**ウ**からすべて選んで、(　　)に○をつけましょう。

ア(　　)植物　　**イ**(　　)動物　　**ウ**(　　)人

(3) ㋐、㋑のような環境へのえいきょうを少なくするためのとり組みを、それぞれ**ア**～**エ**から選んで、記号で答えましょう。

㋐(　　　)　㋑(　　　)

ア　アマゾンで植林活動を行う。

イ　自動車を共同利用する。

ウ　水辺にヨシを植える。

エ　森のオオカミをすべて殺す。

ふりかえり　**1**がわからないときは、78ページの**1**にもどって確認《かくにん》しましょう。

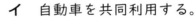

夏のチャレンジテスト

教科書 6〜91ページ

月　日

名前

時間 40分

知識・技能	思考・判断・表現	合格80点
／60	／40	／100

答え42ページ

知識・技能

1 空気中の気体の体積の割合《わりあい》を調べました。

1つ2点(12点)

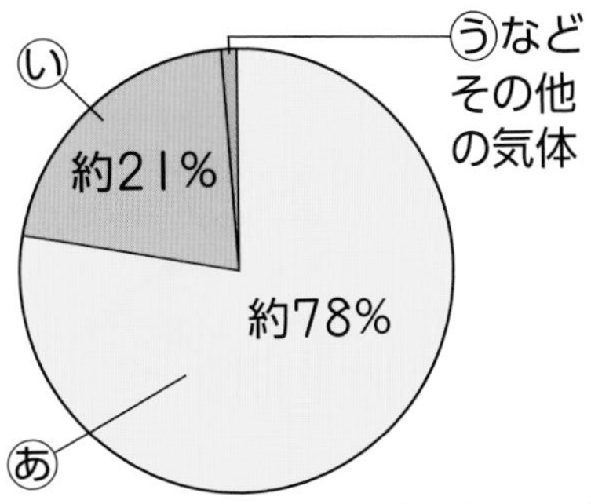

い
約21％
うなど
その他
の気体
約78％
あ

(1) 二酸化炭素、酸素、ちっ素をあ〜うから選んで、それぞれ記号で答えましょう。

二酸化炭素（　　）

酸素（　　）

ちっ素（　　）

(2) あ〜うには、ものを燃やすはたらきがありますか。ものを燃やすはたらきがあるものには○を、ないものには×をつけましょう。

あ（　　）

い（　　）

う（　　）

2 だ液にはどのようなはたらきがあるのかを調べます。

1つ4点(8点)

①

3 動物が何を食べているかを調べ、食べられる生物から食べる生物へ矢印をつけました。

1つ3点(9点)

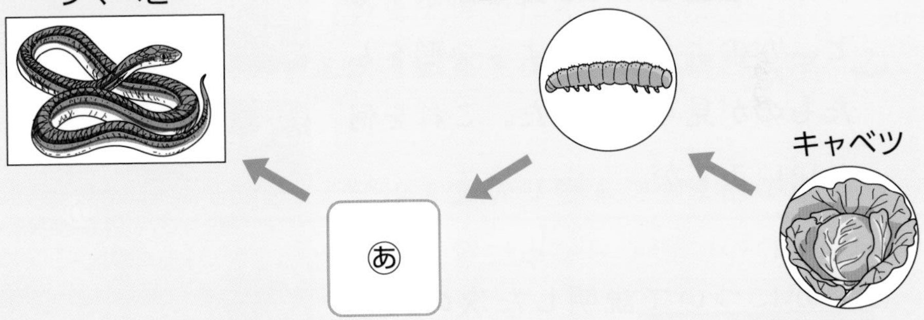

シマヘビ
モンシロチョウの幼虫《ようちゅう》
キャベツ
あ

(1) あに当てはまる動物に○をつけましょう。

ア（　　）バッタ　イ（　　）アマガエル　ウ（　　）イカ

(2) あは動物だけを食べる動物です。このような動物を何といいますか。（　　）

(3) 動物が食べているものをたどっていくと、何にたどり着きますか。（　　）

4 ろうそくを燃やす前の空気と燃やした後の空気について調べます。

1つ3点(12点)

あ燃やす前

い燃やした後

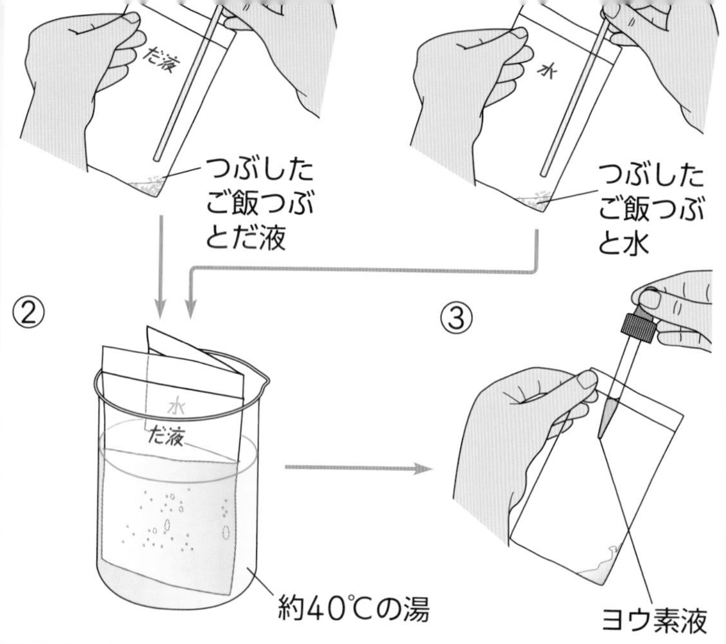
だ液
水
つぶしたご飯つぶとだ液
つぶしたご飯つぶと水
②
③
水
だ液
約40℃の湯
ヨウ素液

(1)　あ、いにヨウ素液を加えたときの色はどうなりますか。正しいものに○をつけましょう。

ア（　　）あでもいでも色が変化する。

イ（　　）あでは色が変化するが、いでは色が変化しない。

ウ（　　）あでは色が変化しないが、いでは色が変化する。

エ（　　）あでもいでも色が変化しない。

(2)　この実験から、デンプンはだ液によってどうなったことがわかりますか。正しいほうに○をつけましょう。

ア（　　）デンプンは別のものに変わった。

イ（　　）デンプンは変化しなかった。

びんに石灰水《せっかいすい》を入れて、よくふる。

(1)　石灰水が白くにごるのは、あ、いのどちらですか。

（　　　）

(2)　あ、いの空気を気体検知管で調べた結果を、それぞれア～ウから選んで、記号で答えましょう。

あ（　　　）　い（　　　）

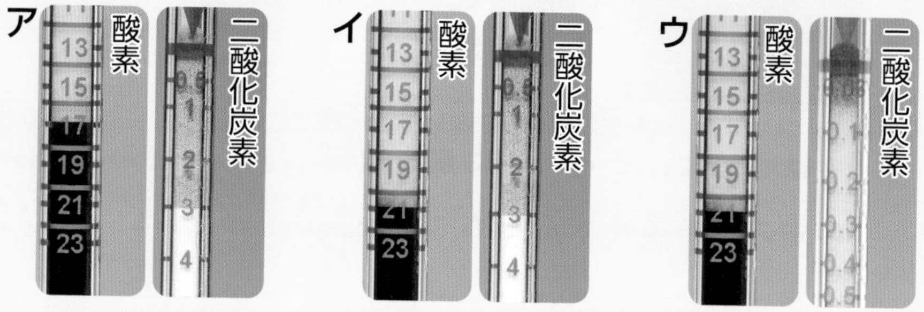
ア
酸素
二酸化炭素
イ
酸素
二酸化炭素
ウ
酸素
二酸化炭素

(3)　この実験からわかることに○をつけましょう。

ア（　　）ものが燃えると空気中の酸素がすべて使われ、同時に二酸化炭素が増える。

イ（　　）ものが燃えると空気中の酸素の一部が使われて減り、同時に二酸化炭素が増える。

ウ（　　）ものが燃えると空気中の二酸化炭素の一部が使われて減り、同時に酸素が増える。

うらにも問題があります。

（切り取り線）

6年 理科のまとめ 学力診《しん》断《だん》テスト

名前　　　　月　　日

時間 40分

合格80点　／100

答え48ページ

1 上と下にすき間《ま》の開いたびんの中で、ろうそくを燃やしました。　各2点(12点)

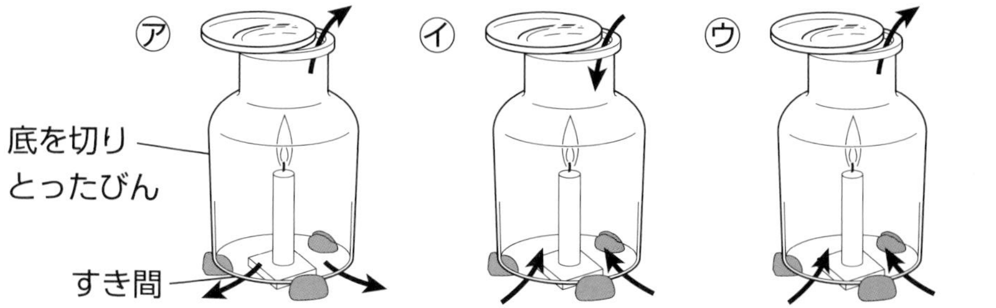

(1) びんの中の空気の流れを矢印で表すと、どうなりますか。正しいものをア～ウから選んで、記号で答えましょう。

(　　)

(2) びんの上と下のすきまをふさぐと、ろうそくの火はどうなりますか。(　　　　　　　　　　)

(3) (1)、(2)のことから、ものが燃え続けるためにはどのようなことが必要であると考えられますか。

(　　　　　　　　　　　　　　　　　)

(4) ろうそくが燃える前と後の空気の成分を比べて、①増える気体、②減る気体、③変わらない気体は、ちっ素、酸素、二酸化炭素のどれですか。それぞれ答えましょう。

3 水の入ったフラスコにヒメジョオンを入れ、ふくろをかぶせて、しばらく置きました。　各3点(12点)

(1) 15分後、ふくろの内側はどうなりますか。

(　　　　　　　　　　)

(2) 次の文の(　)に当てはまる言葉をかきましょう。

(1)のようになったのは、主に葉から、水が(　①　)となって出ていったからである。このようなはたらきを(　②　)という。

①(　　　　　)　②(　　　　　)

(3) ふくろをはずし、そのまま1日置いておくと、フラスコの中の水の量はどうなりますか。

(　　　　　　)

4 太陽、地球、月の位置関係と、月の形の見え方について調べました。　各3点(12点)

①(　　　　　　　　　　)
②(　　　　　　　　　　)
③(　　　　　　　　　　)

2 人の体のつくりについて調べました。

各2点、(1)は全部できて2点(8点)

(1) ㋐〜㋔のうち、食べものが通る部分をすべて選び、記号で答えましょう。

(　　　　　　　　　　)

(2) 口からとり入れられた食べものは、(1)で答えた部分を通る間に、体に吸収《きゅうしゅう》されやすい養分に変化します。このはたらきを何といいますか。

(　　　　　　　　　　)

(3) ㋐〜㋔のうち、吸収された養分をたくわえる部分はどこですか。記号とその名前を答えましょう。　記号(　　　)　名前(　　　　　　　)

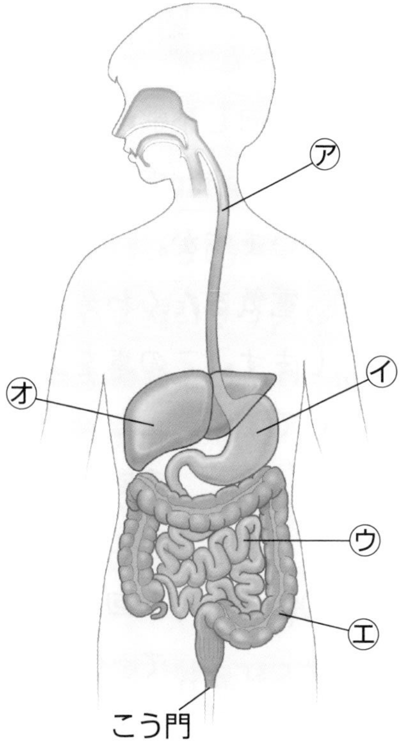

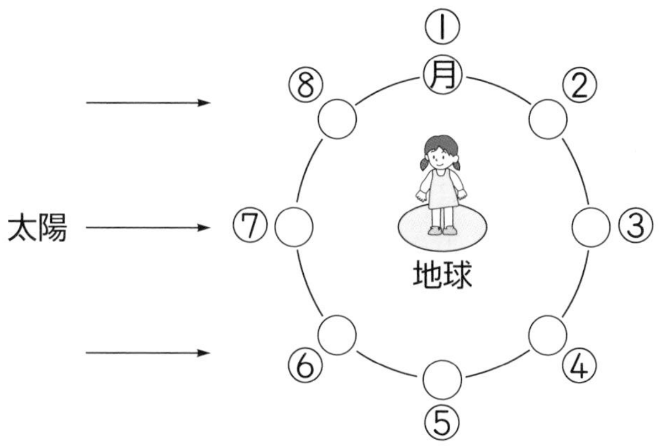

(1) 月が①、③、⑥の位置にあるとき、月は、地球から見てどのような形に見えますか。㋐〜㋗からそれぞれ選び、記号で答えましょう。

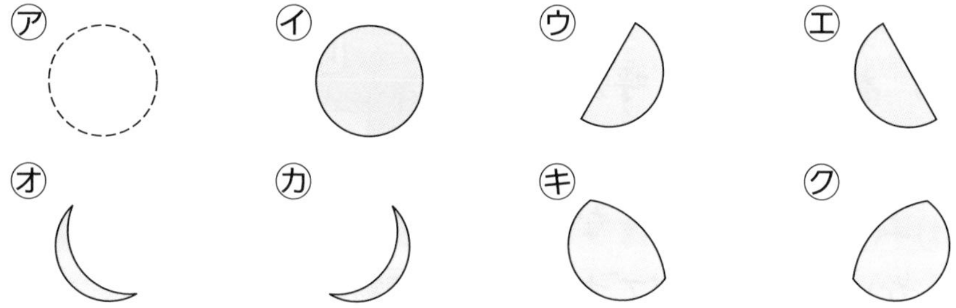

①(　　　)　③(　　　)　⑥(　　　)

(2) 月が光って見えるのはなぜですか。理由をかきましょう。

(　　　　　　　　　　　　　　　　　　)

うらにも問題があります。

教科書ぴったりトレーニング

丸つけラクラク解答

この「丸つけラクラク解答」はとりはずしてお使《つか》いください。

大日本図書版 理科6年

「丸つけラクラク解答」では問題《もんだい》と同じ紙面《しめん》に、赤字で答えを書いています。

①問題がとけたら、まずは答え合わせをしましょう。

②まちがえた問題やわからなかった問題は、てびきを読んだり、教科書を読み返したりしてもう一度《いちど》見直しましょう。

おうちのかたへ では、次のようなものを示しています。

- 学習のねらいやポイント
- 他の学年や他の単元の学習内容とのつながり
- まちがいやすいことやつまずきやすいところ

お子様への説明や、学習内容の把握などにご活用ください。

見やすい答え

おうちのかたへ

ぴったり1 準備　6. 月と太陽　月の形とその変化1　38ページ　月の見え方が変わるようすや特ちょうを確認しよう。

教科書 94~97ページ　答え 20ページ

次の（　）に当てはまる言葉を書くか、当てはまるものを○で囲もう。

1 月と太陽の位置は、どうなっているだろうか。　教科書 94~96ページ

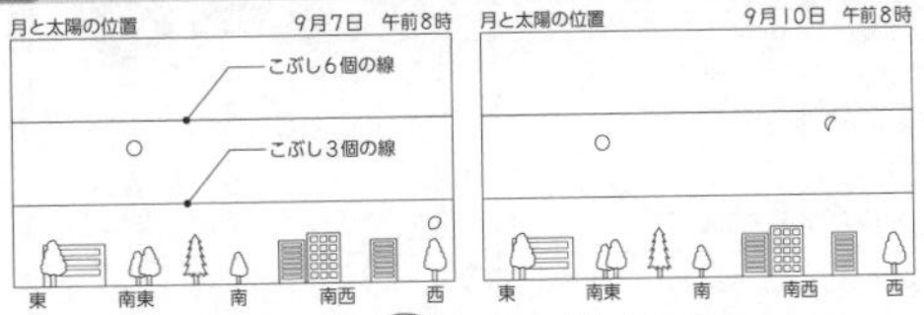

▶太陽はいつも、月のかがやいて（① いる ・ いない ）側にある。

▶同じ時刻《じこく》の太陽の位置は、日によってほぼ変わらない。これに対して、同じ時刻の月の位置は、日によって（② 変わる ・ 変わらない ）。

▶月の形は、日によって（③ 変わる ・ 変わらない ）ように見える。

2 月にはどのような特ちょうがあるのだろうか。　教科書 97ページ

▶月は、自ら光を出して（① いる ・ いない ）。「日光」でも○

▶月は、（② 太陽の光 ）をはね返してかがやいている。

▶月の表面には、（③ クレーター ）と呼ばれる丸いくぼみが見られる。

双眼鏡で観察した月のようす

月の表面を拡大《かくだい》したようす

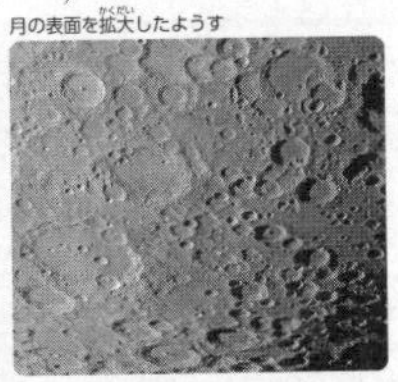

ここがだいじ！
①月のかがやいている側に太陽がある。
②日によって、同じ時刻の月の位置は変わり、形も変わって見える。
③月は太陽の光をはね返してかがやいている。

ぴたトリビア　月の暗く見える部分は「海」、明るく見える部分は「陸」と呼ばれています。ただし、月には空気も液体の水もないので、月の海には水も波もありません。

38

ぴったり2 練習　6. 月と太陽　月の形とその変化1　39ページ

教科書 94~97ページ　答え 20ページ

1 ある日の午前9時に月を観察し、月の位置と形を調べて記録しました。

(1) 観察をしたとき、太陽は、月に対してどこに見えましたか。正しいほうの（　）に○をつけましょう。

ア（　）月のかがやいていない側

イ（○）月のかがやいている側

(2) 3日後の午前9時に月の位置と形を調べると、どうなりますか。正しいものを1つ選んで、（　）に○をつけましょう。

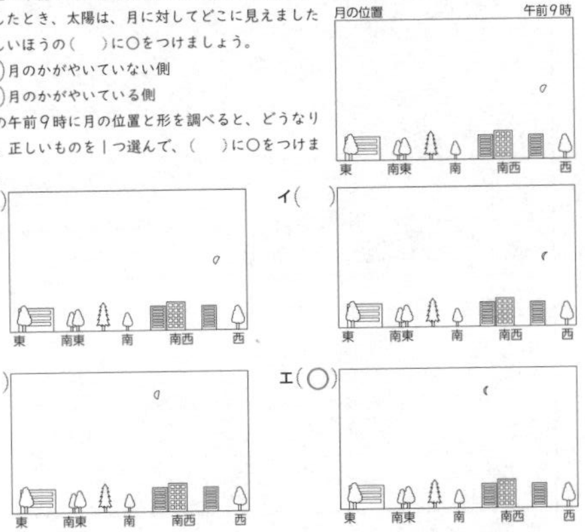

2 月の表面のようすを、望遠鏡を使って調べました。

(1) 月の表面には、右のような丸いくぼみがたくさん見られました。このようなくぼみを何といいますか。

（ クレーター ）

(2) 月はどのようにしてかがやいていますか。正しいものを1つ選んで、（　）に○をつけましょう。

ア（　）自ら光を出している。

イ（　）自らは光を出さず、星座《せいざ》の星の光をはね返してかがやいている。

ウ（○）自らは光を出さず、太陽の光をはね返してかがやいている。

39

39ページ てびき

❶ (1)月は、太陽の光をはね返してかがやいているので、いつも太陽の側が明るく見えます。

(2)3日後の同じ時刻《じこく》に太陽と月を観察すると、太陽の位置や形はほとんど変わりませんが、月の位置や形は大きく変わって見えます。

❷ (1)月の表面は岩石や砂《すな》からできていて、クレーターと呼《よ》ばれる大きなくぼみがたくさん見られます。

くわしいてびき

おうちのかたへ　6. 月と太陽

月の形の見え方について学習します。月と太陽の位置関係によって月の形の見え方がどうなるかを理解しているかがポイントです。なお、時間がたつと、太陽が東から南の空の高いところを通り、西へと動くことは、3年で学習しています。

※紙面はイメージです。

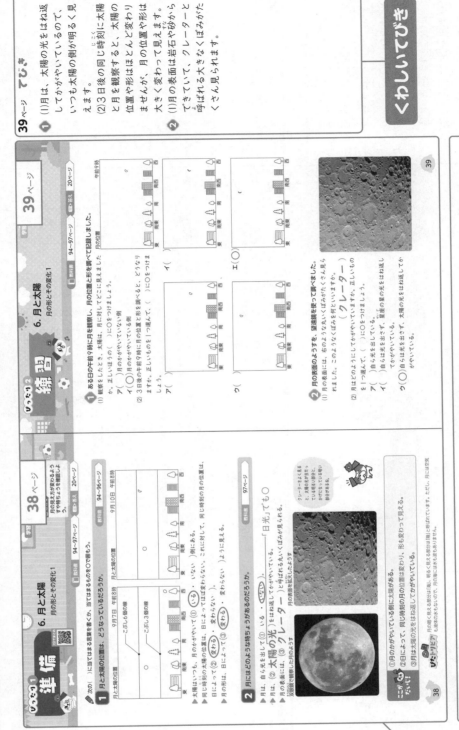

ものが燃え続けるときの空気のようすを確認しよう。

教科書 6～9ページ　答え 2ページ

次の（　）に当てはまる言葉を書くか、当てはまるものを○で囲もう。

1 ろうそくが燃えるときの空気の動きを調べよう。 教科書 6～9ページ

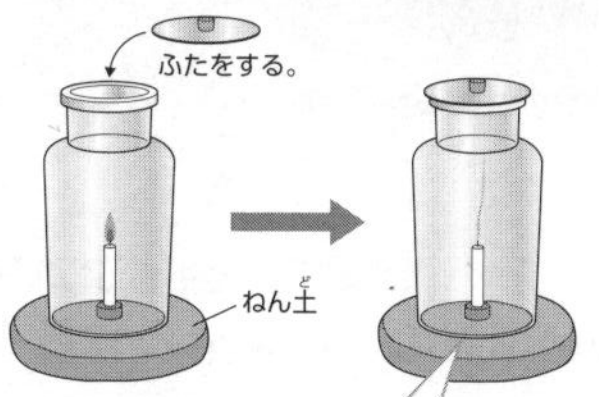

ろうそくは、
（① 火が消える・燃え続ける ）。

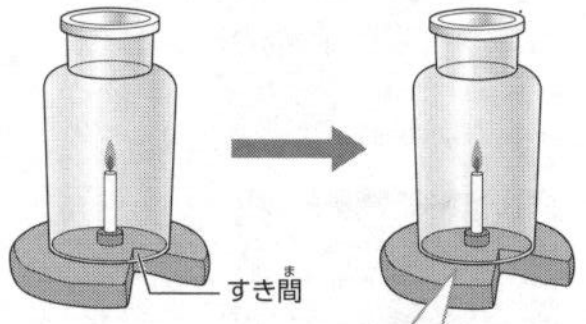

ろうそくは、
（② 火が消える ・ 燃え続ける ）。

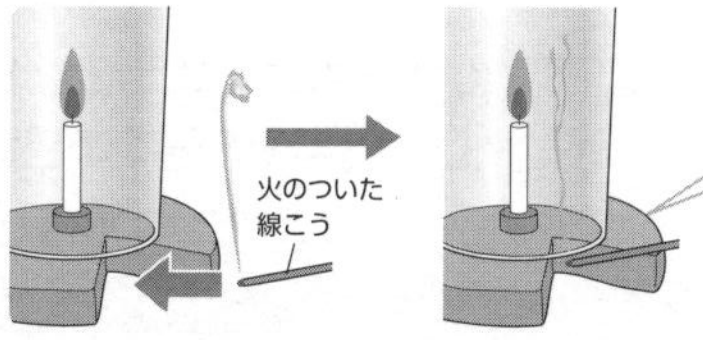

底のすき間から線こうのけむりが中に入っていくことから、底のすき間から（③ 空気 ）が入っていることがわかる。

びんの中でものが燃え続けるためには、（④ 空気 ）が入れかわる必要がある。

びんの上も下も開いていないとき

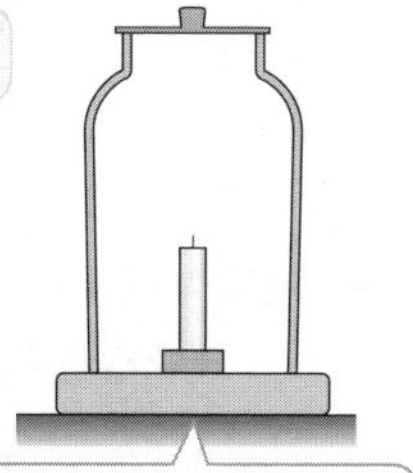

びんの中の空気が
入れ（⑤ かわる ・ かわらない ）
ので、火が消える。

びんの上も下も開いているとき

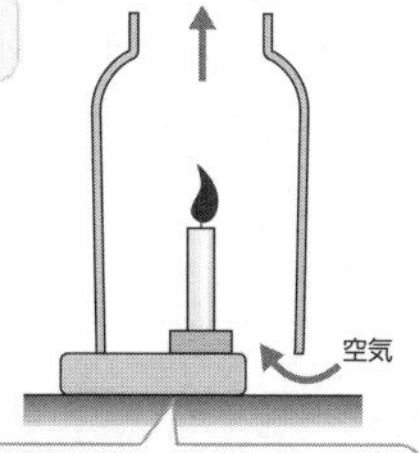

びんの中の空気が
入れ（⑥ かわる ・ かわらない ）
ので、燃え続ける。

ここがだいじ！
①燃えているものをびんなどに入れてふたをすると、火が消える。
②びんの中でものが燃え続けるには、空気が入れかわる必要がある。

ぴたトリビア　ものが燃えるためには、酸素、燃えるもの、温度が必要です。どれか１つでも取りのぞけば、火を消すことができます。

教科書 6～9ページ　答え 2ページ

1 びんの中でろうそくが燃え続ける条件を調べます。

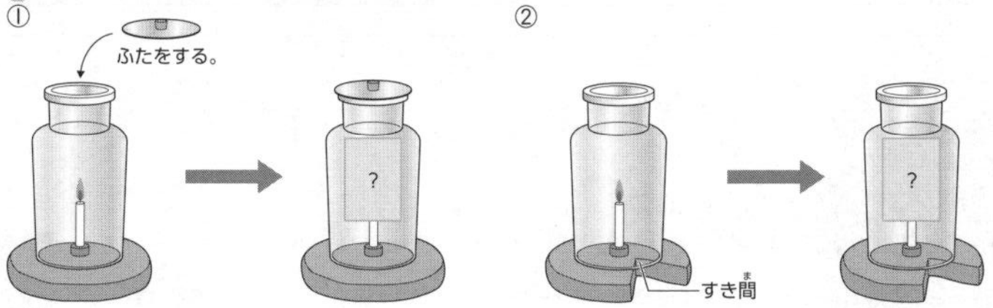

(1) ①、②のろうそくはどうなりますか。それぞれア、イから選んで、記号で答えましょう。
①（イ）②（ア）

ア　そのまま燃え続けた。
イ　火が消えた。

(2) ③のように、火のついた線こうをすき間に近づけると、けむりはどうなりますか。正しいほうの（　）に○をつけましょう。

ア（　）　イ（○）

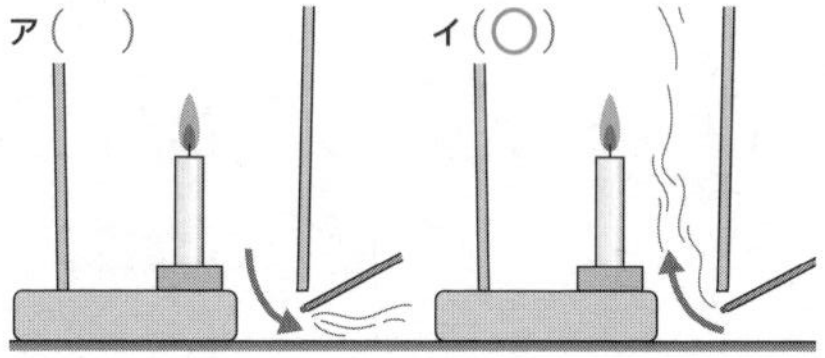

③

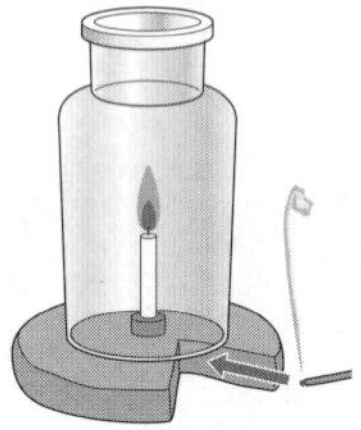

(3) 線こうのけむりの流れのようすから、何の動きがわかりますか。
（ 空気 ）

(4) ③の空気のようすについて、正しいものを１つ選んで、（　）に○をつけましょう。

ア（　）　イ（○）　ウ（　）　エ（　）

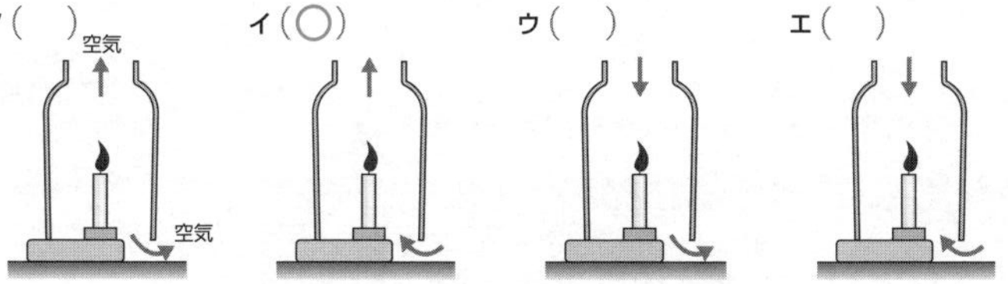

(5) びんの中でものが燃え続けるためには、びんの中の何が入れかわる必要がありますか。
（ 空気 ）

3ページ　てびき

1 (1)底にすき間《ま》がないびんにふたをすると、空気がどこからも入らないので、ろうそくの火は消えます。
(2)、(3)底のすき間からは空気が入っていくので、線こうのけむりはその流れにのって、びんの中に入っていきます。
(4)底のすき間からは外の空気が入り、口からは空気が外へ出ていきます。

おうちのかたへ　1. ものの燃え方

ものが燃えるときの空気の変化を学習します。ものが燃えるときには空気中の酸素の一部が使われて二酸化炭素ができること、空気には窒素、酸素、二酸化炭素などが含まれていて、酸素にはものを燃やすはたらきがあることを理解しているか、気体検知管や石灰水を使って空気の性質を調べることができるか、などがポイントです。なお、金属の燃焼を含むさまざまな化学変化については、中学校理科で学習します。

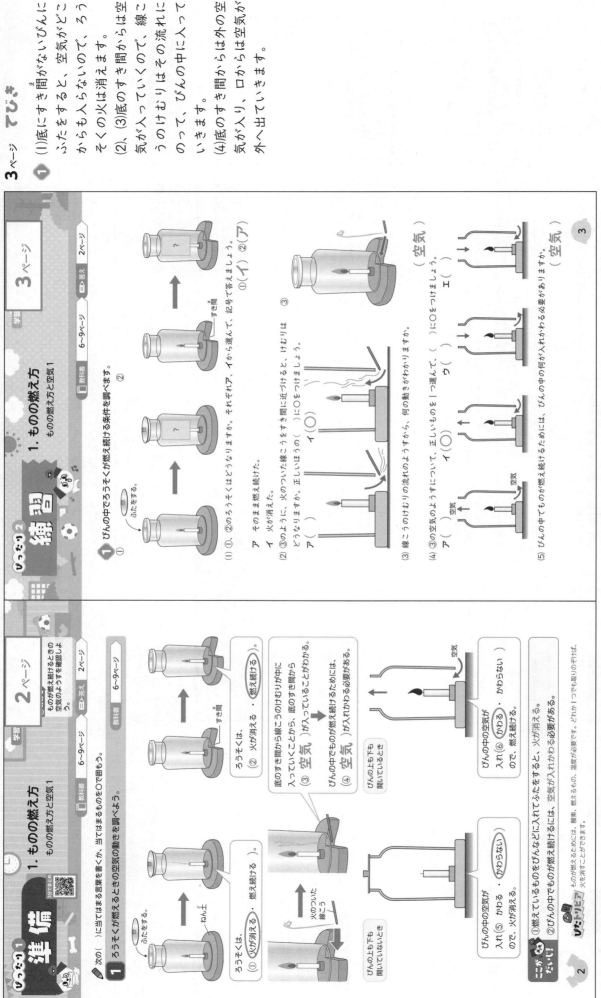

ぴったり1
準備
1. ものの燃え方
ものの燃え方と空気 2

学習 4ページ

ものを燃やすはたらきがある気体・ない気体を確認しよう。

教科書 10～11ページ　答え 3ページ

次の(　)に当てはまる言葉を書くか、当てはまるものを○で囲もう。

1 空気中の気体の体積の割合《わりあい》を調べよう。
教科書 10ページ

▶空気は、体積の割合で約78%ふくまれている(① **ちっ素**)、約21%ふくまれている(② **酸素**)などの気体からできている。

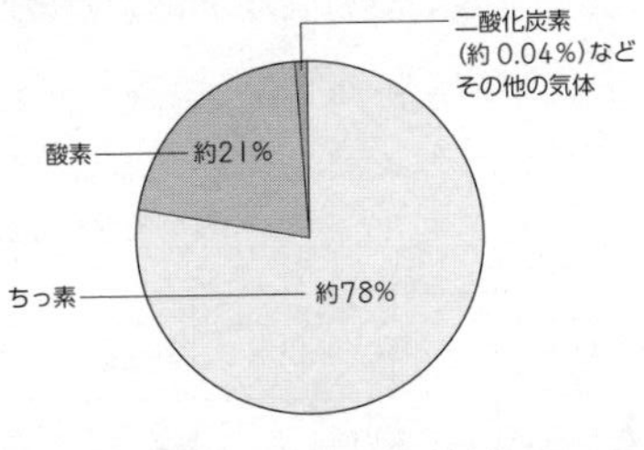

二酸化炭素
(約0.04%)など
その他の気体
酸素
約21%
ちっ素
約78%

二酸化炭素は、空気中に約0.04%ふくまれているよ。

2 ちっ素、酸素、二酸化炭素にものを燃やすはたらきがあるか調べよう。
教科書 11ページ

気体	ちっ素	酸素	二酸化炭素
燃えたかどうか	(① **燃えなかった**)。	燃えた。	燃えなかった。
びんに入れたときのようす	すぐに消えた。	ほのおが大きくなって明るくなった。やがて消えた。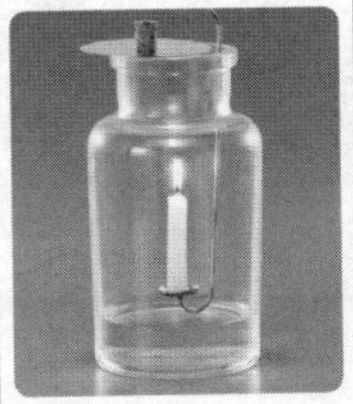	すぐに(② **消えた**)。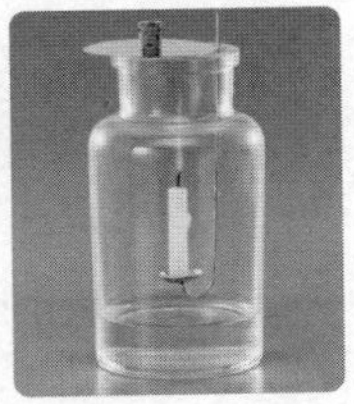

▶ちっ素には、ものを燃やすはたらきが(③ ある ・ (ない))。

▶酸素には、ものを燃やすはたらきが(④ (ある) ・ ない)。

▶二酸化炭素には、ものを燃やすはたらきが(⑤ ある ・ (ない))。

▶ものが燃えるには、(⑥ **酸素**)が必要である。

酸素中では、空気中よりも激《はげ》しく燃えるんだね。

ここがだいじ!
①酸素にはものを燃やすはたらきがある。
②ちっ素と二酸化炭素には、ものを燃やすはたらきがない。

ぴたトリビア 二酸化炭素は約−78.5℃以下で固体になり、とけるときには液体にならずに固体→気体と変化します。そのためドライアイス(かわいた氷)と呼《よ》ばれ、保冷剤《さい》としてよく使われます。

ぴったり2
練習
1. ものの燃え方
ものの燃え方と空気 2

学習 5ページ

教科書 10～11ページ　答え 3ページ

1 空気中の気体の体積の割合《わりあい》を調べて、右のグラフのようにまとめました。

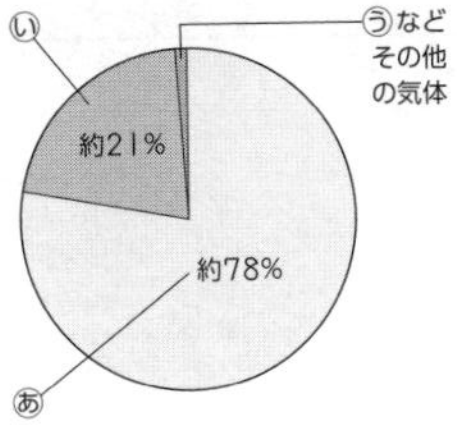

㋒など
その他
の気体
㋑
約21%
約78%
㋐

(1) 空気中での体積の割合がいちばん多い、㋐の気体は何ですか。正しいものを1つ選んで、(　)に○をつけましょう。
ア(○)ちっ素
イ(　)酸素
ウ(　)二酸化炭素

(2) 空気中での体積の割合が2番目に多い、㋑の気体は何ですか。正しいものを1つ選んで、(　)に○をつけましょう。
ア(　)ちっ素
イ(○)酸素
ウ(　)二酸化炭素

(3) ㋒の気体のうち、空気中での体積の割合が約0.04%であるものは何ですか。正しいものを1つ選んで、(　)に○をつけましょう。
ア(　)ちっ素　イ(　)酸素　ウ(○)二酸化炭素

2 ちっ素、酸素、二酸化炭素をそれぞれびんの中に集めてから、火のついたろうそくを入れてどうなるかを調べます。

①
②
③
ちっ素
水
酸素
二酸化炭素

(1) ①～③の結果を、それぞれア～ウから選んで、記号で答えましょう。
①(ウ)　②(ア)　③(ウ)

ア　ろうそくは激《はげ》しく燃えて、やがて火は消えた。
イ　ろうそくは空気中と同じように燃えて、やがて火が消えた。
ウ　ろうそくの火はすぐに消えた。

(2) ものを燃やすはたらきがある気体には○、ない気体には×を(　)につけましょう。
ア(×)ちっ素　イ(○)酸素　ウ(×)二酸化炭素

(3) ものが燃えるために必要な気体は何ですか。
(**酸素**)

5ページ　てびき

1 (1)、(2)空気中の体積の割合《わりあい》がいちばん多いのはちっ素で、約78%です。2番目に多いのは酸素で、約21%です。残りの約1%はそのほかの気体です。
(3)空気中の二酸化炭素の体積の割合は約0.04%で、ちっ素や酸素と比べるととても少ない割合です。
ちなみに、空気中の体積の割合が3番目に多いのはアルゴンという気体で、約0.9%です。二酸化炭素は、4番目に多い気体です。

2 (1)、(2)ちっ素と二酸化炭素にはものを燃やすはたらきはないので、①と③はろうそくのほのおがすぐに消えます。酸素にはものを燃やすはたらきがあるので、②はほのおが大きくなって明るく燃えます。

ぴったり1 準備

1. ものの燃え方

ものの燃え方と空気3

学習 6ページ

ものが燃えるときの気体の変化を確認しよう。

教科書 12〜19ページ　答え 4ページ

次の(　)に当てはまる言葉を書くか、当てはまるものを○で囲もう。

1 気体検知管と石灰水《せっかいすい》の使い方をまとめよう。

教科書 218〜219ページ

▶どれくらい酸素や二酸化炭素があるか調べるときには、下のような(① 気体検知管)を使う。

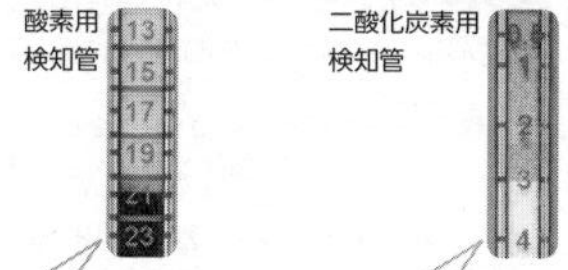

このとき、酸素は約(② 20 ・ (21))%

このとき、二酸化炭素は約(③ 2 ・ (3))%

▶石灰水は、(④ 二酸化炭素)があると白くにごる。

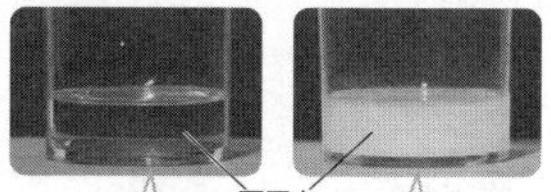

二酸化炭素がない、またはほとんどない。

二酸化炭素が、(⑤ (ある) ・ ない)。

2 ものが燃える前と燃えた後の空気はちがうのだろうか。

教科書 12〜15ページ

▶気体検知管で調べたとき

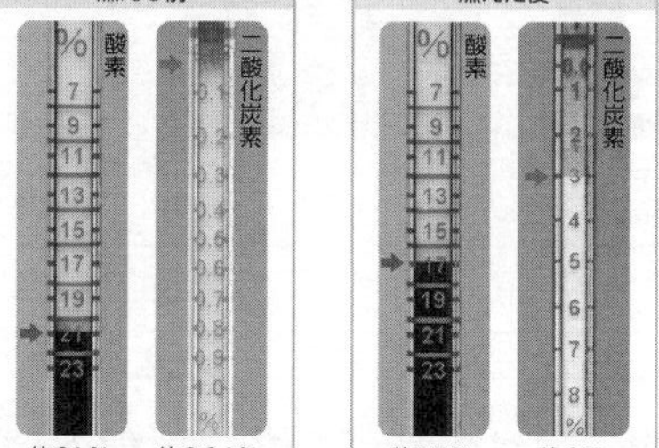

酸素は(① 増える ・ (減る))。
二酸化炭素は(② (増える) ・ 減る)。

▶石灰水で調べたとき

白く(③ (にごる) ・ にごらない)。

燃える前と燃えた後の空気中の気体の体積の割合《わりあい》

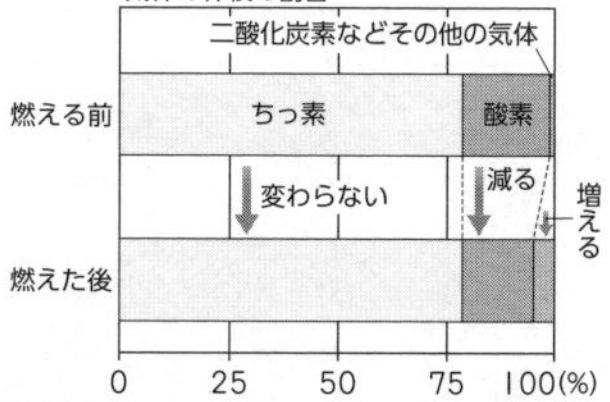

▶ろうそくなどのものが燃えると、空気中の(④ 酸素)の一部が使われて、(⑤ 二酸化炭素)ができる。

ここがだいじ!
①二酸化炭素があると、石灰水は白くにごる。
②ものが燃えると、空気中の酸素が減り、二酸化炭素が増える。

ぴたトリビア　ふたをしたびんの中にある火のついたろうそくはやがて火が消えますが、酸素のすべてが使われるわけではありません。

ぴったり2 練習

1. ものの燃え方

ものの燃え方と空気3

学習 7ページ

教科書 12〜19ページ　答え 4ページ

1 びんの中に火のついたろうそくを入れてふたをし、ろうそくが燃える前と燃えた後の空気を、石灰水《せっかいすい》で調べます。

(1) 石灰水を使って空気中に多くふくまれているか調べることができるのは、どの気体ですか。正しいものを1つ選んで、(　)に○をつけましょう。

ア(　)ちっ素
イ(　)酸素
ウ(○)二酸化炭素

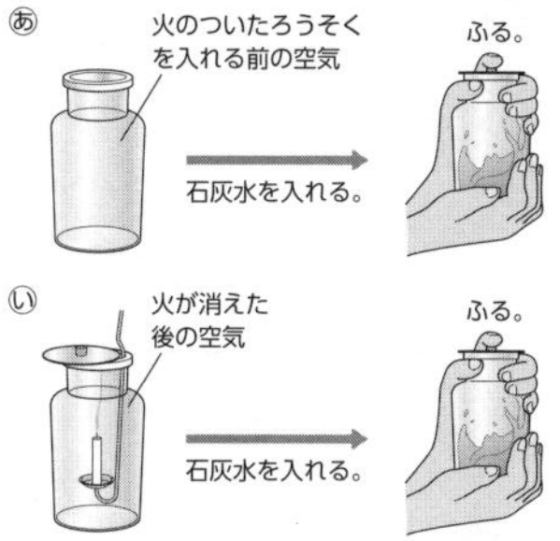

(2) 石灰水が白くにごるのは、あ、いのどちらですか。
(い)

(3) この実験から、ろうそくが燃えると、何という気体が増えることがわかりますか。
(二酸化炭素)

2 びんの中のろうそくが燃える前と燃えた後の空気を、気体検知管で調べました。

(1) あ〜えが表す気体の割合《わりあい》は、約何%ですか。それぞれ、[　]から選んで書きましょう。

あ(21%)　い(0.04%)
う(17%)　え(3%)

0.04%　3%　17%　21%

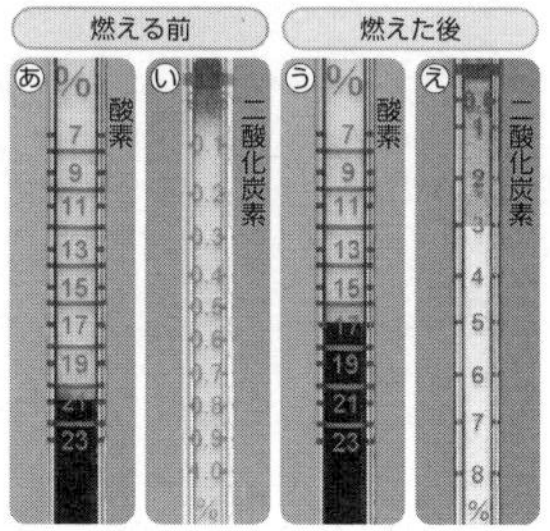

(2) ろうそくが燃えるときに、増えた気体として正しいほうの(　)に○をつけましょう。

ア(　)酸素
イ(○)二酸化炭素

(3) ろうそくが燃えるときに、減った気体として正しいほうの(　)に○をつけましょう。

ア(○)酸素
イ(　)二酸化炭素

(4) ろうそくなどのものが燃える前と燃えた後の空気中の気体の変化について、正しいものを1つ選んで、(　)に○をつけましょう。

ア(○)ものが燃えるときは、空気中の酸素が使われる。
イ(　)ものが燃えるときは、空気中の二酸化炭素が使われる。
ウ(　)空気中の酸素がなくなるまで、ものは燃え続ける。

7ページ　てびき

1 (1)、(2)石灰水《せっかいすい》が白くにごれば、二酸化炭素があるといえます。ろうそくが燃える前の空気にも二酸化炭素はふくまれていますが、わずかに約0.04%しかふくまれていないため、石灰水は白くにごりません。

2 (1)気体検知管の示す数値《すうち》は、それぞれの気体の体積が、とりこんだ気体全部の体積の何%なのかを示しています。

(2)、(3)酸素は約21%から約17%に減っていて、二酸化炭素は約0.04%から約3%に増えています。なお、ちっ素は酸素や二酸化炭素とちがい、ものが燃える前と後で量が変わりません。

(4)ものが燃えるときに酸素が使われるため、空気中の酸素が減ります。ただし、酸素がある程度まで減ると、ろうそくの火は消えます。

おうちのかたへ
ものが燃えると、酸素が使われて(減って)、二酸化炭素ができる(増える)ことは扱いますが、重さ(質量)や原子の数による説明は扱いません。原子・分子による説明や化学変化については、中学校理科で学習します。

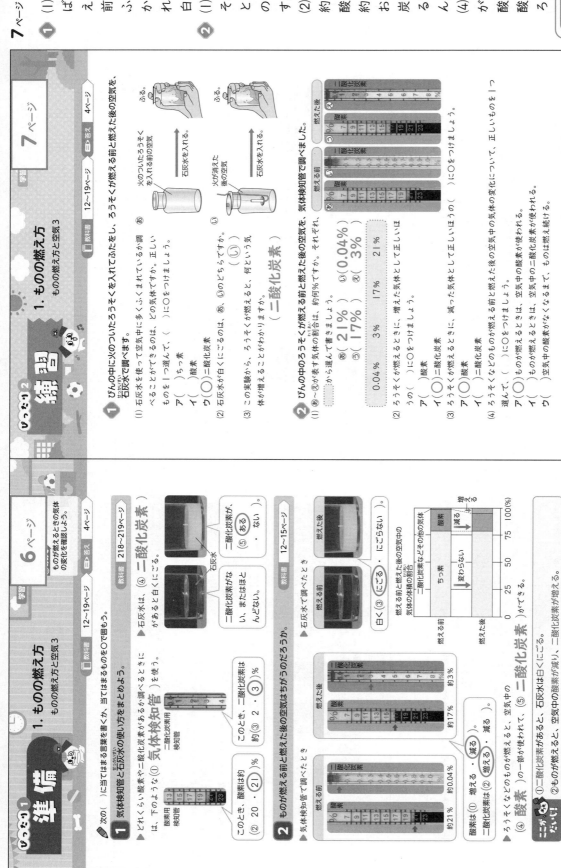

ぴったり3 確かめのテスト。

1. ものの燃え方

8ページ

/100 合格 70 点

教科書 6~21ページ　答え 5ページ

1 平らにしたねん土《ど》にろうそくを立てて火をつけ、底のないびんをかぶせて、ろうそくのほのおがどうなるか調べます。　1つ5点(20点)

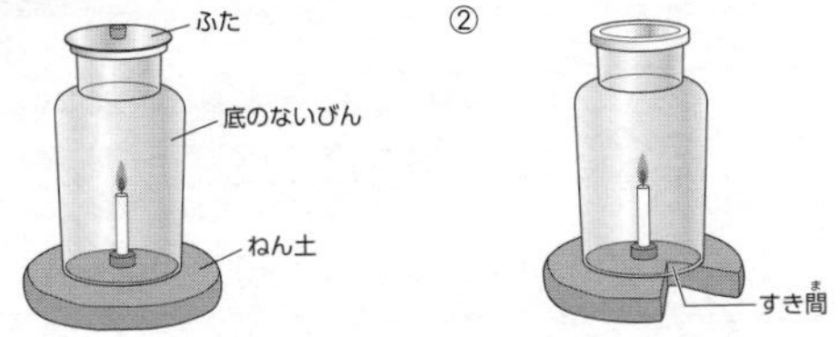

①
②
ふた
底のないびん
ねん土
すき間《ま》

(1) ①、②のろうそくはどうなりましたか。それぞれア～エから選んで、記号で答えましょう。
①(ウ)　②(イ)

ア　ほのおが大きくなって明るくなり、そのまま燃え続けた。
イ　ほのおの大きさは変わらず、燃え続けた。
ウ　少しの間だけ燃え、火が消えた。
エ　すぐに火が消えた。

(2) ②のすき間に、火のついた線こうを近づけると、線こうのけむりはすき間から中に入っていきました。線こうのけむりの流れのようすから、何の動きがわかりますか。　技能
(空気)

(3) ろうそくが燃え続けるための条件について、次の文の(　)に当てはまる言葉を書きましょう。
● ろうそくが燃え続けるためには、びんの中の(空気)が入れかわる必要がある。

2 空気中の気体の体積の割合《わりあい》を調べました。　1つ6点(30点)

(1) あ～うに当てはまる気体の名前を、[　]からそれぞれ選んで書きましょう。

酸素　二酸化炭素　ちっ素

あ(酸素)
い(ちっ素)
う(二酸化炭素)

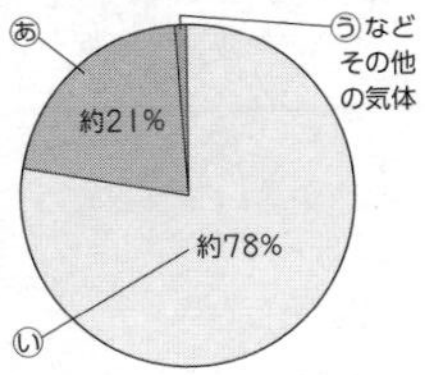

あ
約21%
うなど その他の気体
約78%
い

(2) びんの中に酸素、二酸化炭素、ちっ素を集めて、火のついたろうそくをびんの中に入れました。ほのおが大きくなって明るく燃えたものを１つ選んで、(　)に○をつけましょう。
ア(○)酸素　イ(　)二酸化炭素　ウ(　)ちっ素

(3) (2)のようになったのは、(2)で選んだ気体にどのようなはたらきがあるからですか。
(ものを燃やすはたらき)

学習 9ページ

よく出る

3 びんの中に火のついたろうそくを入れてふたをし、ろうそくが燃える前の空気と燃えた後の空気について調べます。　1つ5点(30点)

あ 燃える前
びんに石灰水《せっかいすい》を入れて、よくふる。
い 燃えた後

(1) 二酸化炭素が多くなっているとき、石灰水はどうなりますか。正しいものを１つ選んで、(　)に○をつけましょう。　技能
ア(　)赤色になる。　イ(　)青むらさき色になる。
ウ(○)白くにごる。　エ(　)変化しない。

(2) 石灰水が(1)のようになるのは、あ、いのどちらですか。　(い)

(3) あ、いの空気を気体検知管で調べると、次のようになりました。表の①、②に当てはまる数字を書きましょう。　技能　①(17)　②(3)

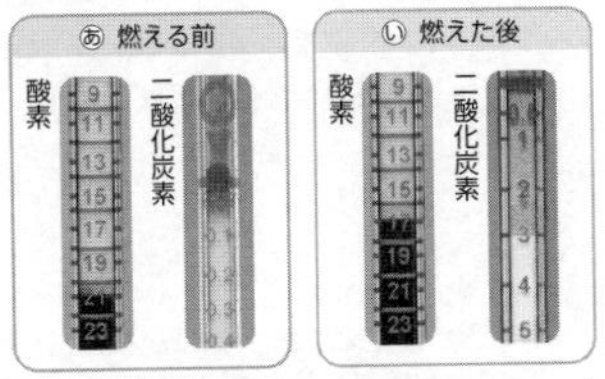

あ 燃える前
い 燃えた後
酸素
二酸化炭素

	あ 燃える前	い 燃えた後
酸素	約21％	約(①)％
二酸化炭素	約0.04％	約(②)％

(4) この実験からわかることをまとめます。(　)に当てはまる言葉を書きましょう。
● ろうそくが燃えると、空気にふくまれている(① 酸素)の一部が使われて減り、同時に(② 二酸化炭素)が増える。

できたらスゴイ！

4 キャンプファイアーでどのように木を組むとよいか考えます。　思考・表現　1つ10点(20点)

(1) あ、いのどちらの組み方のほうがよく燃えると考えられますか。記号で答えましょう。　(い)

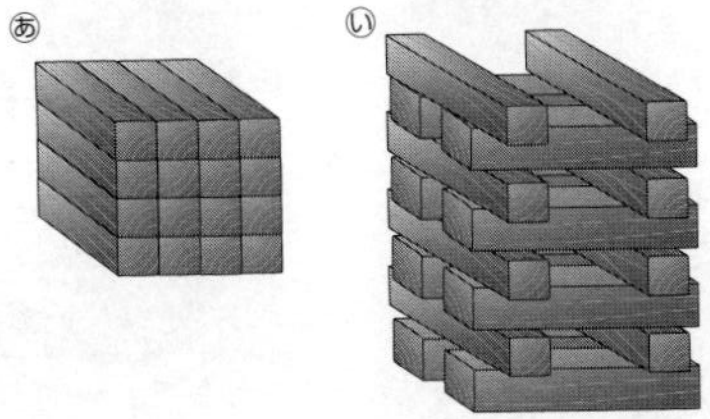

あ
い

(2) 記述 (1)のように考えられる理由を説明しましょう。
(すき間が多いほうが空気が入れかわりやすいから。)

ふりかえり　3がわからないときは、6ページの1、2にもどって確認《かくにん》しましょう。
4がわからないときは、2ページの1にもどって確認しましょう。

8~9ページ　てびき

1 (1)①では、外から空気が入るすき間《ま》がどこにもないため、びんの中の空気にふくまれる酸素を使って少しの間燃えた後、火が消えます。②では、底のすき間から外の空気が入り続け、びんの口からは空気が外へ出ていくため、ろうそくはそのまま燃え続けます。

2 (1)空気中で体積の割合《わりあい》がいちばん多い気体はちっ素、２番目に多いのは酸素です。(2)、(3)二酸化炭素やちっ素にはものを燃やすはたらきがないので、それらを集めたびんの中に火のついたろうそくを入れると、火はすぐに消えてしまいます。

3 (3)、(4)体積の割合の変化は酸素が約21％→約17％、二酸化炭素が約0.04％→約３％となっているので、ろうそくなどが燃えるとき、空気中の酸素の一部が使われて減り、二酸化炭素が増えるとわかります。

4 ものが燃え続けるためには、空気が入れかわり、酸素がじゅうぶんあることが必要です。すき間が多くなるように木を組んでおくと、まわりから空気が入りこむので、木がよく燃えます。

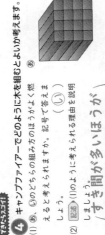

ぴったり1 準備

2. 植物の体のつくりとはたらき①

成長と日光との関わり

植物が養分をつくり出すはたらきを確認しよう。

3分でまとめ

教科書 22~29ページ　答え 6ページ

次の(　)に当てはまる言葉を書くか、当てはまるものを○で囲もう。

1 葉に日光が当たると、デンプンができるのだろうか。

教科書 22~29ページ

(① 日光)が当たらないようにするため、アルミニウムはくをかぶせる。

「(太陽の)光」でも○

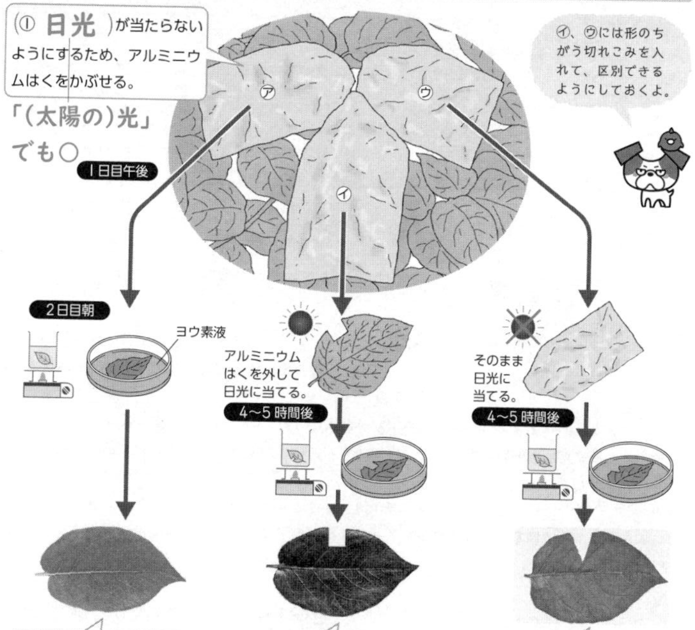

ア
イ
ウ
イ、ウには形のちがう切れこみを入れて、区別できるようにしておくよ。
1日目午後
2日目朝
ヨウ素液
アルミニウムはくを外して日光に当てる。
4~5時間後
そのまま日光に当てる。
4~5時間後

デンプンが (② ある ・ (ない))。

デンプンが (③ (ある) ・ ない)。

デンプンが (④ ある ・ (ない))。

▶植物の葉に(⑤ 日光)が当たると、葉に養分である(⑥ デンプン)ができる。

▶葉にできた養分は、植物が(⑦ 成長)するために使われる。

「(太陽の)光」でも○

ここがだいじ!
①植物の葉に日光が当たると、葉には養分であるデンプンができる。
②葉にできた養分は、植物の成長に使われる。

ぴたトリビア　植物がつくるデンプンは植物ごとに性質がちがい、トウモロコシではのり状になりやすくスープなどに利用され、もち米ではねばりけが強くもちや白玉だんごなどに利用されます。

ぴったり2 練習

2. 植物の体のつくりとはたらき①

成長と日光との関わり

教科書 22~29ページ　答え 6ページ

1 ジャガイモの葉にデンプンができるか調べます。

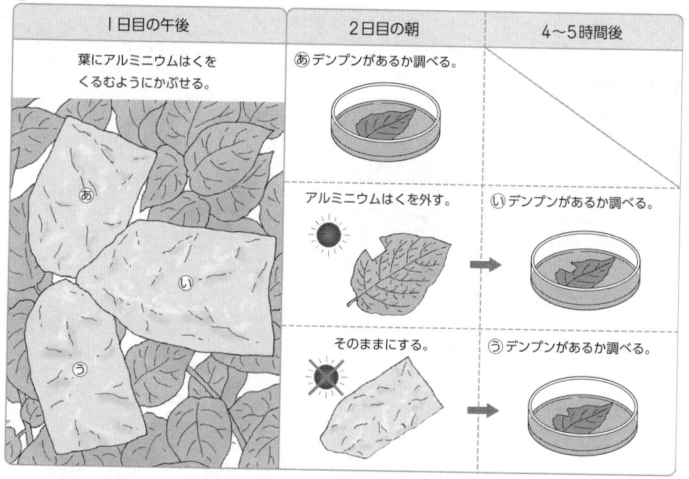

1日目の午後
2日目の朝
4~5時間後
葉にアルミニウムはくをくるむようにかぶせる。
あ
い
う
あデンプンがあるか調べる。
アルミニウムはくを外す。
いデンプンがあるか調べる。
そのままにする。
うデンプンがあるか調べる。

(1) い、うの葉に切れこみを入れているのはなぜですか。正しいものを1つ選んで、(　)に○をつけましょう。

ア(　)デンプンをできやすくするため。
イ(○)葉の区別をつけやすくするため。
ウ(　)ヨウ素液と反応しやすくするため。

(2) 葉にアルミニウムはくをかぶせているのはなぜですか。正しいものを1つ選んで、(　)に○をつけましょう。

ア(　)デンプンをできやすくするため。
イ(　)雨水が葉につかないようにするため。
ウ(○)日光が当たらないようにするため。

(3) ヨウ素液につけると青むらさき色になる葉を、あ~うから選びましょう。　(い)

(4) この実験からわかることをまとめた次の文の(　)に、当てはまる言葉を書きましょう。

● 植物の葉にデンプンができるためには、(日光)に当たることが必要である。

「(太陽の)光」でも○

(5) 植物の葉にできたデンプンは、何に使われますか。

((植物の)成長)

ヒント 1 (3)デンプンがあれば、葉は青むらさき色に変化します。デンプンがなければ、葉の色は変化しません。

おうちのかたへ　**2. 植物の体のつくりとはたらき①**

植物が養分をつくるはたらきについて学習します。ここでは、葉に日光が当たるとデンプンができることを理解しているかがポイントです。ただし、「光合成」の用語はここでは扱わず、中学校理科で学習します。

11ページ　てびき

1 (3)、(4)ヨウ素液につけて青むらさき色になる反応(ヨウ素デンプン反応)が見られるのは、日光が当たった葉だけです。このことから、日光が当たった葉にデンプンができることがわかります。これはつまり、「植物の葉にデンプンができるためには、日光に当たることが必要」だということです。
(5)植物の葉にできたデンプンは、植物が成長するために使われます。なお、ジャガイモでは、デンプンの一部がくきを通して地面の下の部分へと運ばれ、「いも」の部分にたくわえられます。

おうちのかたへ

植物が根から水を取り入れることは「4. 植物の体のつくりとはたらき②」、植物が二酸化炭素を取り入れ酸素を出すことは「5. 生物と地球環境」で学習します。また、植物が水や養分を運ぶ詳しいしくみや、養分をつくる詳しいしくみ(水と二酸化炭素を使って酸素やデンプンなどができること)については、中学校理科で学習します。

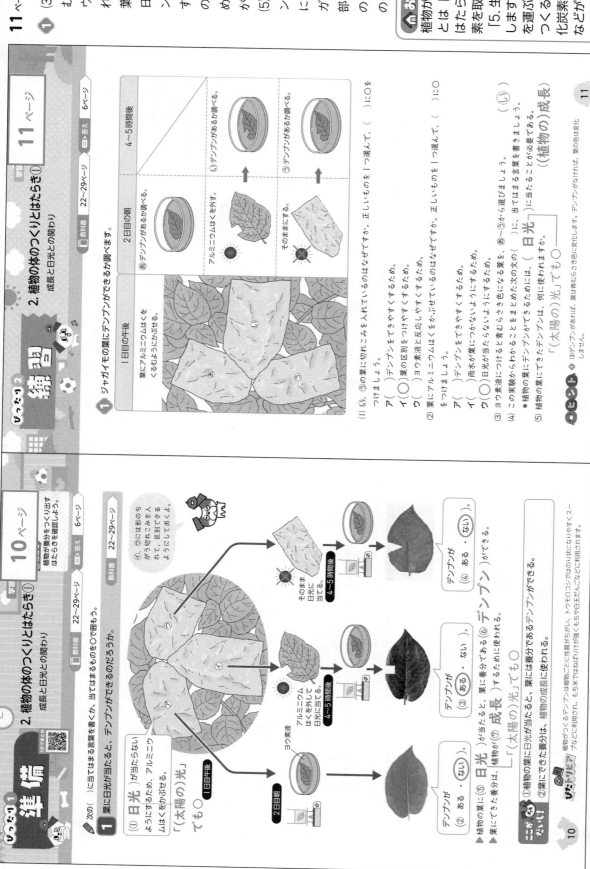

ぴったり3

確かめのテスト。

2. 植物の体のつくりとはたらき

12ページ

／100　合格70点

教科書　22〜31ページ　答え　7ページ

よく出る

1 ジャガイモの葉にデンプンができるか調べます。　1つ10点(60点)

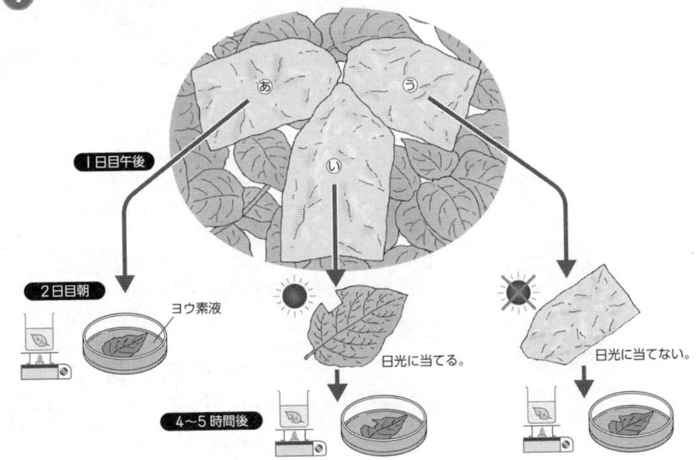

あ
い
う
1日目午後
2日目朝
ヨウ素液
日光に当てる。
日光に当てない。
4〜5時間後

(1) ①デンプンができているときと、②デンプンができていないときで、ヨウ素液をつけた葉の色はどうなりますか。それぞれア〜エから選んで、記号で答えましょう。　技能

①(イ)　②(エ)

ア　白くにごる。　イ　青むらさき色になる。
ウ　赤色になる。　エ　色は変わらない。

(2) あは、どのようなことを確かめるために行っていますか。正しいものを1つ選んで、(　)に○をつけましょう。　技能

ア(　)1日目には葉にデンプンがあることを確かめるため。
イ(　)1日目には葉にデンプンがないことを確かめるため。
ウ(　)2日目の朝には葉にデンプンがあることを確かめるため。
エ(○)2日目の朝には葉にデンプンがないことを確かめるため。

(3) ヨウ素液で調べたときにデンプンができていた部分をあ〜うから1つ選んで、記号で答えましょう。　(い)

(4) デンプンができるために必要なことは何ですか。(　)に当てはまる言葉を書きましょう。

●植物の(① 葉)に(② 日光)が当たることが必要である。
└─「(太陽の)光」でも○

13ページ

2 アサガオの葉の一部にアルミニウムはくをかぶせて、アルミニウムはくをかぶせなかった部分とのちがいを調べます。　1つ10点(30点)

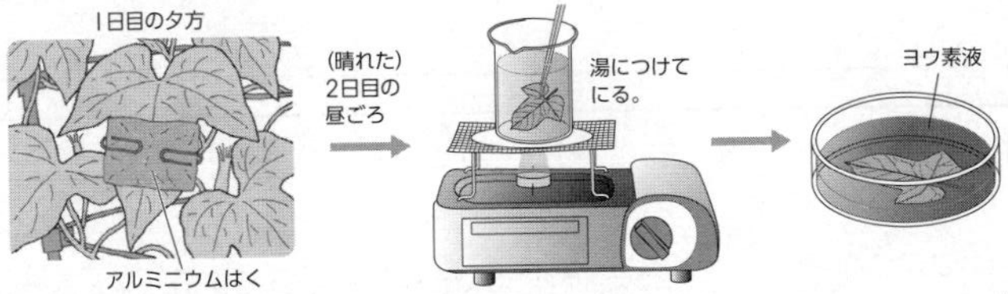

1日目の夕方
アルミニウムはく
(晴れた)
2日目の
昼ごろ
湯につけて
にる。
ヨウ素液

(1) 記述　アルミニウムはくをかぶせている理由を説明しましょう。　技能

(　日光が当たらないようにするため。　)

(2) この実験の結果、葉の色はどのようになりますか。正しいものを1つ選んで、(　)に○をつけましょう。

ア(　)　イ(○)　ウ(　)

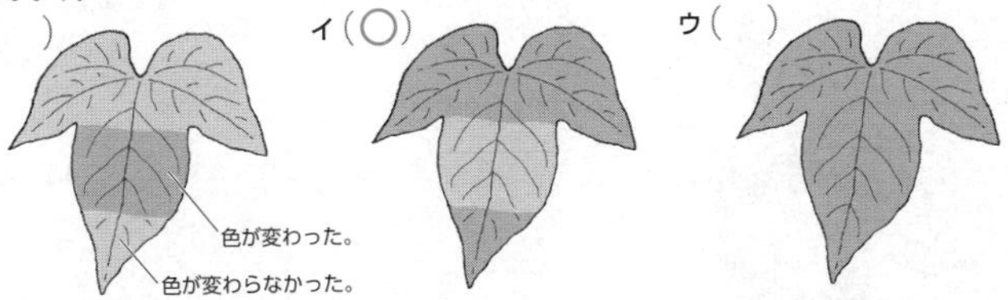

色が変わった。
色が変わらなかった。

(3) 記述　(2)のように色が変わった理由を説明しましょう。　思考・表現

(　日光が当たった部分にデンプンができたから。　)

できたらスゴイ!

3 下の写真のような植物工場では、植物が成長するために必要な温度や水などが管理されていて、日光のかわりに人工の光を植物に当てて育てています。　思考・表現 (10点)

●人工の光でも植物が育つのはなぜですか。正しいと考えられる意見を1つ選んで、(　)に○をつけましょう。

人工の光が葉に当たると、根でデンプンがつくられるからだと思うよ。
植物の葉では、水さえあればデンプンができるからじゃないかな。
人工の光が日光と同じ役割《やくわり》をして、葉にデンプンができるからだと思うな。

ア(　)　イ(　)　ウ(○)

ふりかえり　1がわからないときは、10ページの1にもどって確認《かくにん》しましょう。
3がわからないときは、10ページの1にもどって確認しましょう。

12〜13ページ　てびき

1 (2)この実験であを調べずにいとうだけを調べた場合、2日目の朝に葉にデンプンがあったのかどうかがわかりません。すると、「2日目の朝には葉にデンプンがあり、日光が当たればそのデンプンが残り、日光が当たらなければそのデンプンがなくなる」とも考えられるので、いでデンプンがあっても、植物の葉に日光が当たってつくられたデンプンなのかが確認《かくにん》できません。

2 (1)アルミニウムはくは光をはねかえし、光が通りぬけないため、アルミニウムはくをかぶせた部分には日光が当たらず、同じ葉で日光が当たる部分と日光が当たらない部分ができます。

(2)、(3)日光が当たった部分にはデンプンができたため、ヨウ素デンプン反応が起こり、葉が青むらさき色になります。

3 植物が成長するために必要なデンプンは、葉に日光が当たるとつくられます。植物工場では日光のかわりに人工の光を植物に当てていることから、人工の光が日光と同じ役割《やくわり》をしていると考えられます。

3分でまとめ

呼吸のはたらきと、呼吸に関係するつくりを確認しよう。

教科書 32〜39ページ　答え 8ページ

次の(　)に当てはまる言葉を書くか、当てはまるものを○で囲もう。

1 空気を吸《す》ったりはいたりして、何をとり入れ、何を出すのだろうか。 教科書 32〜36ページ

▶気体検知管で調べたとき

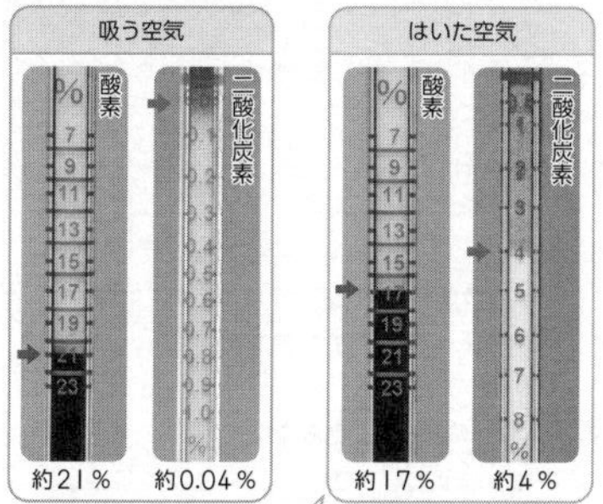

吸う空気
酸素
二酸化炭素
約21％
約0.04％
はいた空気
酸素
二酸化炭素
約17％
約4％

▶石灰水《せっかいすい》で調べたとき

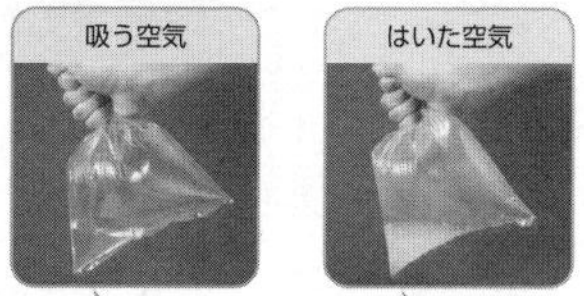

吸う空気
はいた空気

白く（③ にごる ・ にごらない ）。〔にごらない に○〕

白く（④ にごる ・ にごらない ）。〔にごる に○〕

酸素は（① 増える ・ 減る ）。〔減る に○〕

二酸化炭素は（② 増える ・ 減る ）。〔増える に○〕

はいた空気を集めたふくろの内側に水《すい》てきがついてくるのは、水(水蒸気《すいじょうき》)がふくまれているからだよ。

▶人は、空気を吸ったりはいたりして、空気中の（⑤ 酸素 ）の一部をとり入れ、（⑥ 二酸化炭素 ）を出している。

2 人は、どのように酸素と二酸化炭素を出し入れするのだろうか。 教科書 37〜39ページ

▶人は、（① 肺 ）で空気中の酸素をとり入れ、二酸化炭素を出している。

▶吸った空気の中の（② 酸素 ）は、肺《はい》の血管から血液の中にとり入れられ、血液の中の（③ 二酸化炭素 ）は、はく空気の中に出される。

▶酸素を体の中にとり入れ、二酸化炭素を体の外に出すことを（⑥ 呼吸 ）という。

▶ウサギなどの動物は（⑦ 肺 ）で呼吸《こきゅう》をし、水にすむ魚は（⑧ えら ）で呼吸をする。

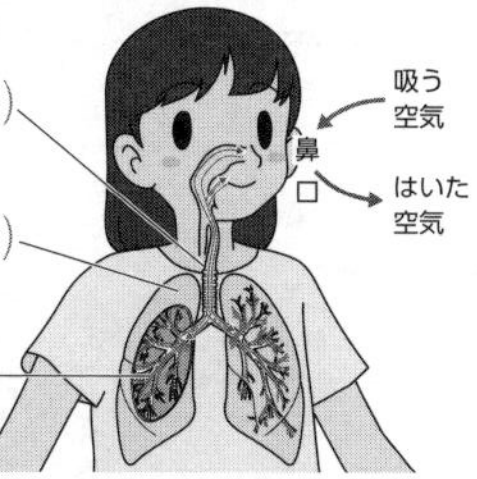

（④ 気管 ）
（⑤ 肺 ）
肺の血管
鼻
吸う空気
はいた空気

ここがだいじ！ ①人は、肺で空気中から体の中に酸素をとり入れて、二酸化炭素を出している。
②酸素を体の中にとり入れ、二酸化炭素を出すことを呼吸という。

ぴたトリビア 多くのこん虫の胸《むね》や腹《はら》には「気門」という穴《あな》があります。こん虫はこの気門から空気をとり入れて呼吸しています。

教科書 32〜39ページ　答え 8ページ

1 吸《す》う空気(あ)とはいた空気(い)のちがいを調べます。

(1) 石灰水《せっかいすい》をふくろに入れてふると、石灰水が白くにごるのはあ、いのどちらですか。　（ い ）

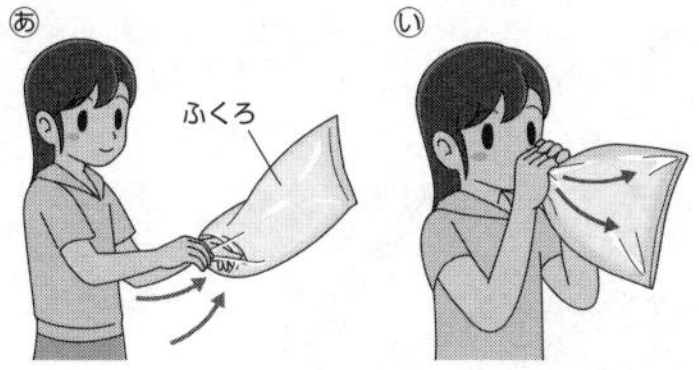

あ
い
ふくろ

(2) (1)で石灰水が白くにごったのは、空気中の何が増えていたからですか。正しいものを１つ選んで、（　）に○をつけましょう。
ア（　）ちっ素
イ（　）酸素
ウ（○）二酸化炭素

(3) 酸素用の気体検知管を使って、あ、いの空気中の酸素の体積の割合《わりあい》を調べた結果を、それぞれア〜オから選んで、記号で答えましょう。　あ（オ）　い（エ）
ア 0％　イ 0.04％　ウ 4％　エ 17％　オ 21％

(4) 次の文の（　）に当てはまる言葉を、下の［　］から選んで書きましょう。
●空気を吸ったりはいたりすることで、空気中の（① 酸素 ）が体の中にとり入れられ、体の中から（② 二酸化炭素 ）や（③ 水蒸気 ）が出される。

水蒸気《すいじょうき》　ちっ素　二酸化炭素　酸素

2 吸った空気とはく空気の通り道について調べました。

(1) 鼻や口から吸った空気は、あを通っていにまで吸いこまれます。あ、いをそれぞれ何といいますか。
あ（ 気管 ）
い（ 肺 ）

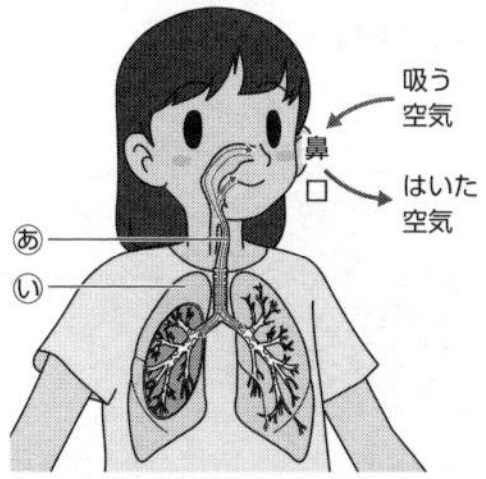

吸う空気
鼻
はいた空気
あ
い

(2) いで血液中にとり入れられる気体は何ですか。正しいものを１つ選んで、（　）に○をつけましょう。
ア（　）ちっ素
イ（○）酸素
ウ（　）二酸化炭素

(3) いで血液中からはく空気の中に出される気体は何ですか。正しいものを１つ選んで、（　）に○をつけましょう。
ア（　）ちっ素　イ（　）酸素　ウ（○）二酸化炭素

(4) (2)の気体をとり入れて(3)の気体を出すことを、何といいますか。　（ 呼吸 ）

15ページ てびき

1 (1)、(2)石灰水《せっかいすい》は、二酸化炭素があると白くにごりますが、二酸化炭素が少ないと白くにごりません。空気中には二酸化炭素が約0.04％しかふくまれていないので、石灰水は白くにごりませんが、はく息には二酸化炭素が約4％ふくまれていて、石灰水が白くにごります。
(3)空気中には酸素が約21％ふくまれていて、はく息ではその体積の割合《わりあい》が減ります。ただし、はいた空気にも酸素は約17％ふくまれていて、二酸化炭素よりは多くなっています。
(4)はく息には水(水蒸気《すいじょうき》)も多くふくまれているので、ふくろに息をはくと中がくもり、内側に小さい水《すい》てきがつきます。

2 (2)、(3)肺《はい》では、吸《す》った空気の中の酸素が、肺の血管を流れる血液中にとり入れられます。また、血液中の二酸化炭素が、はく空気の中に出されます。
(4)酸素を体にとり入れて二酸化炭素を出すことを、呼《こ》吸《きゅう》といいます。

おうちのかたへ　3.人やほかの動物の体のつくりとはたらき

人や動物の体のつくりと消化・吸収、呼吸、血液の循環のはたらきを学習します。ここでは、消化管を通る間に食べ物が消化・吸収されること、肺で酸素を取り入れ、二酸化炭素を排出していること、心臓のはたらきで血液は体内を巡り、養分や酸素、二酸化炭素を運ぶことを理解しているか、などがポイントです。

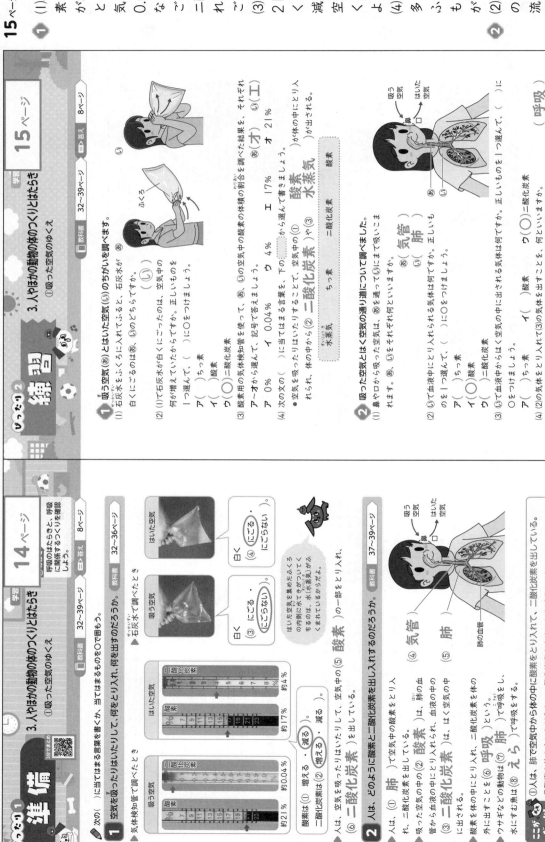

ぴったり1 準備

3.人やほかの動物の体のつくりとはたらき
②血液中にとり入れられた酸素のゆくえ

学習 16ページ

血液のはたらきと、血液の流れに関係するつくりを確認しよう。

3分でまとめ

教科書 40〜42ページ　答え 9ページ

次の(　)に当てはまる言葉を書くか、当てはまるものを○で囲もう。

1 酸素は、どのようなしくみで、どこへ運ばれるのだろうか。　教科書 40〜42ページ

- 心臓《しんぞう》の動きを(① はく動)という。
- 心臓の動きによって起こる血管の動きを(② 脈はく)という。
- 血管は、体の(③ (すみずみ)・一部分だけ)にあみの目のように張りめぐらされていて、血液は、(④ 心臓)のはく動《どう》によって、全身の血管を流れていく。

(⑤ 心臓)

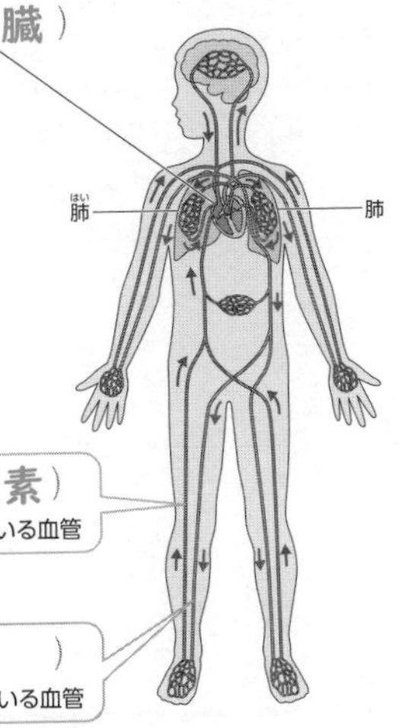

(⑥ 二酸化炭素)の多い血液が流れている血管

(⑦ 酸素)の多い血液が流れている血管

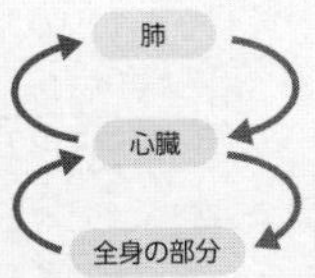

血液の流れには、
・心臓から肺を通ってもどる流れ
・心臓から全身を回ってもどる流れ
の２通りがある。

走るときには、体がいつもより多くの酸素を必要とするので、多くの酸素を運ぶために、呼吸《こきゅう》やはく動の回数が多くなるんだよ。

- 肺で血液中にとり入れられた酸素は、血液によって心臓に送られ、さらに(⑧ 全身)に運ばれる。
- 血液中の二酸化炭素は、血液によって心臓に送られ、さらに(⑨ 肺)に運ばれてから、はく空気の中に出される。
- 血液が全身をめぐることを、血液の(⑩ じゅんかん)という。

ここがだいじ!
①心臓の動きをはく動といい、はく動によって起こる血管の動きを脈《みゃく》はくという。
②血液は、心臓のはく動によって、全身に張りめぐらされた血管を流れていく。
③肺で血液中にとり入れられた酸素は、血液によって全身に運ばれる。

ぴたトリビア 血液は液体のようですが、固形成分もふくまれます。血液の固形成分のうち、酸素を運ぶはたらきがあるつぶは、赤血球《せっけっきゅう》とよばれています。

ぴったり2 練習

3.人やほかの動物の体のつくりとはたらき
②血液中にとり入れられた酸素のゆくえ

学習 17ページ

教科書 40〜42ページ　答え 9ページ

1 血管が体のすみずみに張りめぐらされているようすを調べました。

(1) 心臓《しんぞう》にはどのような役割《やくわり》がありますか。正しいものを１つ選んで、(　)に○をつけましょう。
ア(　)空気中の酸素を血液中にとり入れる。
イ(　)血液中の二酸化炭素をはく空気の中に出す。
ウ(○)全身の血管に血液を流す。
エ(　)体の中に養分を吸収《きゅうしゅう》する。

(2) 胸《むね》にちょうしん器を当てると、心臓の動く音を聞くことができます。この心臓の動きを何といいますか。
(はく動)

(3) 手首や首筋《すじ》などを指でおさえると、心臓の動きによって起こる血管の動きが感じられます。この血管の動きを何といいますか。
(脈はく)

(4) 体のすみずみに張りめぐらされた血管は、血液を全身に運んでいます。血液が全身をめぐることを何といいますか。
(血液のじゅんかん)

(5) 肺《はい》で、吸《す》った空気から血液中にとり入れられるのは、何という気体ですか。
(酸素)

(6) 肺で、血液中からはく空気の中に出されるのは、何という気体ですか。
(二酸化炭素)

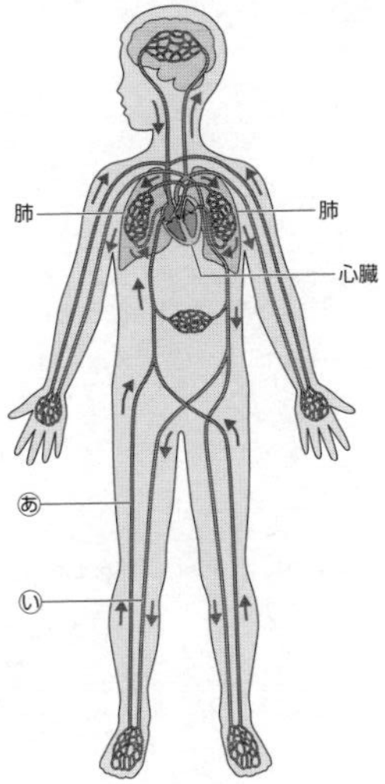

(7) あを流れる血液に多くふくまれている気体は何ですか。正しいものを１つ選んで、(　)に○をつけましょう。
ア(　)ちっ素
イ(　)酸素
ウ(○)二酸化炭素

(8) いを流れる血液に多くふくまれている気体は何ですか。正しいものを１つ選んで、(　)に○をつけましょう。
ア(　)ちっ素
イ(○)酸素
ウ(　)二酸化炭素

ヒント 1 (5)(6)はく空気は、吸う空気(まわりの空気)と比べると、酸素が減り、二酸化炭素が増えています。

17ページ　てびき

1 (1)心臓《しんぞう》は、全身に血液を送り出すポンプのようなはたらきをしています。
(2)、(3)心臓の動きをはく動《どう》といい、はく動によって起こる血管の動きを脈《みゃく》はくといいます。
(7)、(8)酸素は肺《はい》で血液中にとり入れられて、全身に運ばれるので、いで多く、あで少なくなっています。また、二酸化炭素は全身の各部分で血液中に出され、肺で血液中から体の外に出ていくので、あで多く、いで少なくなっています。

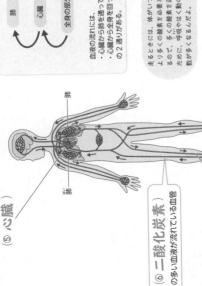

次の(　)に当てはまる言葉を書くか、当てはまるものを○で囲もう。

1 口の中でだ液と混ざったご飯はどうなるのだろうか。 教科書 43～44ページ

▶だ液のはたらきを調べる実験

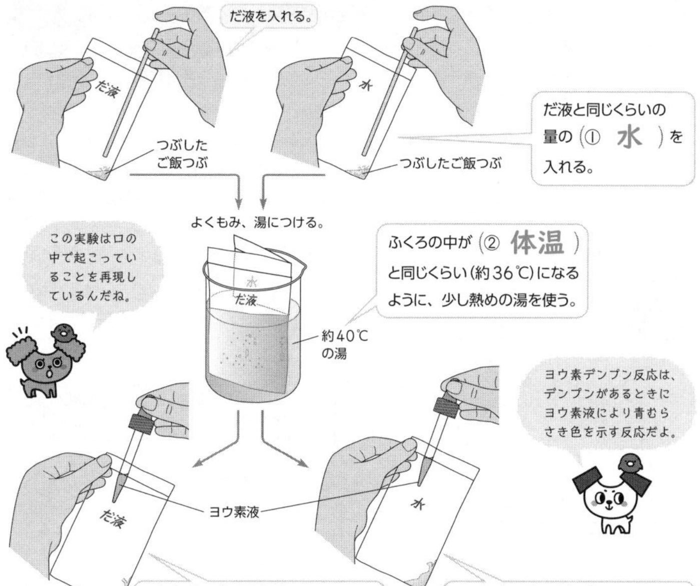
だ液を入れる。
だ液
水
つぶしたご飯つぶ
つぶしたご飯つぶ
だ液と同じくらいの量の(① 水)を入れる。
よくもみ、湯につける。
この実験は口の中で起こっていることを再現しているんだね。
ふくろの中が(② 体温)と同じくらい(約36℃)になるように、少し熱めの湯を使う。
約40℃の湯
ヨウ素液
ヨウ素デンプン反応は、デンプンがあるときにヨウ素液により青むらさき色を示す反応だよ。
ヨウ素デンプン反応が(③ 見られる ・ 見られない)。
ヨウ素デンプン反応が(④ 見られる ・ 見られない)。

▶デンプンとだ液を混ぜると、デンプンは(⑤ 変化しない ・ 別のものになる)。
▶食べものが体に吸収《きゅうしゅう》されやすい養分に変化することを(⑥ 消化)という。
▶だ液のように消化に関わるはたらきをする液を(⑦ 消化液)という。

ここがだいじ！
①ご飯にふくまれるデンプンは、だ液と混ざると、別のものに変化する。
②食べものが体に吸収されやすい養分に変化することを消化という。
③だ液のように消化に関わるはたらきをする液を消化液という。

ぴたトリビア　消化されて体に吸収された養分は、体を動かすエネルギーとして使われたり、体をつくる材料になったりします。

1 ご飯にデンプンがふくまれているか調べます。

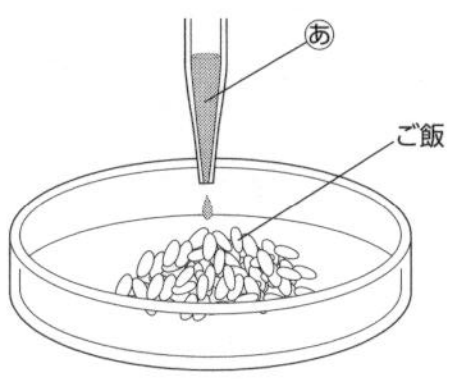
あ
ご飯

(1) デンプンがふくまれているか調べるときに使うあの液を何といいますか。正しいものを1つ選んで、(　)に○をつけましょう。
ア(　)石灰水《せっかいすい》
イ(○)ヨウ素液
ウ(　)エタノール
エ(　)食塩水
(2) あの液をご飯にかけると、ご飯は何色になりますか。正しいものを1つ選んで、(　)に○をつけましょう。
ア(　)茶色　イ(　)白色　ウ(　)赤色　エ(○)青むらさき色
(3) (2)のようになることから、何がわかりますか。(　)に当てはまる言葉を書きましょう。
● ご飯には、デンプンが(ふくまれている)。

2 だ液にはどのようなはたらきがあるのかを調べます。

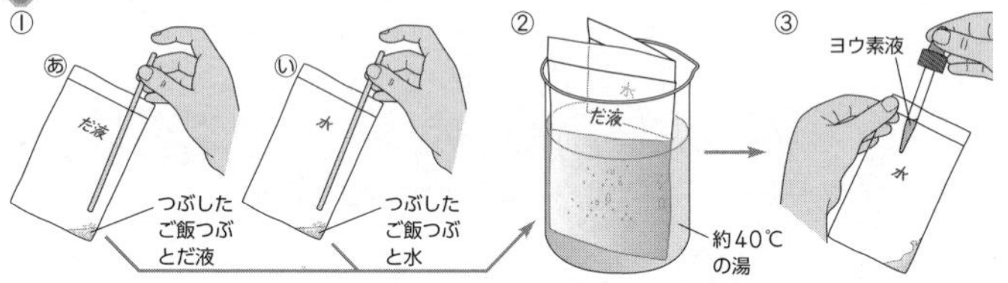
①
あ
い
だ液
水
つぶしたご飯つぶとだ液
つぶしたご飯つぶと水
②
だ液
約40℃の湯
③
ヨウ素液
水

(1) ②でふくろを約40℃の湯につけているのはなぜですか。正しいほうの(　)に○をつけましょう。
ア(○)ふくろの中が体温と同じくらいになるようにするため。
イ(　)つぶしたご飯のつぶがとけて液体になるようにするため。
(2) ③でヨウ素液を加えて色が変化しないのは、あ、いのどちらですか。　(あ)
(3) ヨウ素液を加えて色が変化しないほうには、デンプンが残っていますか、残っていませんか。
(残っていない。)
(4) この実験から、だ液によって、デンプンがどうなったことがわかりますか。正しいほうの(　)に○をつけましょう。
ア(　)変化しなかった。
イ(○)別のものに変わった。

19ページ　てびき

❶ (2)、(3)ご飯には、イネが発芽するための養分としてデンプンがたくわえられています。デンプンをふくむものにヨウ素液をかけると、青むらさき色になります。

❷ (1)ふくろを少し熱め(約40℃)の湯につけることで、ふくろの中が体温と同じくらい(約36℃)になります。この実験は、口の中で起こっていることを再現していて、体温と同じくらいの温度にすると、だ液がよくはたらきます。
(2)～(4)だ液を入れたあは、デンプンが別のものに変わっているため、ヨウ素デンプン反応は見られません。水を入れたいは、デンプンがそのまま残っているため、ヨウ素デンプン反応が見られます。

おうちのかたへ
唾液によってデンプンが変化すること、唾液のような液を消化液ということは学習しますが、デンプンが何に分解されるかは扱いません。消化や吸収の詳しいしくみについては、中学校理科で学習します。

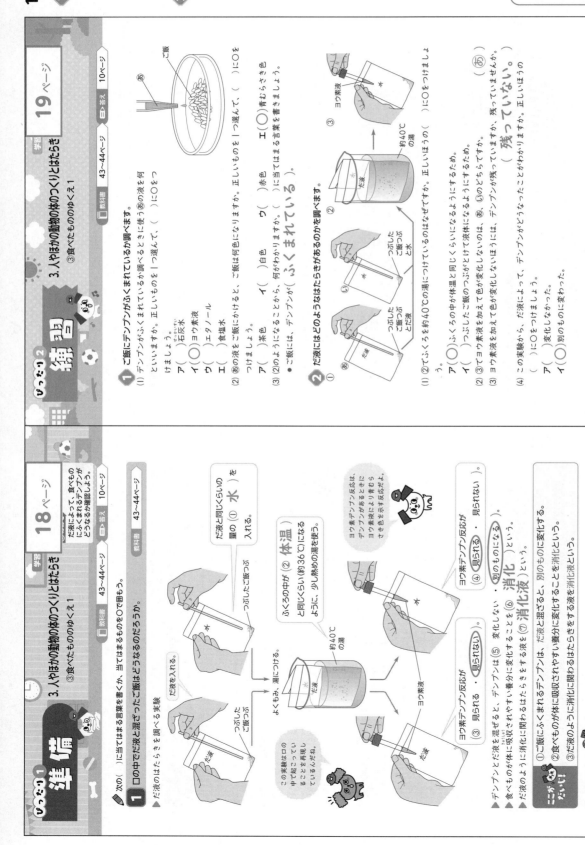

食べたものの通り道や、養分が吸収された後にどうなるかを確認しよう。

教科書 44〜48ページ　答え 11ページ

次の(　)に当てはまる言葉を書こう。

1 食べものは、体の中でどのように消化、吸収《きゅうしゅう》されるのだろうか。 教科書 44〜46ページ

▶食べものの通り道は、口➡食道➡(① 胃)➡小腸《しょうちょう》➡(② 大腸)➡こう門　となっていて、この通り道を(③ 消化管)という。

▶消化された養分は、水分とともに(④ 小腸)の血管から血液中に吸収される。

▶吸収されなかったものは、大腸《だいちょう》に運ばれ、(⑤ 便)として体の外に出される。

肺《はい》でとり入れられる酸素と同じで、養分も血液に吸収されるんだね。

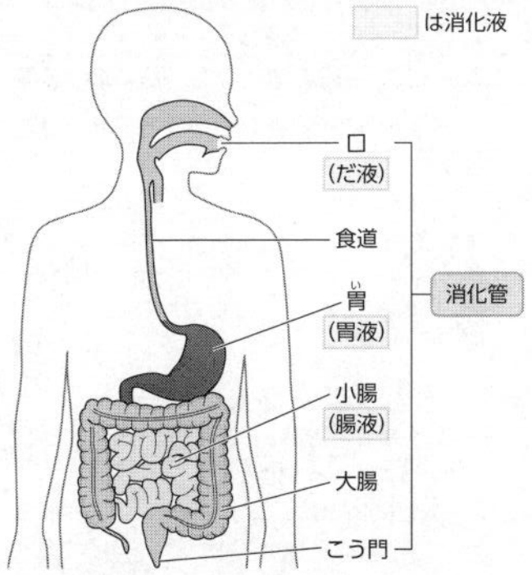
は消化液
口
(だ液)
食道
胃《い》
(胃液)
小腸
(腸液)
大腸
こう門
消化管

2 養分は、血液に吸収された後、どこへ運ばれるのだろうか。 教科書 46〜48ページ

▶血液中に吸収された養分は、(① 血液)によって全身へ運ばれ、一部は(② かん臓)にたくわえられ、必要なときに使われる。

▶体の中で不要になったものは、血液によって運ばれ、(③ じん臓)で血液中からこし出されて、余分な水分といっしょになって(④ 尿)となり、ぼうこうにためられた後、体の外に出される。

じん臓は、血液の中から不要なものをとりのぞいているんだね。

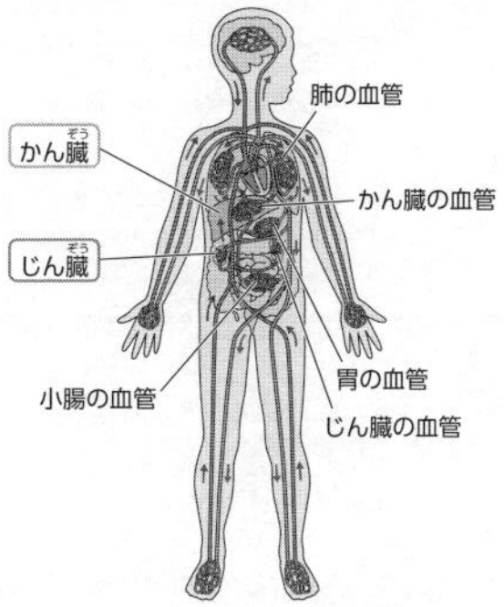
かん臓《ぞう》
じん臓《ぞう》
肺の血管
かん臓の血管
小腸の血管
胃の血管
じん臓の血管

ここがだいじ!
①食べものは消化管の中を運ばれながら消化されて吸収されやすい養分になり、水分とともに主に小腸で吸収される。
②小腸で吸収された養分は血液によって全身に運ばれ、一部はかん臓にたくわえられる。

ぴたトリビア じん臓は、体に必要なブドウ糖《とう》という養分は尿《にょう》として体の外に出ないようにしています。しかし、じん臓に異常《いじょう》があるとブドウ糖が尿にふくまれるようになり、これを糖尿病《とうにょうびょう》といいます。

教科書 44〜48ページ　答え 11ページ

1 食べものが、体の中でどのように消化され、吸収《きゅうしゅう》されるのかを調べました。

(1) あ〜えの部分の名前を、それぞれ［　］から選んで書きましょう。

［ 大腸《だいちょう》　小腸《しょうちょう》　胃《い》　食道 ］

あ(食道)　い(胃)
う(大腸)　え(小腸)

(2) 食べものが体の中を移動する順になるように、(　)にあ〜えの記号を入れましょう。

口➡(あ)➡(い)➡(え)➡(う)➡こう門

(3) 口から始まってこう門に終わる、食べものの通り道を何といいますか。　(消化管)

(4) 口、い、えで出される消化液を何といいますか。それぞれ［　］から選んで書きましょう。

［ 胃液《いえき》　腸液《ちょうえき》　だ液　あせ ］

口(だ液)　い(胃液)　え(腸液)

(5) 消化された養分を吸収する部分を、あ〜えから選んで、記号で答えましょう。　(え)

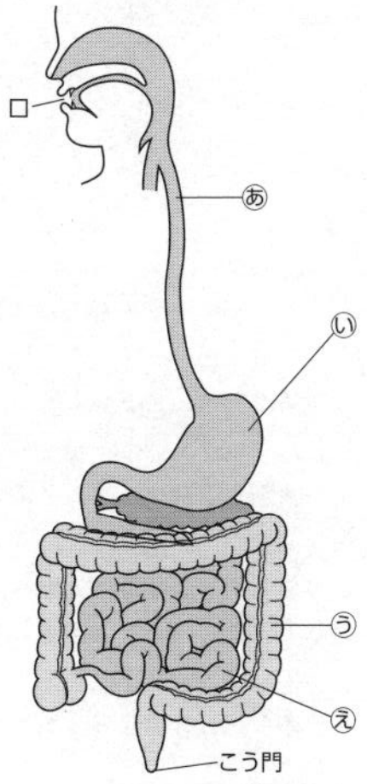
口
あ
い
う
え
こう門

2 右の図は、全身の血管のようすとかん臓《ぞう》、じん臓《ぞう》の位置を表しています。

(1) 血管の中を流れていて、全身に養分や酸素などを運ぶものを何といいますか。　(血液)

(2) かん臓とじん臓には、どのようなはたらきがありますか。それぞれア〜エから選んで答えましょう。

かん臓(ア)　じん臓(エ)

ア　体の中に吸収された養分の一部をたくわえて、必要なときに使えるようにする。
イ　体の中に酸素をとり入れる。
ウ　デンプンを体に吸収されやすい養分に変える。
エ　血液中から不要になったものをこし出して、尿《にょう》として体の外に出す。

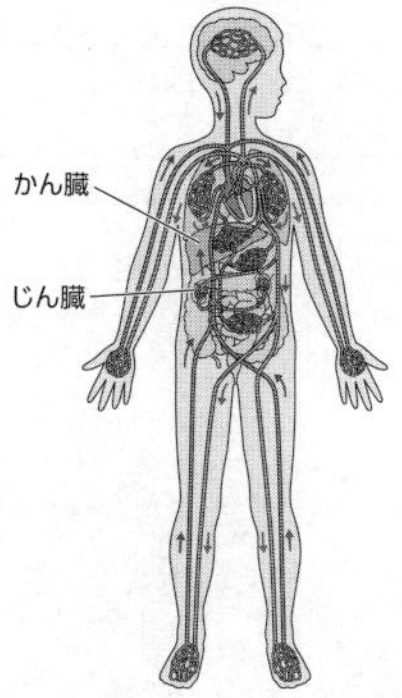
かん臓
じん臓

21ページ　てびき

1 (1)、(2)口からとり入れられた食べものは、食道(あ)を通って胃《い》(い)に運ばれてから、小腸《しょうちょう》(え)に運ばれます。小腸では水分とともに養分が吸収《きゅうしゅう》されます。小腸で吸収されなかったものは大腸《だいちょう》(う)へ運ばれ、便としてこう門から体の外に出されます。

(4)消化に関わるはたらきをする液を消化液といい、だ液、胃液《いえき》、腸液《ちょうえき》などがあります。

(5)小腸では、消化された食べものの養分を水分とともに血液中に吸収します。

2 (2)かん臓《ぞう》は、小腸で吸収された養分の一部をたくわえ、必要なときに全身に送り出します。

じん臓《ぞう》は、血液の中から不要なものをとりのぞいています。とりのぞかれた不要なものは、余分な水分といっしょになって尿《にょう》となり、体の外に排出《はいしゅつ》されます。

おうちのかたへ
消化や吸収を扱っていますが、タンパク質や脂肪の消化、小腸の柔毛での吸収など、消化や吸収の詳しいしくみについては、中学校理科で学習します。

ぴったり1 **準備**

学習 22ページ

3. 人やほかの動物の体のつくりとはたらき

④臓器の関わり

体の中のいろいろな部分どうしの関わり合いについて確認しよう。

教科書 49~53ページ　答え 12ページ

次の(　)に当てはまる言葉を書こう。

1 それぞれの臓器《ぞうき》は、どのように関わり合っているだろうか。 教科書 49ページ

▶呼吸《こきゅう》に関わる肺《はい》や、消化・吸収《きゅうしゅう》に関わる胃《い》や小腸《しょうちょう》などのことを(① 臓器)という。それぞれの(①)が関わり合ってはたらくことで、命が保たれている。

●呼吸に関わる臓器

(② 肺)

酸素を血液中にとり入れ、二酸化炭素を体の外に出す。

●血液のじゅんかんに関わる臓器

(③ 心臓)

血液を全身にじゅんかんさせ、酸素や二酸化炭素、養分や体に不要なものを運ぶ。

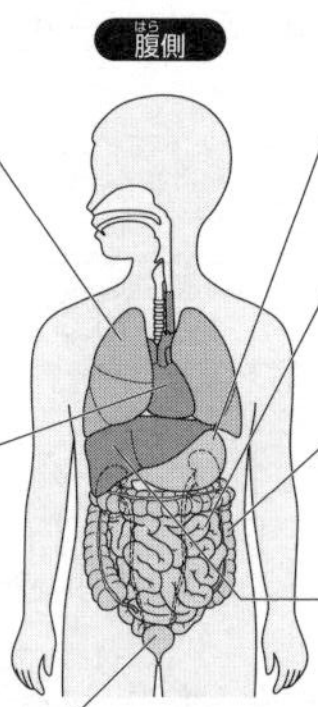

●消化・吸収に関わる臓器

(④ 胃)

食べたものを胃液《いえき》と混ぜて消化し、体に吸収されやすい養分に変える。

(⑤ 小腸)

消化された食べものの養分を、水分といっしょに血液中に吸収する。

(⑥ 大腸)

小腸で吸収されなかったものから、さらに水分などを吸収する。

(⑦ かん臓)

養分をたくわえ、必要なときにはその養分を全身に送る。

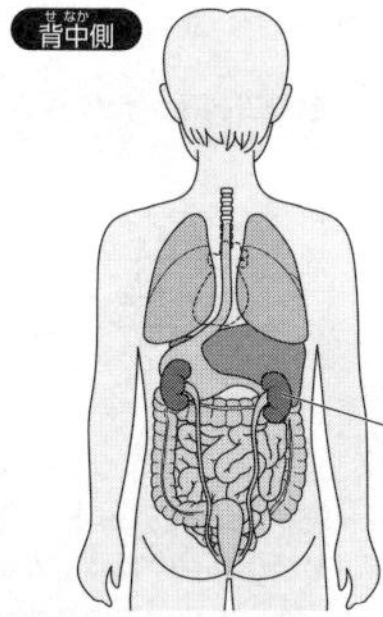

●排出《はいしゅつ》に関わる臓器

(⑧ ぼうこう)

じん臓《ぞう》でできた尿《にょう》をためてから、体の外に出す。

(⑨ じん臓)

体の中で不要になったものや余分な水分を血液中からこし出して、尿をつくる。

人以外の動物でも、体のすみずみまで血液が流れていて、消化に関わる臓器をはじめ、さまざまな臓器がたがいに関わり合っているよ。

ここがだいじ！
①呼吸に関わる肺や、消化・吸収に関わる胃や小腸などのことを臓器という。
②体の中では、それぞれの臓器が関わり合ってはたらくことで命が保たれている。

ぴたトリビア　昔の日本では、人の内臓《ないぞう》には体調や心の状態を変化させる虫がすみついているという考えがありました。「虫の知らせ」などの慣用句はその考え方の名残《なごり》という説があります。

ぴったり2 **練習**

学習 23ページ

3. 人やほかの動物の体のつくりとはたらき

④臓器の関わり

教科書 49~53ページ　答え 12ページ

1 人の体の中の臓器《ぞうき》を調べました。

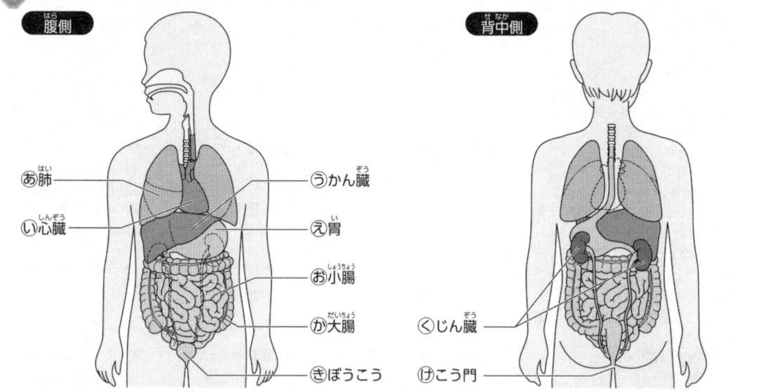

(1) 血液を全身にじゅんかんさせている臓器はどれですか。図のあ～けから1つ選んで、記号で答えましょう。　(い)

(2) 酸素を血液中にとり入れて、二酸化炭素を体の外に出している臓器はどれですか。図のあ～けから1つ選んで、記号で答えましょう。　(あ)

(3) 食べものを胃液《いえき》と混ぜて消化し、体に吸収《きゅうしゅう》されやすい養分に変えるはたらきをしている臓器はどれですか。あ～けから1つ選んで、記号で答えましょう。　(え)

(4) 消化された食べものの養分を、水分といっしょに血液中に吸収するはたらきをしている臓器はどれですか。図のあ～けから1つ選んで、記号で答えましょう。　(お)

(5) 血液の中にとり入れられた養分の一部をたくわえたり、たくわえた養分を必要に応じて全身に送るはたらきをしている臓器はどれですか。図のあ～けから1つ選んで、記号で答えましょう。　(う)

(6) 食べものが消化されて養分が吸収された残りのものから、さらに水分などを吸収する臓器はどれですか。図のあ～けから1つ選んで、記号で答えましょう。　(か)

(7) 体の中で不要になったものや余分な水分を血液中からこし出して、尿《にょう》をつくっている臓器はどれですか。図のあ～けから1つ選んで、記号で答えましょう。　(く)

(8) 尿を一度ためてから、体の外に出している臓器はどれですか。図のあ～けから1つ選んで、記号で答えましょう。　(き)

23ページ　てびき

1 (1)ポンプのようにはたらいて、血液を全身に送り出してじゅんかんさせている臓《ぞう》器《き》は心臓《しんぞう》です。

(2)体に必要な酸素を空気中からとり入れて、不要な二酸化炭素を血液中から体の外に出す呼吸《こきゅう》に関わる臓器は肺《はい》です。

(3)消化液である胃液《いえき》を出して食べものを消化する臓器は胃《い》です。

(4)消化管で消化された食べものの養分を、水分といっしょに血液中に吸収《きゅうしゅう》する臓器は小腸《しょうちょう》です。

(5)小腸で吸収された養分の一部をたくわえたり、必要なときに全身に送ったりする臓器はかん臓《ぞう》です。

(6)小腸で吸収されなかったものから、さらに水分などを吸収する臓器は大腸《だいちょう》です。

(7)、(8)血液の中から不要なものをとりのぞいて、尿《にょう》をつくっている臓器はじん臓《ぞう》です。血液からとりのぞかれた不要なものは、余分な水分といっしょになって尿《にょう》となり、ぼうこうにためられてから、体の外に排出《はいしゅつ》されます。

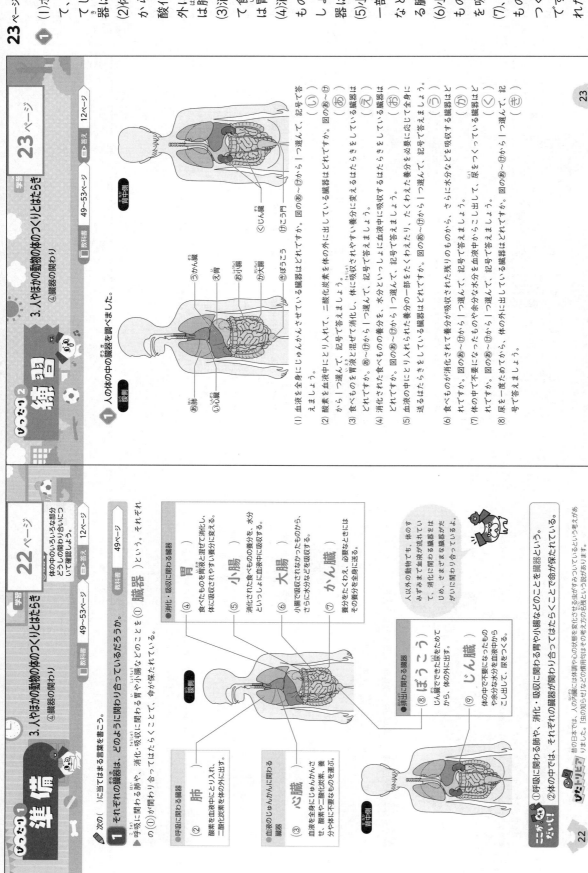

ぴったり3 確かめのテスト。

3. 人やほかの動物の体のつくりとはたらき

24ページ

/100 合格70点

教科書 32〜55ページ　答え 13ページ

よく出る

1 だ液のはたらきについて調べました。

1つ5点(15点)

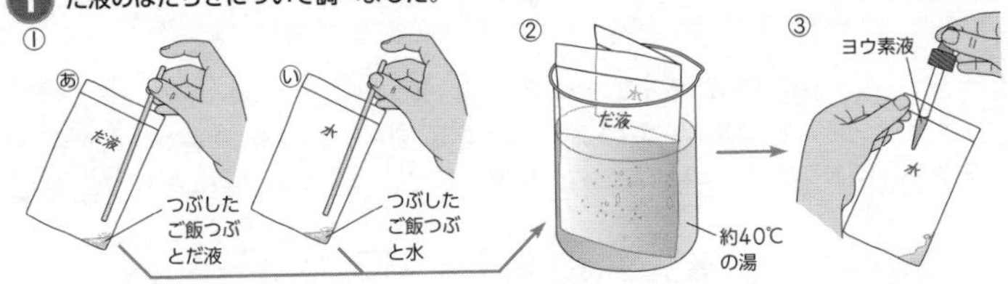

①
あ
い
だ液
水
つぶしたご飯つぶとだ液
つぶしたご飯つぶと水
②
約40℃の湯
③
ヨウ素液

(1) 記述 ②でふくろを約40℃の湯につけているのは、ふくろの中の温度をどうするためですか。説明しましょう。 技能

（ふくろの中の温度を体温と同じくらいにするため。）

(2) この実験で、ヨウ素液を加えて色が変化するのは、あ、いのどちらですか。

（い）

(3) この実験から、だ液にはどのようなはたらきがあることがわかりますか。（　）に当てはまる言葉を書きましょう。

デンプンを（別のもの）に変えるはたらき

2 人の食べものの通り道を調べました。

1つ5点、(2)と(4)はそれぞれ全部できて5点(35点)

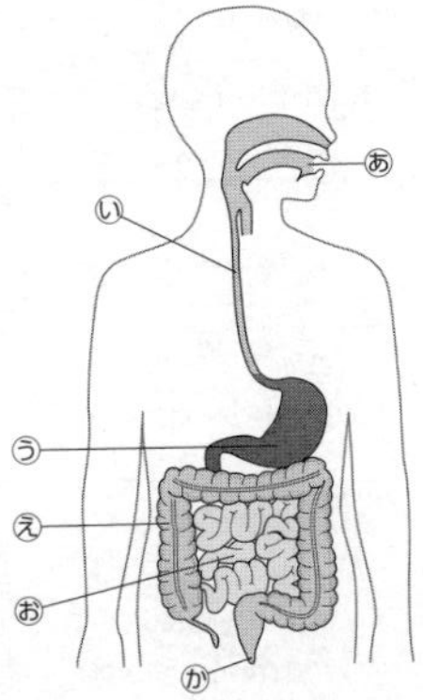

あ
い
う
え
お
か

(1) う〜おの部分の名前を、それぞれ書きましょう。

う（胃）
え（大腸）
お（小腸）

(2) 食べものが通る順にあ〜かをならべましょう。

（あ）→（い）→（う）→（お）→（え）→（か）

(3) (2)の食べものの通り道のことを何といいますか。

（消化管）

(4) 消化液を出す部分はどこですか。あ〜かからすべて選んで、記号で答えましょう。

（あ、う、お）

(5) 消化された養分を血液中に吸収《きゅうしゅう》する部分はどこですか。あ〜かから1つ選んで、記号で答えましょう。

（お）

25ページ

学習

よく出る

3 吸《す》う空気とはいた空気の酸素と二酸化炭素の体積の割合《わりあい》を気体検知管で調べました。

1つ4点(20点)

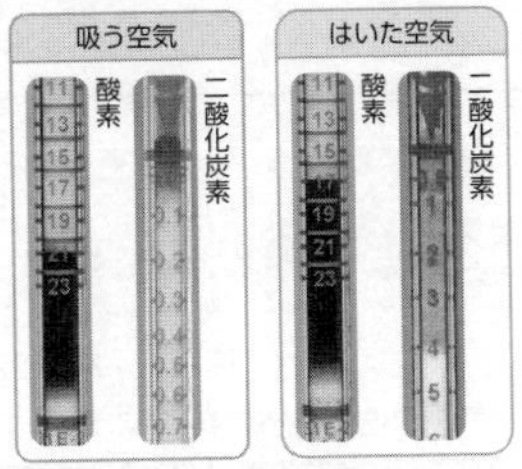

吸う空気
はいた空気
酸素
二酸化炭素

(1) はいた空気の酸素の体積の割合は約何%ですか。整数で答えましょう。 技能 （17%）

(2) 酸素と二酸化炭素の変化について、正しいものを1つ選んで、（　）に○をつけましょう。

ア（　）酸素も二酸化炭素も増える。
イ（　）酸素は増え、二酸化炭素は減る。
ウ（○）酸素は減り、二酸化炭素は増える。
エ（　）酸素も二酸化炭素も減る。

(3) はいた空気の入ったふくろに石灰水《せっかいすい》を入れてよくふると、石灰水はどうなりますか。

（白くにごる。）

(4) この実験からわかることをまとめます。（　）に当てはまる言葉を書きましょう。

● 呼吸《こきゅう》では、空気中から（① 酸素）がとり入れられ、（② 二酸化炭素）が出される。

4 体の中の血液のじゅんかんについて調べました。

1つ5点(30点)

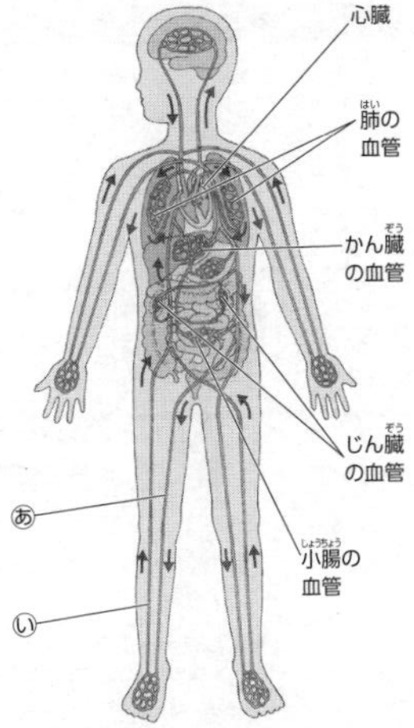

心臓
肺《はい》の血管
かん臓《ぞう》の血管
じん臓《ぞう》の血管
小腸《しょうちょう》の血管
あ
い

(1) 記述 心臓《しんぞう》には、どのようなはたらきがあるかを説明しましょう。 思考・表現

（全身に血液を送り出すはたらき。）

(2) 50m走をしたとき、1分間のはく動《どう》の回数は、走る前と比べてどうなりますか。正しいものを1つ選んで、（　）に○をつけましょう。 思考・表現

ア（　）減る。
イ（　）変化しない。
ウ（○）増える。

(3) 次の①、②のはたらきをしている臓器《ぞうき》の名前を、それぞれ書きましょう。

① 体の中で不要になったものを血液中からこし出す。

（じん臓）

② 体の中に吸収した養分の一部をたくわえる。

（かん臓）

(4) あ、いの血液について説明した次の文の（　）に当てはまる言葉を書きましょう。

● あよりいの血液のほうが、ふくまれている酸素の量が（① 少ない）。また、あよりいの血液のほうが、ふくまれている二酸化炭素の量が（② 多い）。

ふりかえり

1がわからないときは、18ページの1にもどって確認《かくにん》しましょう。
3がわからないときは、14ページの1にもどって確認しましょう。

24〜25ページ　てびき

1 (2)、(3)あはだ液によってデンプンが別のものになっているため、ヨウ素デンプン反応が見られません。いはデンプンがそのまま残っていて、ヨウ素デンプン反応が見られます。

2 あは口、いは食道、うは胃《い》、えは大腸《だいちょう》、おは小腸《しょうちょう》、かはこう門です。

(2)食べものは食道を通って胃、小腸、大腸の順に運ばれて消化されます。小腸と大腸で吸収《きゅうしゅう》されなかったものは便となり、こう門から体の外に出されます。

(4)口でだ液、胃で胃液《いえき》、小腸で腸液《ちょうえき》が出されます。

3 (2)、(4)酸素は約21%から約17%に減っていて、体にとり入れられたことがわかります。また、二酸化炭素は約0.04%から約4%に増えているので、体から出されたことがわかります。

4 (4)酸素は肺《はい》で血液中にとり入れられ、体の各部分にわたされるので、あで多く、いで少なくなっています。また、二酸化炭素は体の各部分で血液中に出され、肺で血液中から体の外に出ていくので、あで少なく、いで多くなっています。

ぴったり1 **準備** 3分でまとめ

学習 **26ページ**

4. 植物の体のつくりとはたらき②

成長と水との関わり1

植物が根からとり入れた水のゆくえを確認しよう。

教科書 56~64ページ　答え 14ページ

次の(　)に当てはまる言葉を書くか、当てはまるものを○で囲もう。

1 根でとり入れた水は、どこを通って体全体にいきわたるのだろうか。 教科書 56~61ページ

▶ほり上げたホウセンカを青い色をつけた水にひたすと、(① 水)の通り道が青く染《そ》まる。

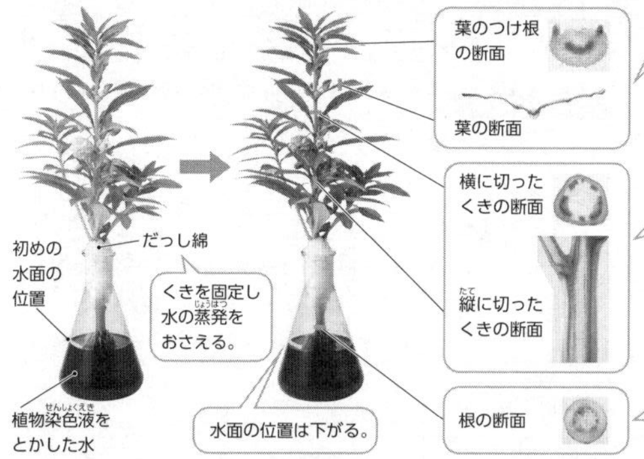

葉には水の通り道が(② (ある) ・ ない)。

くきには水の通り道が(③ (ある) ・ ない)。

根には水の通り道が(④ (ある) ・ ない)。

▶根でとり入れた水は水の通り道を通り、植物の体の(⑤ 一部分 ・ (すみずみ))に運ばれる。

2 葉までいきわたった水は、どうなるのだろうか。 教科書 62~64ページ

水《すい》てきが(① 少しだけ ・ (たくさん))ついた。

水てきが(② (少しだけ) ・ たくさん)ついた。

▶根でとり入れた水は、主に(③ (葉) ・ くき)から(④ 水蒸気)として出ていく。

▶水が、植物の体から水蒸気《すいじょうき》となって出ていくことを(⑤ 蒸散)という。

ここが だいじ!
①根でとり入れた水は、根、くき、葉などの水の通り道を通り、体全体にいきわたる。
②葉までいきわたった水は、主に葉から水蒸気となって出ていく。
③水が、植物の体から水蒸気となって出ていくことを、蒸散《じょうさん》という。

ぴたトリビア 動物では、体に吸収《きゅうしゅう》された水は尿《にょう》や汗《あせ》として体の外に出る以外に、息をはき出すときに水蒸気として体の外に出たり、皮ふから蒸発したりもしています。

ぴったり2 **練習**

学習 **27ページ**

4. 植物の体のつくりとはたらき②

成長と水との関わり1

教科書 56~64ページ　答え 14ページ

1 ホウセンカを根ごとほり上げて、植物染色液《せんしょくえき》で青い色をつけた水にひたすと、青色に染《そ》まりました。

(1) 葉やくきの断面のようすは、どうなりますか。それぞれ正しいほうの(　)に○をつけましょう。

①葉の断面

ア(　)　イ(○)

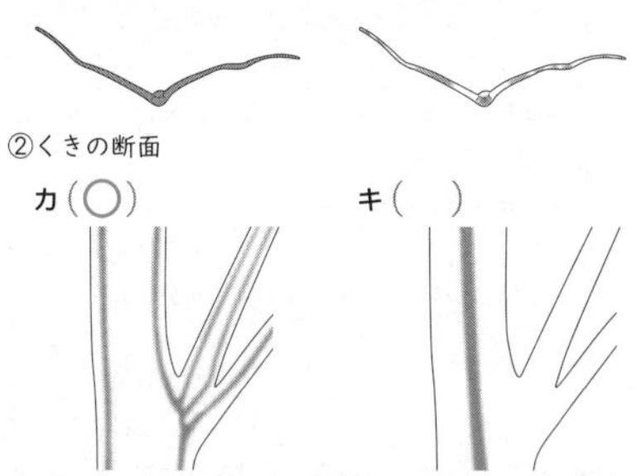

②くきの断面

カ(○)　キ(　)

(2) 青色に染まった部分は何が通ったところですか。　(水(色をつけた水))

(3) 水の通り道がある部分をすべて選んで、(　)に○をつけましょう。

ア(○)根　イ(○)くき　ウ(○)葉

2 植物の葉から水が出ていくようすを調べます。

(1) 時間がたつと、あ、いのふくろの内側はどうなりますか。それぞれア~ウから選んで答えましょう。

あ(ア)　い(イ)

ア 水《すい》てきがたくさんつく。
イ 水てきが少しつく。
ウ 水てきがまったくつかない。

(2) この実験から、水は主に植物のどこから水蒸気《すいじょうき》となって出ていくことがわかりますか。正しいものを1つ選んで、(　)に○をつけましょう。

ア(　)根　イ(　)くき　ウ(○)葉

(3) 植物の体の中の水が水蒸気となって出ていくことを何といいますか。　(蒸散)

おうちのかたへ　4. 植物の体のつくりとはたらき②

植物の体のつくりと水の行方について学習します。ここでは、根から取り入れた水が茎を通って葉から出ていくことを理解しているかがポイントです。

27ページ てびき

1 水の通り道は植物の根、くき、葉のすべてにあり、花などにもあります。くきの枝分かれしたところでも、それぞれのくきに水の通り道があります。

2 (1)、(3)植物の体の中の水が水蒸気《すいじょうき》となって出ていくことを蒸散《じょうさん》といいます。蒸散のはたらきは主に植物の葉で行われますが、くきでもわずかながら行われています。

(2)葉やくきから液体の水は出ていないので、葉からはたくさんの水蒸気が出ていて、くきからは少しだけ水蒸気が出ていることがわかります。

おうちのかたへ
植物は根から水を取り入れ、根・茎・葉にある水の通り道を通って体全体に水がいきわたることを扱っていますが、養分を運ぶ通り道や、茎の詳しいつくり(道管、師管、維管束など)については、中学校理科で学習します。

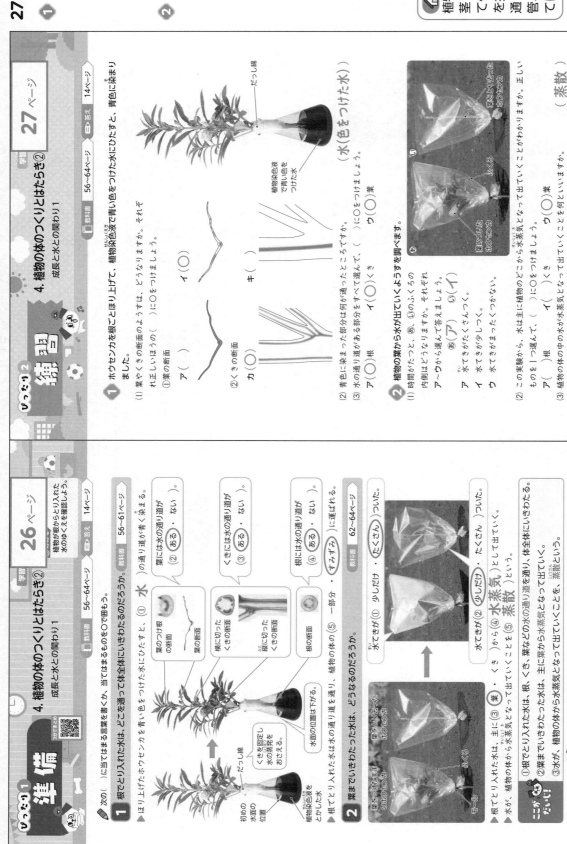

ぴったり1 準備

4. 植物の体のつくりとはたらき②
成長と水との関わり２

28ページ 植物の体の中の水は、葉のどこから出ていくのか確認しよう。

教科書 64〜67ページ　答え 15ページ

次の（　）に当てはまる言葉を書くか、当てはまるものを○で囲もう。

1 けんび鏡《きょう》の使い方をまとめよう。　教科書 221ページ

▶けんび鏡で観察するときの手順

けんび鏡は、直射《ちょくしゃ》日光の当たらない明るいところに置いて使うよ。

❶対物レンズをいちばん（① 高い ・ (低い)）倍率にする。

❷接眼レンズをのぞきながら、（② 反射鏡）の向きを変えて、明るく見えるようにする。

❸ステージの上にプレパラートを置いて、見たい部分が穴《あな》の中央にくるようにする。

❹横から見ながら、調節ねじを少しずつ回し、対物レンズとプレパラートの間をできるだけ（③ 広く ・ (せまく)）する。

❺接眼レンズをのぞきながら調節ねじを回し、対物レンズとプレパラートの間を少しずつ（④ (広く) ・ せまく）して、ピントを合わせる。

2 水は、葉のどこから水蒸気《すいじょうき》となって出ていくのだろうか。　教科書 64〜66ページ

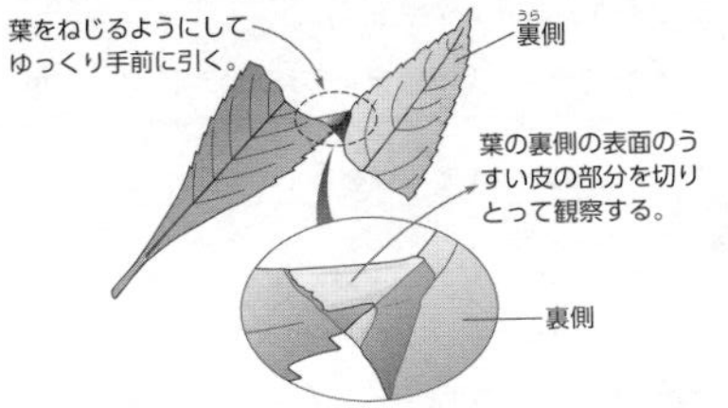

葉をねじるようにしてゆっくり手前に引く。
裏《うら》側
葉の裏側の表面のうすい皮の部分を切りとって観察する。
裏側

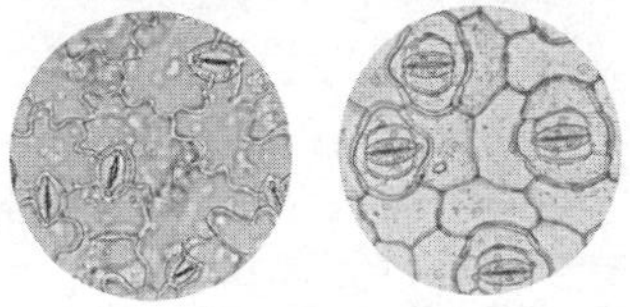
ホウセンカの葉の裏　ツユクサの葉の裏

▶葉の表面には、小さな穴がたくさんあり、この穴を（① 気孔）という。

▶（② 蒸散）が行われるとき、水蒸気は気孔《きこう》から出ていく。

ここがだいじ！ ①葉の表面にはたくさんの小さな穴があり、この穴を気孔という。
②蒸散《じょうさん》が行われるとき、水蒸気は気孔から出ていく。

ぴたトリビア 多くの植物では、気孔を昼に開いて夜に閉じ、昼にさかんに蒸散を行います。しかし、さばくの植物は体のつくりが特別で、気孔を昼に閉じて夜に開き、夜にさかんに蒸散を行います。

ぴったり2 練習

4. 植物の体のつくりとはたらき②
成長と水との関わり２

29ページ

教科書 64〜67ページ　答え 15ページ

1 けんび鏡《きょう》の使い方をまとめます。

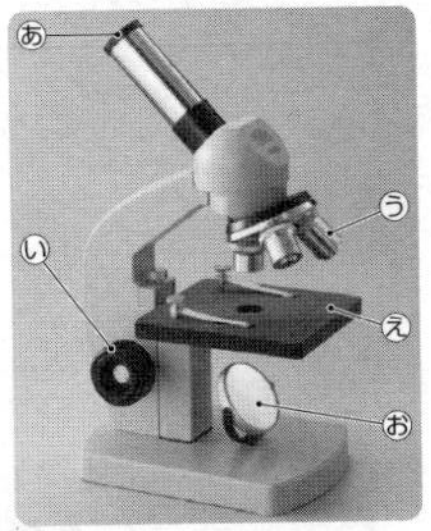

あ
い
う
え
お

(1) けんび鏡はどのようなところに置いて使いますか。正しいものを１つ選んで、（　）に○をつけましょう。

ア（　）直射《ちょくしゃ》日光が当たらない、暗いところ
イ（○）直射日光が当たらない、明るいところ
ウ（　）直射日光が当たる、明るいところ

(2) あ、う、おの部分の名前を、それぞれ何といいますか。

あ（接眼レンズ）
う（対物レンズ）
お（反射鏡）

(3) 次の①、②のときにそうさするのは、あ〜おのどこですか。それぞれ記号で答えましょう。

① けんび鏡をのぞいて明るく見えるようにするとき（お）
② けんび鏡のピントを合わせるとき（い）

(4) けんび鏡のピントの合わせ方について、正しいものを１つ選んで、（　）に○をつけましょう。

ア（　）横から見ながら、対物レンズとプレパラートの間を広くする。
イ（○）接眼レンズをのぞきながら、対物レンズとプレパラートの間を広くする。
ウ（　）接眼レンズをのぞきながら、対物レンズとプレパラートの間をせまくする。

2 けんび鏡を使って、葉の表面がどうなっているか調べました。

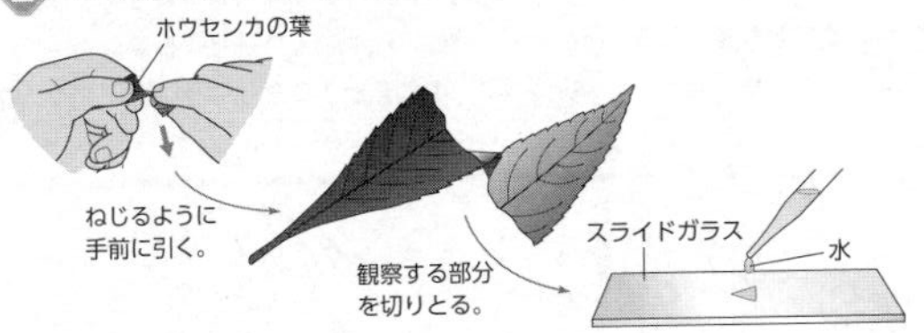

ホウセンカの葉
ねじるように手前に引く。
観察する部分を切りとる。
スライドガラス
水

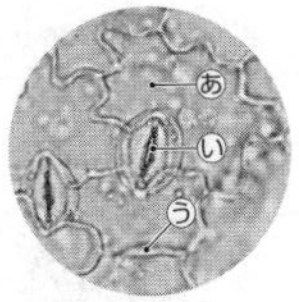

あ
い
う

(1) 葉の表面を観察するために使うとよい部分を選んで、（　）に○をつけましょう。

ア（○）うすい皮の部分
イ（　）緑色の厚くなっている部分

(2) 植物の体の中から水が出ていくときには、主にあ〜うのどの部分から出ていきますか。（い）

(3) (2)の部分を何といいますか。（気孔）

(4) (3)から水が出ていくときには、水は何になっていますか。「気体」でも○（水蒸気）

29ページ　てびき

❶ (2)、(3)あは接眼レンズ、いは調節ねじ、うは対物レンズ、えはステージ、おは反《はん》射鏡《しゃきょう》です。

(4)けんび鏡《きょう》は、次のような手順で使います。

❶対物レンズをいちばん低い倍率にする。
❷接眼レンズをのぞきながら反射鏡の向きを変え、明るく見えるようにする。
❸プレパラートをステージの上に置いて、見たい部分が穴《あな》の中央にくるようにする。
❹横から見ながら調節ねじを少しずつ回して、対物レンズとプレパラートの間をできるだけせまくする。
❺接眼レンズをのぞきながら調節ねじを回して、対物レンズとプレパラートの間を少しずつ広げていき、ピントを合わせる。

❷ (2)、(3)葉の表面をけんび鏡で観察すると見られる、口のような形をした小さな穴を、気孔《きこう》といいます。蒸散《じょうさん》は、主に気孔を通して行われます。

(4)植物の体の中の水は、水《すい》蒸気《じょうき》となって気孔から外へ出ていきます。

ぴったり3

確かめのテスト。

4. 植物の体のつくりとはたら

30ページ

/100 合格70点

教科書 56〜69ページ　答え 16ページ

1 けんび鏡《きょう》を使って、ホウセンカの葉の表面を観察します。 1つ5点、(1)と(4)は全部できて5点(50点)

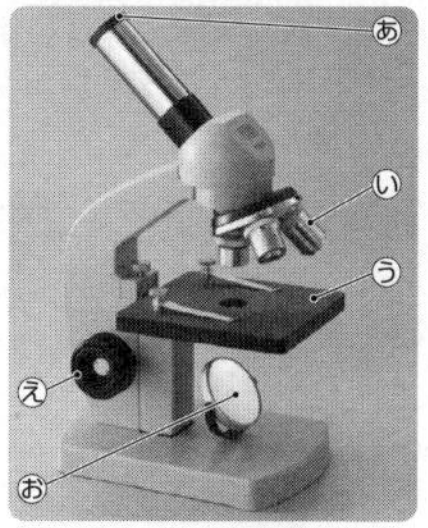

(1) 次の文は、けんび鏡をどのようなところに置いて観察するかを説明したものです。(　)に当てはまる言葉を書きましょう。 技能

●けんび鏡は、(① 直射日光)が当たらない、(② 明るい)場所に置いて観察する。

(2) あ〜おの部分の名前を、それぞれ何といいますか。

あ(接眼レンズ)
い(対物レンズ)
う(ステージ)
え(調節ねじ)
お(反射鏡)

(3) けんび鏡のピントを合わせるときに動かすのは、あ〜おのどこですか。記号で答えましょう。 技能 (え)

(4) けんび鏡で観察するときのそうさの順に、か〜けをならべましょう。 技能

(き) → (け) → (か) → (く)

か 横から見ながら調節ねじを少しずつ回して、対物レンズとプレパラートの間をできるだけせまくする。

き 対物レンズをいちばん低い倍率にし、接眼レンズをのぞきながら反射鏡《はんしゃきょう》を動かして明るく見えるようにする。

く 接眼レンズをのぞきながら調節ねじを回して、対物レンズとプレパラートの間を少しずつ広げ、ピントを合わせる。

け プレパラートをステージの上に置き、見ようとするところが穴《あな》の中央にくるようにする。

(5) ホウセンカの葉の表面をけんび鏡で観察すると、右のさのように口のような形をしたものが見られました。これを何といいますか。 (気孔)

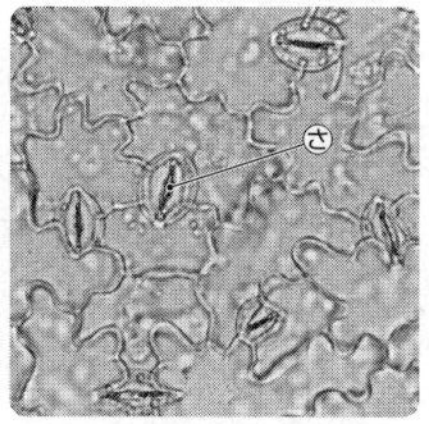

(6) さについての説明として、正しいものを1つ選んで、(　)に○をつけましょう。

ア(　)植物が空気中の小さな生物を食べるための口である。
イ(　)植物が尿《にょう》を出すための穴である。
ウ(　)植物が便を出すための穴である。
エ(○)水が水蒸気《すいじょうき》となって出ていくための穴である。

30

学習日

31ページ

2 ホウセンカを根ごと青い色をつけた水にひたすと、青色に染《そ》まりました。 1つ6点(30点)

(1) 時間がたつにつれて、水面の位置はどうなりますか。

(下がる。)

(2) あ〜うの断面のようすについて、正しいほうをそれぞれ選んで、(　)に○をつけましょう。

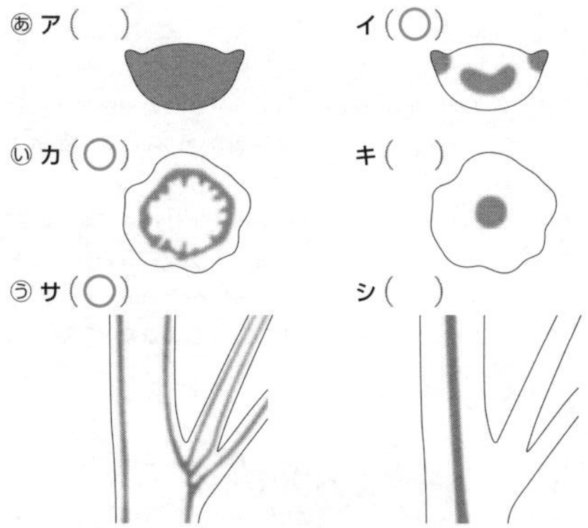

(3) この実験からわかることをまとめた次の文の(　)に、当てはまる言葉を書きましょう。

●植物が根から吸《す》い上げた(水)は、根、くき、葉などにある決まった通り道を通って、植物全体にいきわたる。

よく出る

3 葉をとり去ったホウセンカと葉をそのままにしたホウセンカにふくろをかぶせます。 1つ5点(20点)

葉をとり去ったホウセンカ

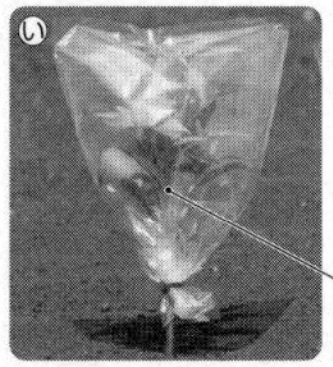

葉をそのままにしたホウセンカ

(1) 時間がたつと、ふくろの内側にたくさん水《すい》てきがつくのはあ、いのどちらですか。 (い)

(2) (1)のようになるのは、植物から何という気体が出ているからですか。 (水蒸気)

(3) 水が、植物から(2)となって出ていくことを、何といいますか。 (蒸散)

(4) 記述 いの葉を半分くらいとり去ってから、かわいたふくろをかぶせておくと、ふくろの内側につく水てきの量は、あやいのときと比べてどうなると考えられますか。 思考・表現

(あより多く、いより少なくなる。)

ふりかえり 2がわからないときは、26ページの1にもどって確認《かくにん》しましょう。
3がわからないときは、26ページの2にもどって確認しましょう。

31

30〜31ページ　てびき

1 (1)けんび鏡《きょう》を直射《ちょくしゃ》日光が当たるところで使うと目をいためることがあるので、直射日光が当たるところに置いて使ってはいけません。

(3)けんび鏡のピントを合わせるときには、調節ねじを動かして、対物レンズとステージに置いたプレパラートの距離《きょり》を変えます。

2 (1)時間がたつにつれて、水が根から吸《す》われて減っていくので、水面の位置は下がっていきます。

(2)あは葉のつけ根の断面、いは横に切ったくきの断面、うは縦《たて》に切ったくきの断面です。

(3)水が通ったところが、青く染《そ》まっています。

3 (1)、(2)気体である水蒸気《すいじょうき》は直接見ることはできませんが、この実験のようにふくろをかぶせると、一部が水《すい》てきとなってふくろの内側につき、確かめることができます。

(4)葉の数を約半分にしているので、蒸散《じょうさん》の量もそれだけ減ると考えられます。しかし、葉は残っているので、葉をとり去ったあよりは蒸散の量が多くなると考えられます。

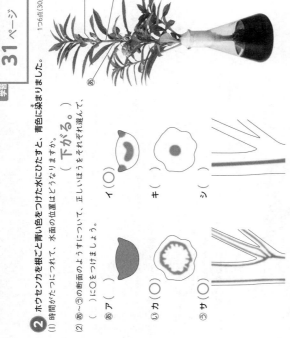

5. 生物と地球環境

①食べものを通した生物どうしの関わり

3分でまとめ

食べものを通した生物どうしの関わりを確認しよう。

教科書 70～79ページ　答え 17ページ

次の(　)に当てはまる言葉を書くか、当てはまるものを○で囲もう。

1 池にすむメダカは、何を食べているのだろうか。

教科書 70～73ページ

▶池の水の中には、ミジンコやミカヅキモなどの(① 大きな ・ (小さな))生物がいる。

▶池にすむメダカなどは、水の中のミジンコやミカヅキモなどを(② (食べる) ・ 食べない)。

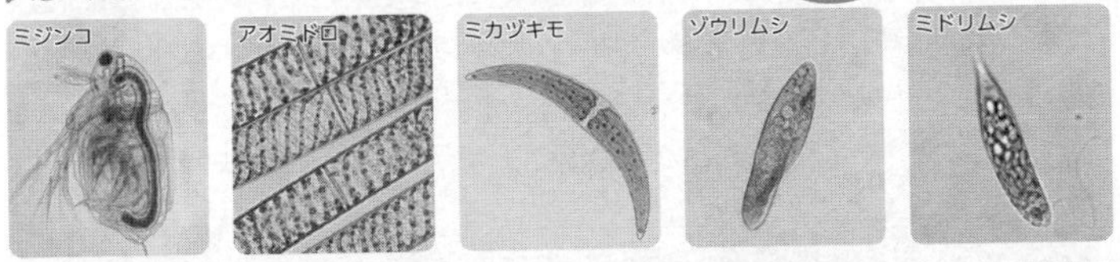

2 生物は、食べものを通してどう関わり合っているのだろうか。

教科書 74～78ページ

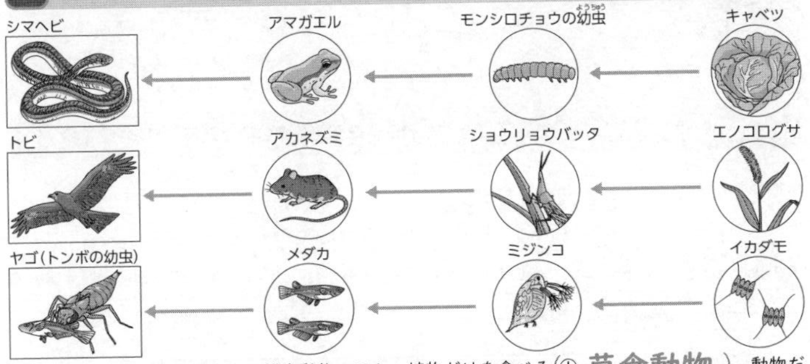

▶動物は、植物と動物を食べる雑食動物のほか、植物だけを食べる(① 草食動物)、動物だけを食べる(② 肉食動物)に分けられる。

▶草食動物やそれを食べる肉食動物などがいて、生物は(③ 食べる・食べられる)という関係でつながっている。(③)という関係で１本の線のようになっている生物の間のつながりを、(④ 食物連鎖)という。

▶動物の食べもののもとをたどると、(⑤ 日光)が当たると養分ができる(⑥ 植物)にたどり着く。

「(太陽の)光」でも○

ここがだいじ!

①池の水の中の小さな生物は、メダカなどの食べものになっている。

②生物は「食べる・食べられる」という関係でつながり、これを食物連鎖《しょくもつれんさ》という。

③食物連鎖のもとをたどると、日光が当たると養分ができる植物にたどり着く。

ぴたトリビア 多くの動物は、いろいろな植物や動物を食べます。このため、１種類の生物が多くの食物連鎖に関係し、食物連鎖は複雑にからみ合っています。

5. 生物と地球環境

①食べものを通した生物どうしの関わり

教科書 70～79ページ　答え 17ページ

1 水の中の小さな生物とメダカとの関係を調べました。

(1) 水の中の小さな生物は、メダカにとっては何になっていますか。

(食べもの)

(2) ①ミジンコ、②ゾウリムシ、③アオミドロを、それぞれア～エから選んで、記号で答えましょう。

①(イ)　②(エ)　③(ア)

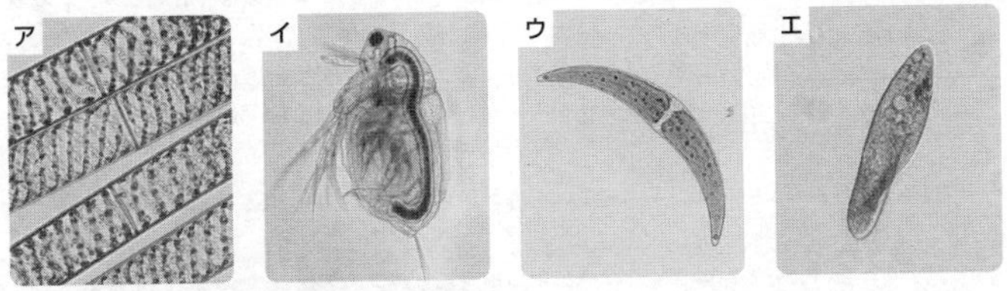

2 動物が何を食べているかを調べ、矢印でつなぎました。

(1) いは植物だけを食べる動物です。このように、植物だけを食べる動物を何といいますか。

(草食動物)

(2) あ、いに当てはまる動物の名前を、□から選んで書きましょう。

あ(シマヘビ)

い(モンシロチョウの幼虫)

モンシロチョウの幼虫《ようちゅう》　ミドリムシ　メダカ　シマヘビ

(3) 次の文の(　)に当てはまる言葉を書きましょう。

● 食べものを通した生物どうしの関わりを調べると、生物どうしが、(① 食べる・食べられる)という関係でつながっていることがわかる。(①)という関係で１本の線のようになっている生物の間のつながりを(② 食物連鎖)という。

おうちのかたへ　5. 生物と地球環境

生物どうしの食べ物を通したつながり、空気や水を通したつながりについて学習します。ここでは、生物どうしが「食べる・食べられる」の関係でつながっていること、酸素や二酸化炭素、水は生物の体を出たり入ったりしていることを理解しているか、などがポイントです。

33ページ てびき

1 (1)池や川などにすむメダカなどの魚は、水の中にいる小さな生物を食べているので、えさをやらなくても生きていくことができます。

(2)**ア**はアオミドロ、**イ**はミジンコ、**ウ**はミカヅキモ、**エ**はゾウリムシです。

2 (1)植物だけを食べる動物を草食動物、動物だけを食べる動物を肉食動物、植物と動物の両方を食べる動物を雑食動物といいます。人は雑食動物であるといえます。

(2)モンシロチョウの幼虫《ようちゅう》はキャベツなどの葉を食べ、アマガエルなどに食べられます。また、アマガエルはモンシロチョウの幼虫などを食べ、シマヘビなどに食べられます。

おうちのかたへ

顕微鏡の使い方は、5年の「5. 植物の実や種子のでき方」での花粉の観察や、6年の「4. 植物の体のつくりとはたらき②」での気孔の観察を通して学習しています。また、モンシロチョウの幼虫がキャベツやアブラナの葉を食べることは、3年の「3. こん虫の育ち方」で学習しています。

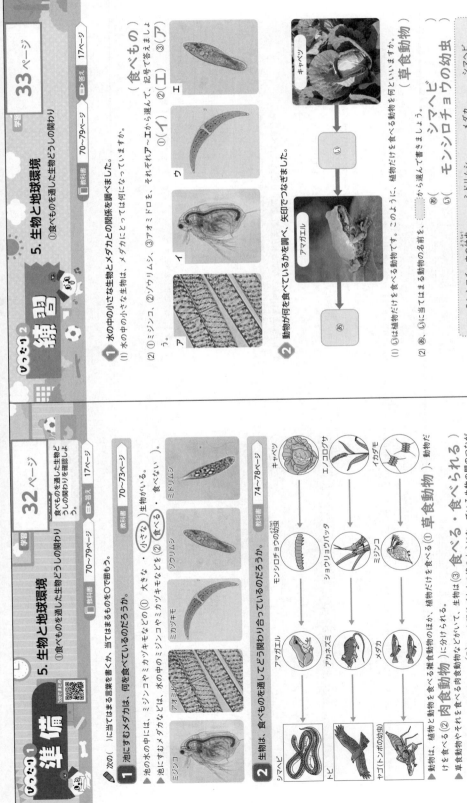

5. 生物と地球環境

②空気を通した生物どうしの関わり
③水を通した生物どうしの関わり

空気や水を通した生物どうしの関わりを確認しよう。

教科書 80〜89ページ 答え 18ページ

次の(　)に当てはまる言葉を書くか、当てはまるものを○で囲もう。

1 植物は、どのように空気と関わっているだろうか。

教科書 80〜83ページ

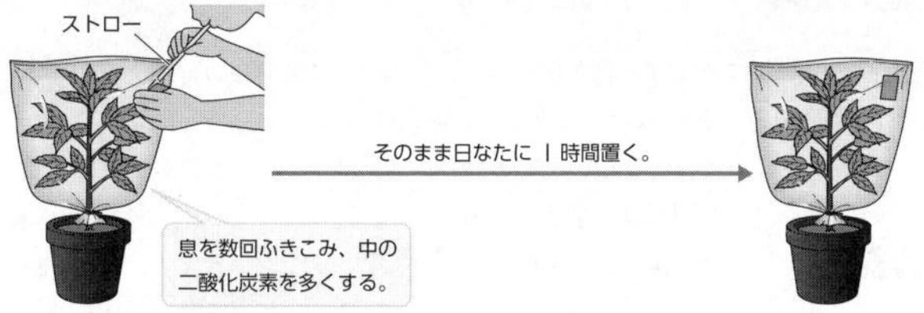
ストロー
そのまま日なたに１時間置く。
息を数回ふきこみ、中の二酸化炭素を多くする。

時刻《じこく》	酸素	二酸化炭素
11時(実験開始)	17%くらい	4%くらい
12時	19%くらい	2%くらい

酸素は(① 減る ・ (増える))。　二酸化炭素は(② (減る) ・ 増える)。

- 植物も動物と同じように呼吸《こきゅう》をし、(③ 酸素)をとり入れて(④ 二酸化炭素)を出す。
- 植物に日光が当たると、(⑤ 二酸化炭素)をとり入れ、(⑥ 酸素)を出す。
- 生物は呼吸をして、(⑦ 植物)がつくり出した酸素をとり入れて生きている。

2 地球上の水は、生物とどのように関わっているだろうか。

教科書 84〜89ページ

- 生物が体にとり入れたり、生活に使った水は、排出《はいしゅつ》された後、(① (水蒸気) ・ 氷)になって空気中にふくまれ、やがて(② 水蒸気 ・ (雨や雪))となって地上にもどってくる。このように、水は地球上を(③ じゅんかん)している。
- 生物は、水がないところで生きていくことが(④ できる ・ (できない))。

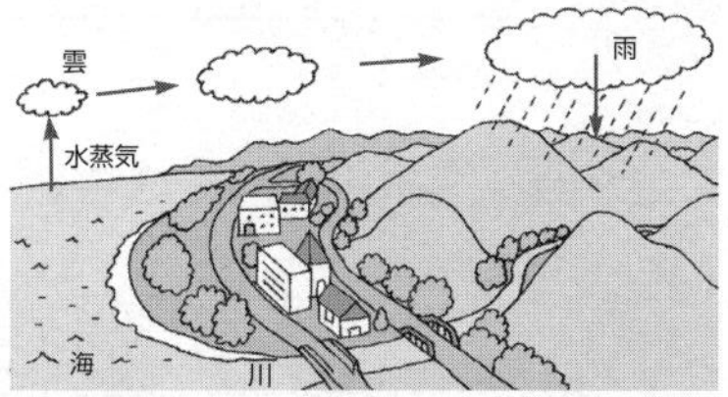
雲
雨
水蒸気
海
川

ここがだいじ!
①植物に日光が当たると、二酸化炭素をとり入れ、酸素を出す。
②植物も動物と同じように呼吸をしていて、酸素をとり入れて二酸化炭素を出す。
③生物が生きていくためには、水が必要である。

ぴたトリビア　生物の体にはとても多くの水がふくまれていて、人など動物では体重の約60%が水です。また、植物ではさらに水が多く、例えばハクサイは全体の重さの約95%が水です。

5. 生物と地球環境

②空気を通した生物どうしの関わり
③水を通した生物どうしの関わり

教科書 80〜89ページ 答え 18ページ

1 植物から出入りする気体を調べます。

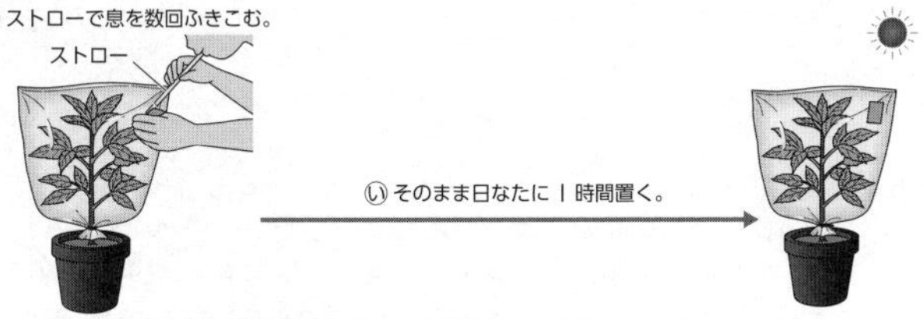
あ ストローで息を数回ふきこむ。
ストロー
い そのまま日なたに１時間置く。

時刻《じこく》	酸素	二酸化炭素
11時(実験開始)	17%くらい	4%くらい
12時	19%くらい	2%くらい

(1) あでふくろの中に息を数回ふきこむことで、ふくろの中の何が多くなりますか。正しいものを１つ選んで、(　)に○をつけましょう。
ア(　)ちっ素　イ(　)酸素　ウ(○)二酸化炭素

(2) いのときに増えていた気体は何ですか。　(酸素)

(3) いのときに減っていた気体は何ですか。　(二酸化炭素)

(4) この実験の結果からわかることをまとめた次の文の(　)に、当てはまる言葉を書きましょう。
●植物は、(① 日光)が当たると、(② 二酸化炭素)をとり入れて、(③ 酸素)を出す。
「(太陽)の光」でも○

(5) 植物は、動物と同じように呼吸《こきゅう》をしていますか、していませんか。
((呼吸)している。)

2 地球上をじゅんかんする水と生物との関わりについて調べました。

(1) 水は、海や川などの水面や地面などから空気中に出ていくとき、何になっていますか。
「気体」でも○(水蒸気)

(2) 空気中にふくまれて上空に運ばれた水は、何になってまた地上にもどってきますか。正しいものをすべて選んで、(　)に○をつけましょう。
ア(　)風　イ(○)雨　ウ(○)雪　エ(　)かみなり

(3) 動物は、水をとり入れずに生きていくことができますか、できませんか。
(できない。)

(4) 植物は、水をとり入れずに生きていくことができますか、できませんか。
(できない。)

35ページ てびき

❶ (1)呼吸《こきゅう》では、酸素は体にとり入れられ、二酸化炭素は体の外に出されます。これを利用して、ふくろの中に息を数回ふきこみ、ふくろの中の二酸化炭素を多くしておきます。
(4)日光が当たっているときにも植物は呼吸をしていますが、それ以上の量の二酸化炭素をとり入れ、酸素を出しているため、二酸化炭素は少なくなり、酸素は多くなります。

❷ (1)、(2)地球上の水は、海や川などの水面や地面から蒸《じょう》発《はつ》して水蒸気《すいじょうき》として空気中にふくまれ、雨や雪となって地上にもどってきます。このように、水は地球上をじゅんかんしています。
(3)、(4)動物も植物も、生きていくためには水が必要で、水がなければ生きていくことはできません。

おうちのかたへ
植物が二酸化炭素を取り入れて酸素を出すことは学習しますが、水と二酸化炭素を原料として酸素やデンプンができることは扱いません。植物の光合成については中学校理科で学習します。

ぴったり3 確かめのテスト。

5. 生物と地球環境

/100 合格70点

教科書 70〜91ページ　答え 19ページ

よく出る

1 動物が何を食べているかを調べ、食べられる生物から食べる生物へ➡をつけます。

1つ10点、(3)は全部できて10点(40点)

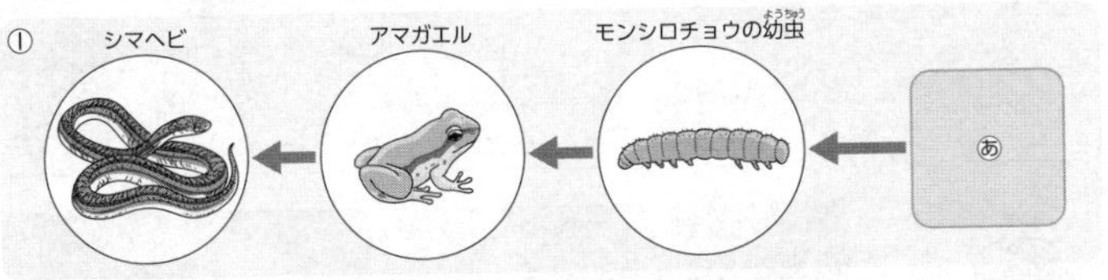

①
シマヘビ
アマガエル
モンシロチョウの幼虫《ようちゅう》
あ

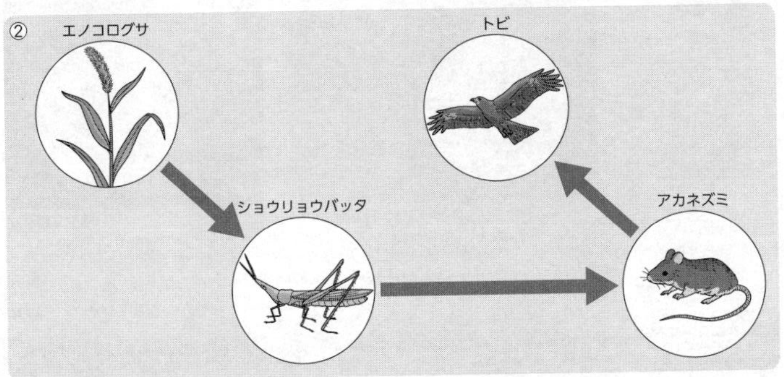

②
エノコログサ
トビ
ショウリョウバッタ
アカネズミ

(1) ①のシマヘビは動物だけを食べます。このような動物を何といいますか。
（肉食動物）

(2) ①のあに当てはまる生物を1つ選んで、（　）に○をつけましょう。
ア（　）ミジンコ　　イ（　）ミカヅキモ
ウ（　）アメリカザリガニ　　エ（○）キャベツ

(3) 作図 ②の生物について、食べられるものから食べるものに➡をつけましょう。

(4) 次の文の（　）に当てはまる言葉を書きましょう。
● アマガエルがモンシロチョウの幼虫を食べ、そのアマガエルをシマヘビが食べる、というように、生物どうしは「食べる・食べられる」という関係でつながっている。「食べる・食べられる」という関係で1本の線のようになっている生物の間のつながりを、（食物連鎖）という。

2 生物と水の関わりについて調べました。　1つ3点(15点)

(1) 植物の体全体にいきわたった水は、主に葉の気孔《きこう》から水蒸気《すいじょうき》として出ていきます。このように、植物の体から、水が水蒸気となって出ていくことを何といいますか。（蒸散）

(2) 人は、水がないところで生きていくことができますか、できませんか。
（できない。）

(3) 次の文の（　）に、あてはまる言葉を書きましょう。
● 生物が体にとり入れたり、生活に使った水は、排出《はいしゅつ》された後、（①水蒸気）になって空気中にふくまれ、やがて（②雨）や雪となって地上にもどってくる。このように、水は地球上を（③じゅんかん）している。

この本の終わりにある「夏のチャレンジテスト」をやってみよう！

3 植物から出入りする気体を調べます。　1つ5点(35点)

ストローで息を数回ふきこむ。
ストロー
あ そのまま日なたに1時間置く。
い 箱でおおいをして、1時間置く。

時刻《じこく》	あ 酸素	あ 二酸化炭素	い 酸素	い 二酸化炭素
11時(実験開始)	17%くらい	4%くらい	17%くらい	4%くらい
12時	(①)%くらい	(②)%くらい	16%くらい	5%くらい

(1) 結果の表の①、②に当てはまる数字を、それぞれア〜オから選んで、記号で答えましょう。
①（オ）　②（イ）

ア 0.03　　イ 2　　ウ 4　　エ 17　　オ 19

(2) 次の文の（　）に当てはまる言葉を書きましょう。
● 植物も動物と同じように、（①酸素）をとり入れ、（②二酸化炭素）を出す。しかし、植物は動物とちがって、（③日光）が当たると、（④二酸化炭素）をとり入れ、（⑤酸素）を出す。　「(太陽の)光」でも○

できたらスゴイ！

4 池にすむメダカと水《すい》そうで飼っているメダカについて考えます。　思考・表現　1つ5点(10点)

(1) えさをあたえなくてもメダカがよく育つほうの（　）に○をつけましょう。
ア（○）池にすむメダカ　　イ（　）水そうで飼っているメダカ

(2) 記述 (1)のメダカが、えさをあたえなくてもよく育つ理由を説明しましょう。
（池の水の中にいる小さな生物を食べているから。）

ふりかえり
❶がわからないときは、32ページの❷にもどって確認《かくにん》しましょう。
❹がわからないときは、32ページの❶にもどって確認しましょう。

36〜37ページ　てびき

❶ (2)モンシロチョウの幼虫《ようちゅう》は、キャベツやアブラナの葉を食べます。ミジンコやミカヅキモは池や川の水の中の小さな生物です。アメリカザリガニは水の中にすむ雑食動物です。
(3)ショウリョウバッタという こん虫は草食動物であり、エノコログサなどの植物を食べます。そして、アカネズミなどに食べられ、アカネズミはさらにトビ(鳥)などに食べられます。

❷ (1)植物の体の中の水が、水《すい》蒸気《じょうき》となって外に出ていくことを蒸散《じょうさん》といい、水蒸気が出ていく穴《あな》を気孔《きこう》といいます。蒸散が起こっていることは、植物にふくろをかぶせて口を閉《と》じると確かめることができます。

❸ (1)あは植物に日光が当たっているので、二酸化炭素が減り、酸素が増えます。
(2)植物も動物と同じように呼吸《こきゅう》をしているので、酸素をとり入れ、二酸化炭素を出します。

❹ 池の水の中には、ミジンコやゾウリムシなど、小さな生物がたくさんいて、メダカなどの魚にとっては食べものになっています。

ぴったり1 準備

6. 月と太陽
月の形とその変化１

学習 38ページ

月の見え方が変わるようすや特ちょうを確認しよう。

教科書 94～97ページ　答え 20ページ

次の(　)に当てはまる言葉を書くか、当てはまるものを○で囲もう。

1 月と太陽の位置は、どうなっているだろうか。
教科書 94～96ページ

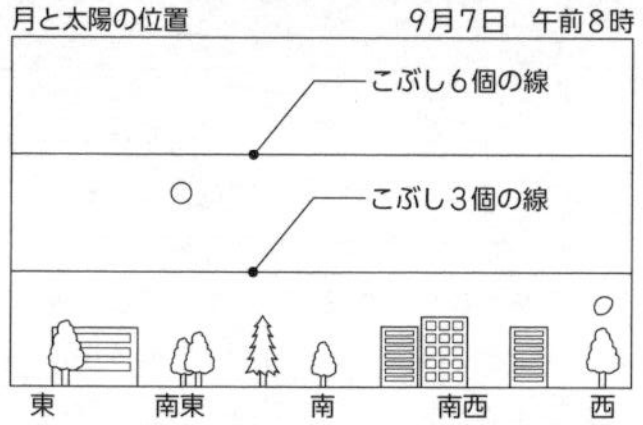

月と太陽の位置
9月7日　午前8時
こぶし6個の線
こぶし3個の線
東
南東
南
南西
西

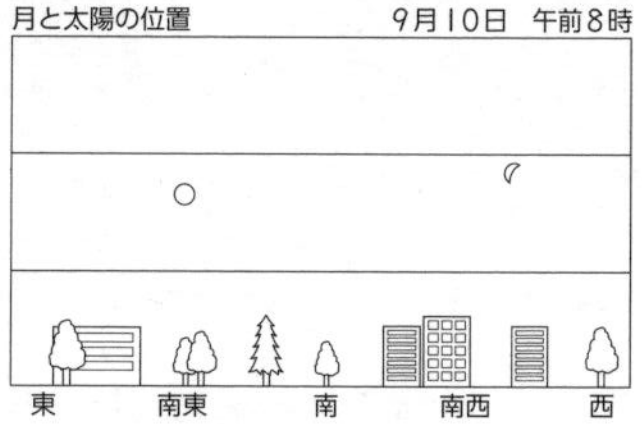

月と太陽の位置
9月10日　午前8時
東
南東
南
南西
西

▶太陽はいつも、月のかがやいて(① いる ・ いない)側にある。
▶同じ時刻《じこく》の太陽の位置は、日によってほぼ変わらない。これに対して、同じ時刻の月の位置は、日によって(② 変わる ・ 変わらない)。
▶月の形は、日によって(③ 変わる ・ 変わらない)ように見える。

2 月にはどのような特ちょうがあるのだろうか。
教科書 97ページ

▶月は、自ら光を出して(① いる ・ いない)。
▶月は、(② 太陽の光)をはね返してかがやいている。　「日光」でも○
▶月の表面には、(③ クレーター)と呼《よ》ばれる丸いくぼみが見られる。

双眼鏡《そうがんきょう》で観察した月のようす

月の表面を拡大《かくだい》したようす

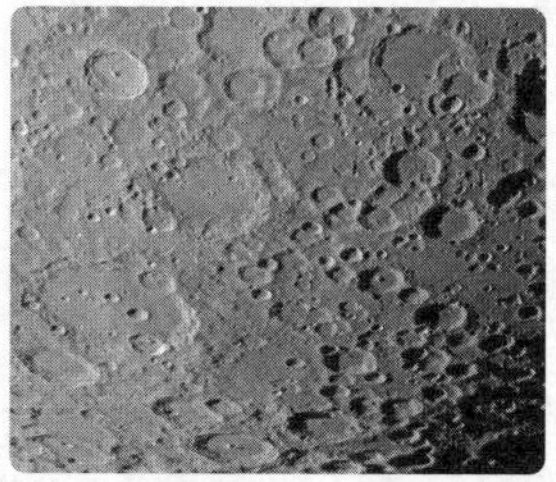

クレーターをよく見ると、太陽の光が当たっている明るい部分と、かげになっている暗い部分があるね。

ここがだいじ！
①月のかがやいている側に太陽がある。
②日によって、同じ時刻の月の位置は変わり、形も変わって見える。
③月は太陽の光をはね返してかがやいている。

ぴたトリビア　月の暗く見える部分は「海」、明るく見える部分は「陸」と呼ばれています。ただし、月には空気も液体の水もないので、月の海には水も波もありません。

ぴったり2 練習

6. 月と太陽
月の形とその変化１

学習 39ページ

教科書 94～97ページ　答え 20ページ

1 ある日の午前９時に月を観察し、月の位置と形を調べて記録しました。

(1) 観察をしたとき、太陽は、月に対してどこに見えましたか。正しいほうの(　)に○をつけましょう。
ア(　)月のかがやいていない側
イ(○)月のかがやいている側

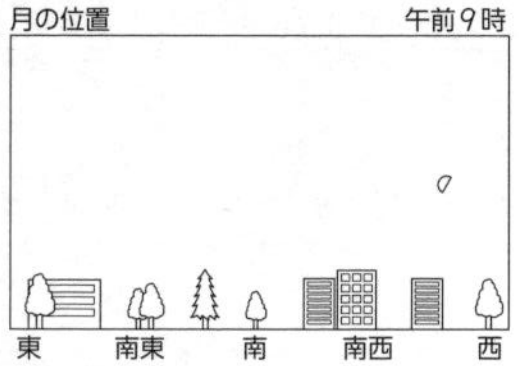

月の位置
午前９時
東
南東
南
南西
西

(2) ３日後の午前９時に月の位置と形を調べると、どうなりますか。正しいものを１つ選んで、(　)に○をつけましょう。

ア(　)

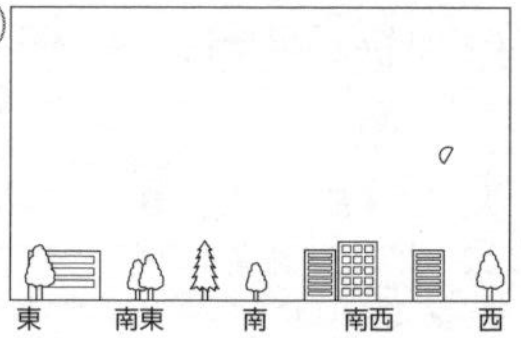

イ(　)

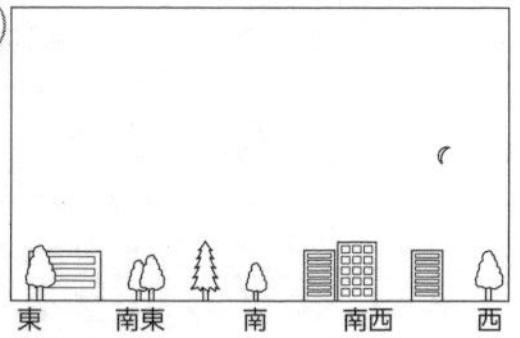

ウ(　)

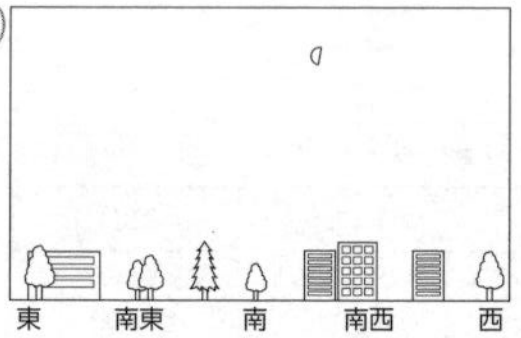

エ(○)

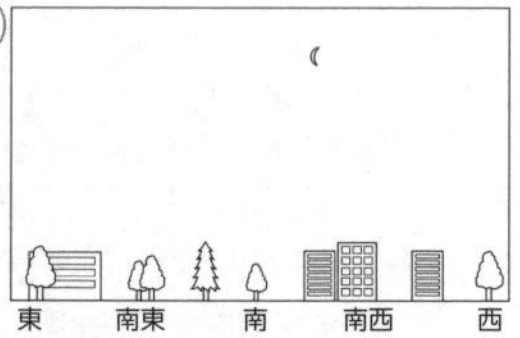

2 月の表面のようすを、望遠鏡を使って調べました。

(1) 月の表面には、右のような丸いくぼみがたくさん見られました。このようなくぼみを何といいますか。
(クレーター)

(2) 月はどのようにしてかがやいていますか。正しいものを１つ選んで、(　)に○をつけましょう。
ア(　)自ら光を出している。
イ(　)自らは光を出さず、星座《せいざ》の星の光をはね返してかがやいている。
ウ(○)自らは光を出さず、太陽の光をはね返してかがやいている。

39ページ　てびき

1 (1)月は、太陽の光をはね返してかがやいているので、いつも太陽の側が明るく見えます。
(2)３日後の同じ時刻《じこく》に太陽と月を観察すると、太陽の位置や形はほとんど変わりませんが、月の位置や形は大きく変わって見えます。

2 (1)月の表面は岩石や砂《すな》からできていて、クレーターと呼《よ》ばれる大きなくぼみがたくさん見られます。

おうちのかたへ　6. 月と太陽
月の形の見え方について学習します。月と太陽の位置関係によって月の形の見え方がどうなるかを理解しているかがポイントです。なお、時間がたつと、太陽が東から南の空の高いところを通り、西へと動くことは、3年で学習しています。

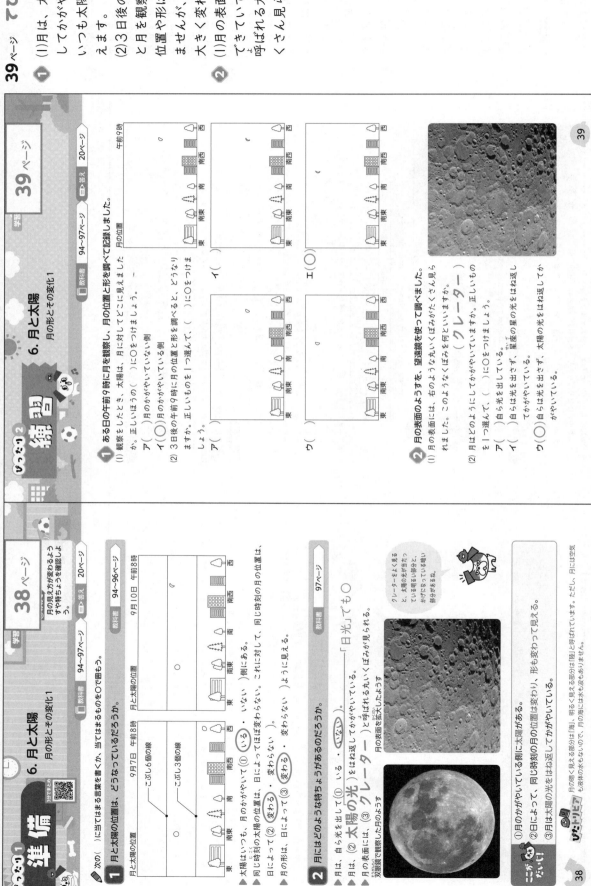

ぴったり1 **準備**

6. 月と太陽

月の形とその変化2

学習 40ページ

月の見え方の変化の理由と、月の形による名前を確認しよう。

教科書 98~101ページ　答え 21ページ

次の(　)に当てはまる言葉を書くか、当てはまるものを○で囲もう。

1 日によって月の形の見え方が変わるのは、なぜだろうか。

教科書 98~101ページ

ボールを(① 月)に見立てている。

電灯を(② 太陽)に見立てている。

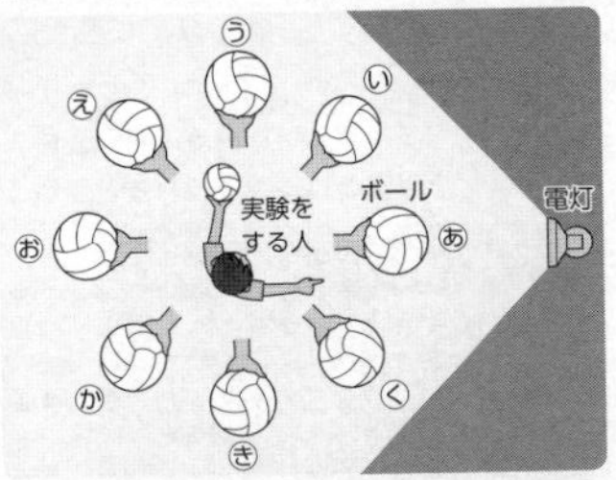

実験をする人から見たボールのようす

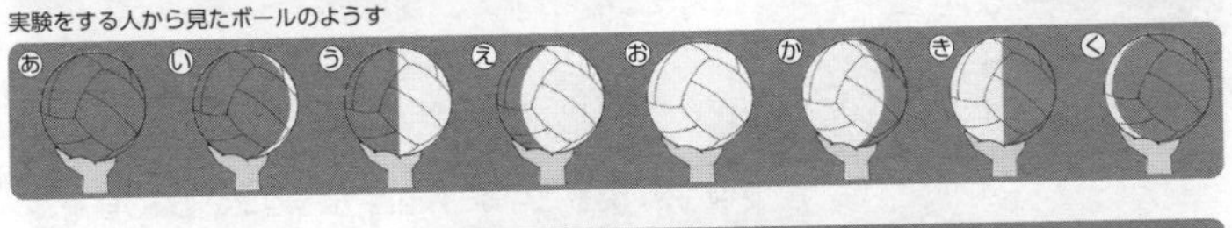

▶日によって月の形が変わって見えるのは、月と太陽の(③ 位置関係)が変わるからである。

▶月が太陽と同じ方向にあって、月が見えないとき、これを(④ 新月)という。

▶月は、(⑤ 新月)→三日月→半月→(⑥ 満月)→半月→(⑤) というように、形が変わって見える。

▶月の形の変化は、約(⑦ 7日 ・ (30日))でくり返されている。

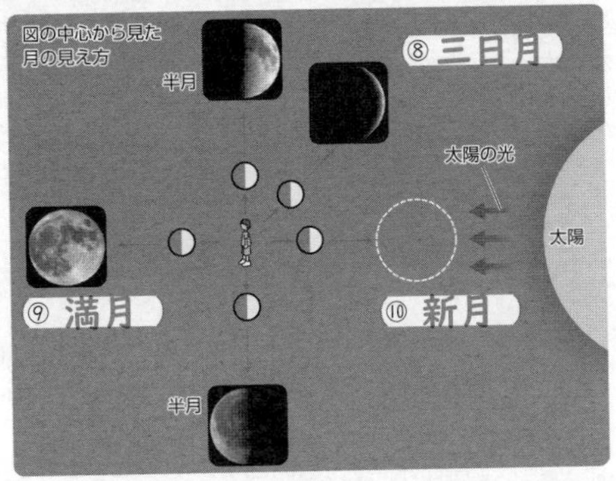

ここがだいじ!

①日によって月の形の見え方が変わるのは、月と太陽の位置関係が変わるからである。

②月の形の変化は、約30日でくり返されている。

ぴたトリビア　南の空にあるときに右半分が明るく光って見える半月を「上弦《じょうげん》の月」、南の空にあるときに左半分が明るく光って見える半月を「下弦《かげん》の月」といいます。

ぴったり2 **練習**

6. 月と太陽

月の形とその変化2

学習 41ページ

教科書 98~101ページ　答え 21ページ

1 ボールに電灯の光を当てながら向きを変え、月の形が変わって見える理由を調べます。

(1) この実験では、ボールと電灯は何に見立てていますか。それぞれア~ウから選んで、記号で答えましょう。

ボール(イ)　電灯(ア)

ア 太陽

イ 月

ウ 地球

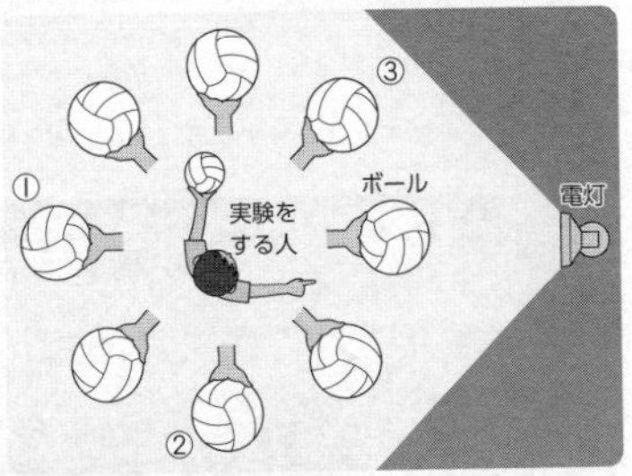

(2) ①~③の位置にあるボールは、実験をする人(中心にいる人)からはどのように見えますか。あ~おからそれぞれ選びましょう。

①(う)　②(え)　③(あ)

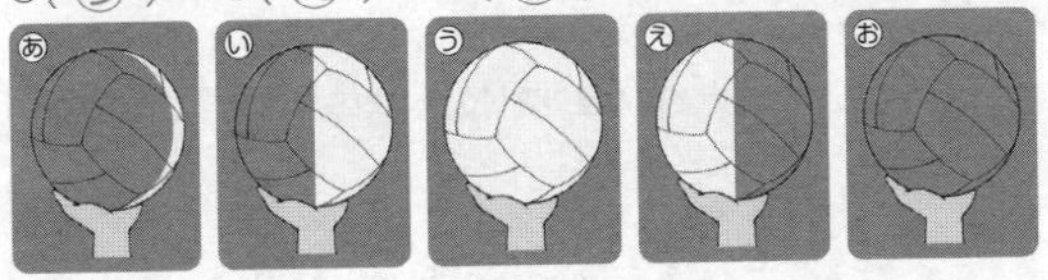

(3) 月の形が変わって見えるのは、何が変わるからですか。

(月と太陽の位置関係)

2 月の形が変わって見えるようすを調べました。

(1) あ~うの月の名前を、□から選んで答えましょう。

満月	三日月
新月	半月

あ(満月)

い(新月)

う(三日月)

(2) 月の見える形が変わっていく順について、正しいほうの(　)に○をつけましょう。

ア(○)い→う→半月→あ→半月→い

イ(　)い→半月→あ→半月→う→い

(3) (2)の月の形の変化は、約何日でくり返されていますか。

(30日)

41ページ てびき

1 (1)月は、太陽の光をはね返してかがやいています。この実験では、ボールが電灯の光をはね返して明るくなっています。つまり、電灯は太陽、ボールは月に見立てていることになります。

2 (1)あのように、丸くかがやいて見える月を満月といいます。

いのように、まったく見えない月を新月といいます。

うのように、右側が細長く光って見える月を三日月といいます。

(2)月は、新月→三日月→半月→満月→半月→新月→三日月→…　と形が変わって見えます。

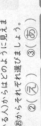

ぴったり3
確かめのテスト。 6. 月と太陽

42ページ

/100 合格70点

教科書 94~103ページ　答え 22ページ

よく出る

1 午前中に見える月の位置や形を調べました。 1つ10点(30点)

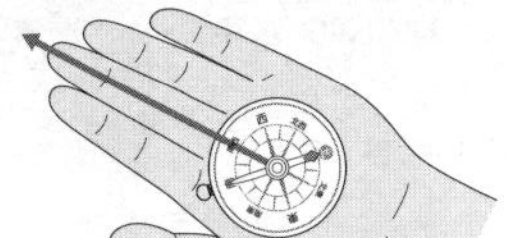

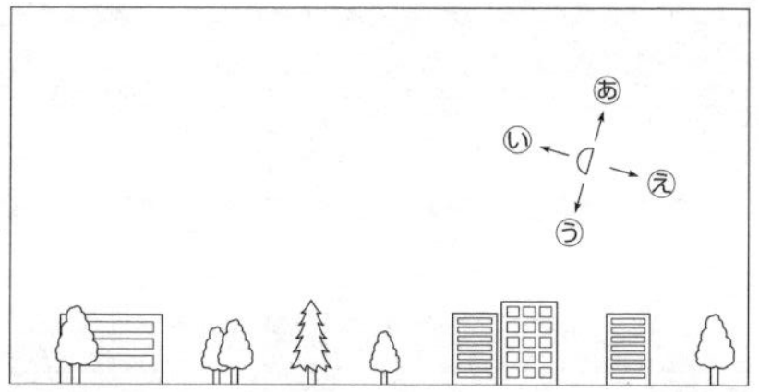

(1) 月の見えた方位を1つ選んで、(　)に○をつけましょう。 技能

ア(　)東　イ(　)南東　ウ(　)南

エ(○)南西　オ(　)西

(2) 太陽は、あ~えのどの向きにありますか。 (い)

(3) 2日後の同じ時刻《じこく》には、月の位置と形はどうなりますか。正しいものを1つ選んで、(　)に○をつけましょう。

ア(　)位置も形も変わらない。

イ(　)位置は変わらず、形は変わる。

ウ(　)位置は変わり、形は変わらない。

エ(○)位置も形も変わる。

2 月の表面のようすを、望遠鏡《ぼうえんきょう》を使って観察しました。 1つ10点(20点)

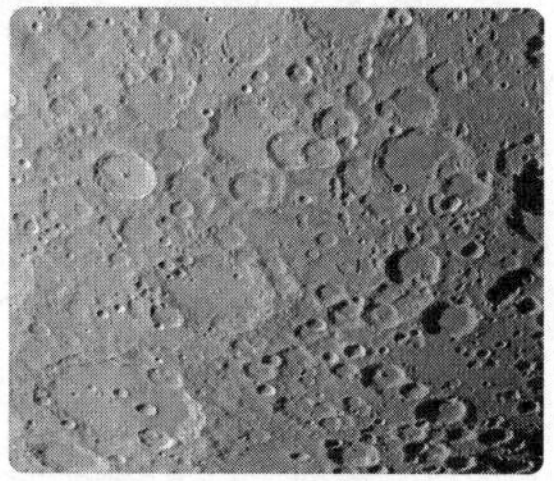

(1) 次の文の(　)に当てはまる言葉を書きましょう。

● 月の表面には、(クレーター)と呼《よ》ばれる丸いくぼみがたくさんある。

(2) 月の光り方についての説明として、正しいものを1つ選んで、(　)に○をつけましょう。

ア(　)自ら光を出していて、つねに全体が光って見える。

イ(　)自ら光を出していて、光る部分が変化することで形が変わって見える。

ウ(　)自ら光を出さず、太陽の光が当たっていない部分だけがかがやいて見える。

エ(○)自ら光を出さず、太陽の光が当たっている部分だけがかがやいて見える。

学習 43ページ

よく出る

3 ボールと電灯を使って、月の形が変わって見えるわけを調べます。 1つ5点(35点)

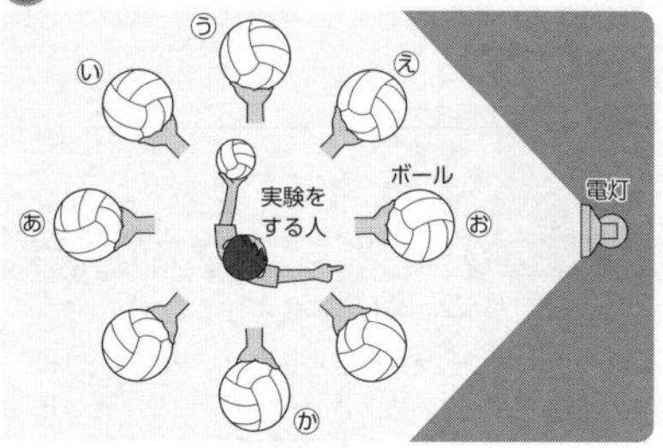

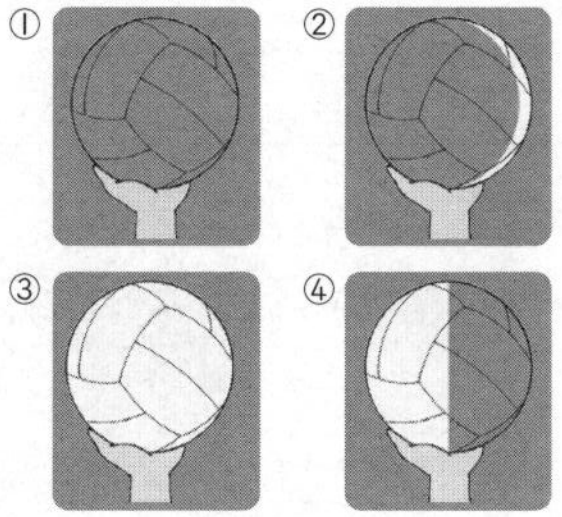

(1) 実験をする人(中心にいる人)からボールが①~④のように見えるのは、それぞれあ~かのどこにあるときですか。

①(お)　②(え)　③(あ)　④(か)

(2) ①、④の見え方のボールは、どの形の月と同じかがやき方になっていますか。それぞれア~エから選んで、記号で答えましょう。

①(ウ)　④(イ)

ア 満月

イ 半月

ウ 新月

エ 三日月

(3) 記述 月の形が変わって見えるのはなぜですか。「月」、「太陽」という言葉を使って説明しましょう。 思考・表現

(月と太陽の位置関係が変わるから。)

できたらスゴイ!

4 太陽が西にしずむときに、あの位置に月が見えました。 思考・表現 (15点)

● 作図 □の中に、月の明るくかがやいて見えた部分を、色をぬって表しましょう。

ふりかえり 1がわからないときは、38ページの1にもどって確認《かくにん》しましょう。
4がわからないときは、40ページの1にもどって確認しましょう。

42~43ページ てびき

1 (1)方位磁針《ほういじしん》の針《はり》に北と南の文字を合わせ、月が見える方向の文字を読みとります。
(2)月は、太陽のある側が光って見えるので、月の光っている側に太陽があります。

2 (1)月の表面にはクレーターと呼《よ》ばれる大きなくぼみがたくさん見られます。

3 (1)①月が太陽と同じ方向にあるとき、月は見えません。②月が太陽の近くにあるとき、太陽の光を受けている部分は、ほとんど見えません。③月が太陽の光を正面から受けるとき、全面が明るく見えます。④月が太陽の光を左横から受けるとき、右半分は暗く、左半分は明るく見えます。
(2)まったく見えない月を新月といい、半分が明るく見える月を半月といいます。
(3)月と太陽の位置関係が変わるため、月の形は、新月→三日月→半月→満月→半月→新月→三日月→…と変わり、新月から次の新月までは約30日です。

4 月と太陽が反対の方角にあるので、月は太陽の光を正面から受けます。したがって、月の全面が明るく見える満月となります。

ぴったり1 準備 学習 44ページ

7. 水よう液の性質

①水よう液にとけているもの

3分でまとめ

水よう液ごとの特ちょうや、炭酸水に何がとけているかを確認しよう。

教科書 104~111ページ　答え 23ページ

次の(　)に当てはまる言葉を書くか、当てはまるものを○で囲もう。

1 炭酸水には何がとけているのだろうか。

教科書 104~110、222ページ

▶液体のにおいを調べるときには、(① 直接 ・ (手であおいで))かぐ。

▶こまごめピペットは、ゴム球に液体が入るとゴム球をいためるので、先を(② (上) ・ 下)に向けないようにする。

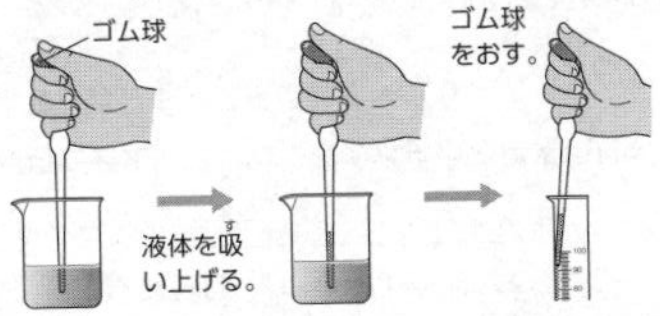

こまごめピペットの使い方
ゴム球
液体を吸《す》い上げる。
ゴム球をおす。

▶いろいろな水よう液について調べた結果

水よう液	食塩水	炭酸水	アンモニア水	塩酸	石灰水《せっかいすい》
見た目	とうめいで色はなし。	とうめいで色はなし。(③ あわ)が出ている。	とうめいで色はなし。	とうめいで色はなし。	とうめいで色はなし。
におい	なし。	(④ なし)。	つんとしたにおいがする。	なし。熱したときににおいがする。	なし。
熱した後	白い固体が残る。	(⑤ 固体が残る ・ (何も残らない))。	(⑥ 固体が残る ・ (何も残らない))。	(⑦ 固体が残る ・ (何も残らない))。	白い固体が残る。

▶炭酸水をふると、あわが(⑧ (出る) ・ 出ない)。

▶炭酸水をあたためると、あわが(⑨ (出る) ・ 出ない)。

▶炭酸水から出たあわを試験管に集め、火のついた線こうを入れると、(⑩ 燃え続ける ・ (すぐに火が消える))。

▶炭酸水から出たあわを試験管に集め、石灰水を入れてふると、石灰水は(⑪ 変化しない ・ (白くにごる))。

▶炭酸水には、(⑫ 二酸化炭素)がとけている。

▶水よう液には、炭酸水やアンモニア水、塩酸のように、(⑬ 固体 ・ (気体))がとけているものがある。

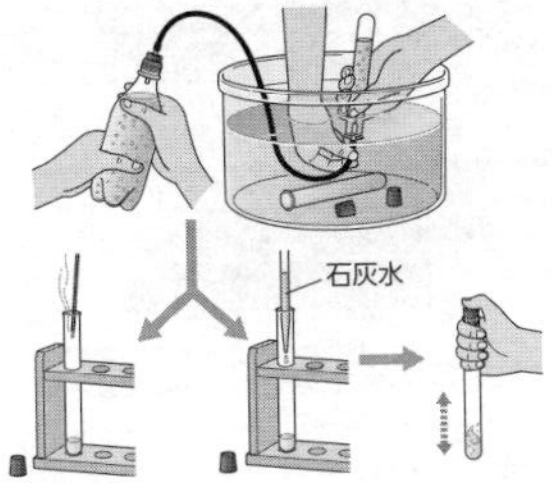

石灰水

ここがだいじ!

①水よう液には、気体がとけているものがある。
②炭酸水には、気体である二酸化炭素がとけている。
③炭酸水を熱すると、二酸化炭素が空気中に出ていくため、何も残らない。

ぴたトリビア　石灰水に二酸化炭素がふれたときに生じる白いにごりの正体は、炭酸カルシウムというものです。炭酸カルシウムは、貝がらや大理石などの主成分です。

ぴったり2 練習 学習 45ページ

7. 水よう液の性質

①水よう液にとけているもの

教科書 104~111ページ　答え 23ページ

1 水よう液のにおいを調べます。

(1) においをかぐときにはどうすればよいですか。正しいほうの(　)に○をつけましょう。

ア(　)　イ(○)

直接、深く吸《す》いこんでかぐ。
手であおぐようにしてかぐ。

(2) においがある水よう液を1つ選んで、(　)に○をつけましょう。

ア(　)食塩水　イ(　)炭酸水　ウ(　)石灰水《せっかいすい》　エ(○)アンモニア水

(3) (2)でにおいがある水よう液にとけているのは、固体ですか、気体ですか。(気体)

2 炭酸水に何がとけているかを調べます。

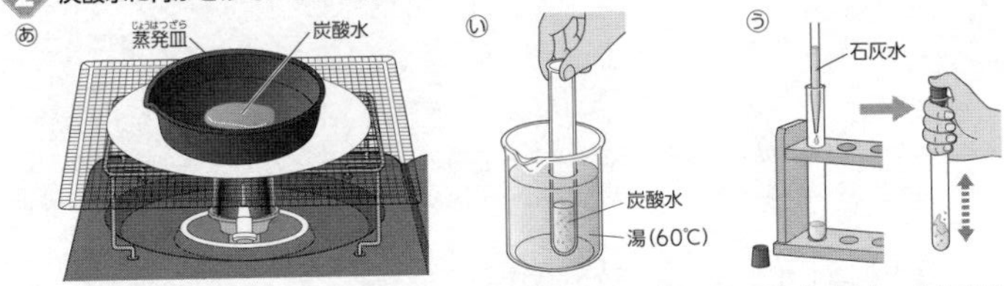

あ
蒸発皿《じょうはつざら》
炭酸水
い
炭酸水
湯(60℃)
う
石灰水

(1) あのように炭酸水を熱して水を蒸発させると、蒸発皿の上に残るものはありますか、ありませんか。(ない。)

(2) いのように炭酸水の入った試験管を60℃の湯につけると、どうなりますか。正しいものを1つ選んで、(　)に○をつけましょう。

ア(　)固体が出てくる。
イ(○)あわが出てくる。
ウ(　)白くにごる。
エ(　)変化しない。

(3) あやいの実験から、炭酸水には何がとけていることがわかりますか。正しいものを1つ選んで、(　)に○をつけましょう。

ア(　)固体　イ(　)液体　ウ(○)気体

(4) 炭酸水から出たあわを試験管に集め、うのように石灰水を入れてふると、石灰水は白くにごりました。このことから、炭酸水には何がとけていることがわかりますか。(二酸化炭素)

45ページ　てびき

1 (1)気体の中には有毒なものもあるので、直接においをかいだり、深く吸《す》いこんだりしないように気をつけます。

(2)、(3)固体がとけている食塩水と石灰水《せっかいすい》からは気体が出ないので、においがしません。炭酸水からは気体(二酸化炭素)が出ますが、気体ににおいがありません。アンモニア水からはにおいがあるアンモニアが出るので、においがします。

2 (1)炭酸水にとけているのは二酸化炭素で、気体です。そのため、加熱しても何も残りません。

(2)炭酸水をあたためると、とけていた二酸化炭素があわになって出てきます。

(4)二酸化炭素には石灰水を白くにごらせる性質があります。

おうちのかたへ

二酸化炭素の性質(ものを燃やすはたらきがないこと)や、石灰水の性質(二酸化炭素に触れると白く濁る)ことは、「1. ものの燃え方」で学習しています。

おうちのかたへ　7. 水よう液の性質

水溶液の性質やはたらきについて学習します。リトマス紙を使って水溶液を分類できることや、気体が溶けている水溶液があること、金属を変化させる水溶液があることを理解しているか、などがポイントです。

ぴったり1 準備

7. 水よう液の性質

②酸性・中性・アルカリ性の水よう液

学習 46ページ

リトマス紙によって水よう液の仲間分けができることを確認しよう。

教科書 112〜115ページ　答え 24ページ

次の（　）に当てはまる言葉を書こう。

1 リトマス紙の使い方をまとめよう。

教科書 113ページ

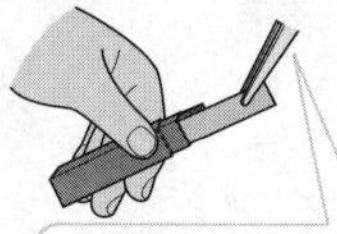

リトマス紙には直接手をふれず、（① ピンセット ）でとり出す。

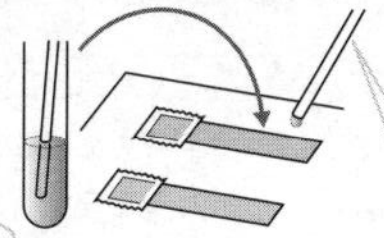

調べる液はかくはん棒《ぼう》を使ってリトマス紙につけ、調べる液を変えるときは（② 水 ）で洗《あら》う。

（③ 酸 ）性の水よう液	（④ 中 ）性の水よう液	（⑤ アルカリ ）性の水よう液
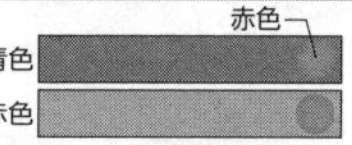		
青色リトマス紙が赤色に変わる。 赤色リトマス紙の色は変わらない。	青色、赤色のどちらのリトマス紙の色も変わらない。	青色リトマス紙の色は変わらない。 赤色リトマス紙が青色に変わる。

2 それぞれの水よう液が何性かを、リトマス紙で調べよう。

教科書 112〜114ページ

水よう液	リトマス紙の変化	酸性・中性・アルカリ性
食塩水	青色→（① 青 ）色 赤色→（② 赤 ）色	（⑪ 中 ）性
炭酸水	青色→（③ 赤 ）色 赤色→（④ 赤 ）色	（⑫ 酸 ）性
アンモニア水	青色→（⑤ 青 ）色 赤色→（⑥ 青 ）色	（⑬ アルカリ ）性
塩酸	青色→（⑦ 赤 ）色 赤色→（⑧ 赤 ）色	酸性
石灰水《せっかいすい》	青色→（⑨ 青 ）色 赤色→（⑩ 青 ）色	アルカリ性

▶水よう液には、炭酸水や塩酸のような（⑭ 酸 ）性の水よう液、食塩水のような（⑮ 中 ）性の水よう液、アンモニア水や石灰水のような（⑯ アルカリ ）性の水よう液がある。

ここがだいじ!
①水よう液には、酸性、中性、アルカリ性のものがある。
②酸性の水よう液は青色リトマス紙を赤色に変え、アルカリ性の水よう液は赤色リトマス紙を青色に変える。中性の水よう液はリトマス紙の色を変えない。

ぴたトリビア　ムラサキキャベツの葉をしぼったしるは水よう液の性質によって色が変わるので、酸性・中性・アルカリ性を見分けることができます。

ぴったり2 練習

7. 水よう液の性質

②酸性・中性・アルカリ性の水よう液

学習 47ページ

教科書 112〜115ページ　答え 24ページ

1 リトマス紙の使い方についてまとめます。

(1) 正しいものには○、まちがっているものには×を（　）につけましょう。

ア（ ○ ）リトマス紙はピンセットで持つ。

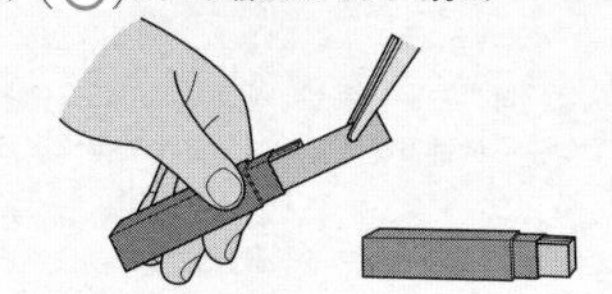

イ（ × ）かくはん棒《ぼう》は、調べる液を変えるごとに布でふく。

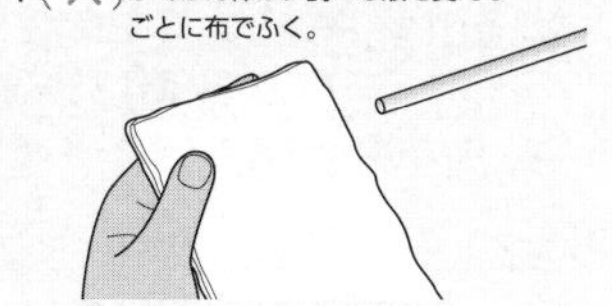

(2) 中性の水よう液を青色と赤色のリトマス紙につけると、それぞれどうなりますか。
青色リトマス紙（ 変わらない。 ）
赤色リトマス紙（ 変わらない。 ）

(3) 酸性の水よう液を青色と赤色のリトマス紙につけると、それぞれどうなりますか。
青色リトマス紙（ 赤色に変わる。 ）
赤色リトマス紙（ 変わらない。 ）

(4) アルカリ性の水よう液を青色と赤色のリトマス紙につけると、それぞれどうなりますか。
青色リトマス紙（ 変わらない。 ）
赤色リトマス紙（ 青色に変わる。 ）

2 水よう液の性質を調べます。

(1) 次の①〜③の水よう液をリトマス紙につけたときの結果を、それぞれア〜ウから選んで、記号で答えましょう。
① 食塩水（ ウ ）
② 塩酸（ イ ）
③ アンモニア水（ ア ）

ア

イ

ウ

(2) 次の①、②の水よう液は、酸性、中性、アルカリ性のどれですか。それぞれ答えましょう。
① 炭酸水（ 酸性 ）
② 石灰水《せっかいすい》（ アルカリ性 ）

47ページ　てびき

1 (1)リトマス紙は手で直接さわらないようにします。また、かくはん棒《ぼう》は、調べる液を変えるごとに水で洗《あら》います。
(2)〜(4)リトマス紙の色の変化は、次のようになります。

酸性	青色 ↓ 赤色	赤色 ↓ そのまま
中性	青色 ↓ そのまま	赤色 ↓ そのまま
アルカリ性	青色 ↓ そのまま	赤色 ↓ 青色

2 (1)食塩水は中性、塩酸は酸性、アンモニア水はアルカリ性の水よう液です。

おうちのかたへ
リトマス紙の色の変化で、酸性・中性・アルカリ性の区別をします。酸（性）やアルカリ（性）の詳しい内容やpH、中和などは中学校理科で学習します。

7. 水よう液の性質

③金属をとかす水よう液

金属を変化させる水よう液があることと、そのときの変化を確認しよう。

教科書 116~121ページ　答え 25ページ

次の(　)に当てはまる言葉を書くか、当てはまるものを○で囲もう。

1 塩酸や炭酸水にアルミニウムを入れると、どうなるのだろうか。 教科書 116~117ページ

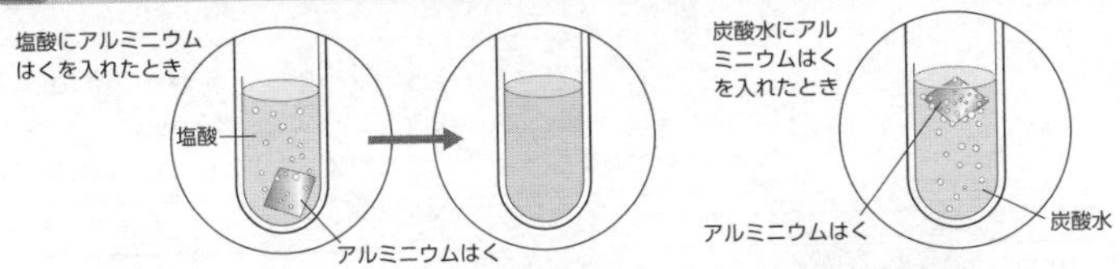

▶塩酸にアルミニウムを入れると、アルミニウムの表面からは(① あわ)が出て、アルミニウムは(② (とける) ・ とけない)。

▶炭酸水にアルミニウムを入れると、アルミニウムは(③ とける ・ (とけない))。

▶酸性の水よう液には、金属をとかすものが(④ (ある) ・ ない)。

ほかにも、水酸化ナトリウムの水よう液にアルミニウムを入れると、あわを出してとけるよ。

2 アルミニウムがとけた液体を熱したら、何が出てくるだろうか。 教科書 117~120ページ

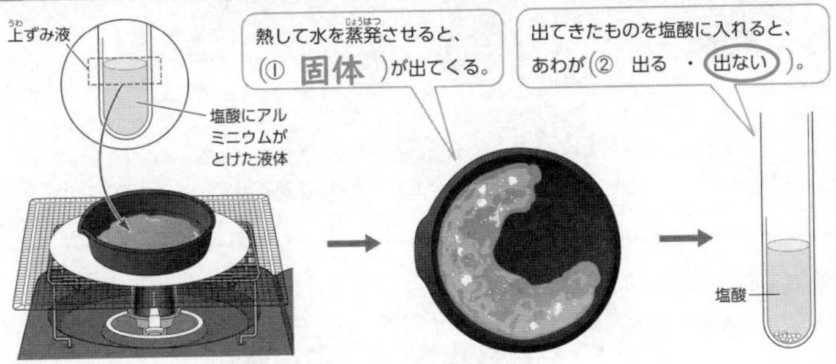

▶塩酸にアルミニウムがとけた液体を熱して出てきたものは、アルミニウム(③ である ・ (ではない))。

▶アルミニウムは、塩酸にとけて別のものに(④ (変化する) ・ 変化しない)。

ここがだいじ!
①塩酸にアルミニウムを入れると、表面からあわを出しながらとける。
②アルミニウムは、塩酸にとけて別のものに変化する。
③水よう液には、金属を別のものに変化させるものがある。

ぴたトリビア　水よう液は、ふれたものを変化させることがあるので、保管する容器に何を使うかには注意が必要です。

7. 水よう液の性質

③金属をとかす水よう液

教科書 116~121ページ　答え 25ページ

1 塩酸や炭酸水にアルミニウムを入れるとどうなるか調べます。

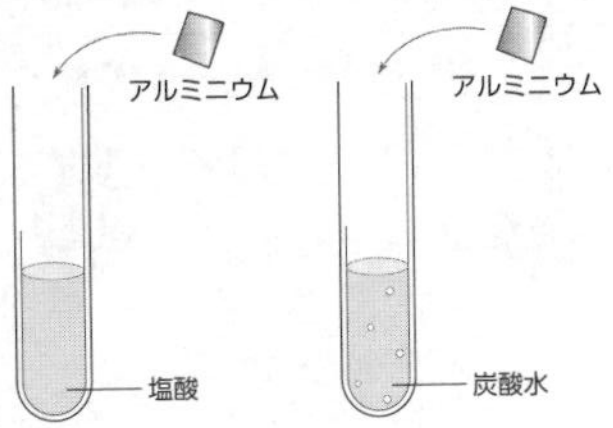

(1) 塩酸にアルミニウムを入れると、どうなりますか。正しいものを1つ選んで、(　)に○をつけましょう。

ア(　)何も変化は見られない。
イ(　)あわが出るが、アルミニウムはとけない。
ウ(○)あわを出しながらとける。

(2) 炭酸水にアルミニウムを入れると、どうなりますか。正しいほうの(　)に○をつけましょう。

ア(○)ようすは変わらず、アルミニウムはとけない。
イ(　)あわを出しながらとける。

(3) 酸性の水よう液についての説明として、正しいほうの(　)に○をつけましょう。

ア(　)酸性の水よう液はすべて、金属をとかす。
イ(○)酸性の水よう液の一部は、金属をとかす。

2 塩酸にアルミニウムがとけた液体について調べます。

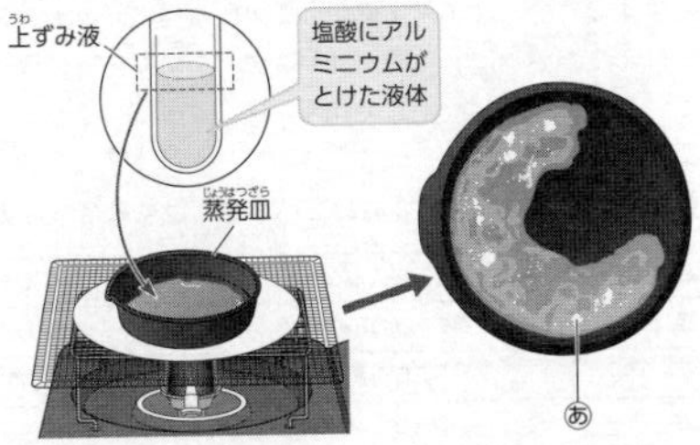

(1) 蒸発皿に残ったあを塩酸に入れると、どうなりますか。正しいものを1つ選んで、(　)に○をつけましょう。

ア(　)あわを出しながらとける。
イ(○)あわを出さずにとける。
ウ(　)とけずに、塩酸の中にそのまましずむ。

(2) あが塩酸にとけるときのようすは、アルミニウムが塩酸にとけるときのようすと同じですか、ちがいますか。
(ちがう。)

(3) あは、もとのアルミニウムと同じものですか、別のものですか。
(別のもの)

49ページ てびき

1 (1)塩酸にアルミニウムなどの金属を入れると、あわが出ます。ただし、金属の種類によっては、塩酸に入れてもあわが出ません。
(2)炭酸水にアルミニウムを入れると、塩酸にアルミニウムを入れたときのようにはあわが出ず、時間がたってもようすは変わりません。

2 (1)塩酸にアルミニウムをとかした液を加熱すると、白い粉(固体)が残ります。この粉を塩酸に入れるととけますが、あわは出てきません。
(3)色や塩酸にとけるときのようすなどの性質がちがうので、もとのアルミニウムとは別のものだといえます。

おうちのかたへ
ここでは、水溶液により金属が、もとの金属とは違う別のものに変化したということだけを扱い、どんな物質ができたか(物質名)などは扱いません。化学変化やイオンによる説明は、中学校理科で学習します。

ぴったり3 確かめのテスト。

7. 水よう液の性質

/100 合格 70 点

教科書 104~123ページ　答え 26ページ

1 炭酸水に何がとけているかを調べます。

1つ10点(20点)

あ

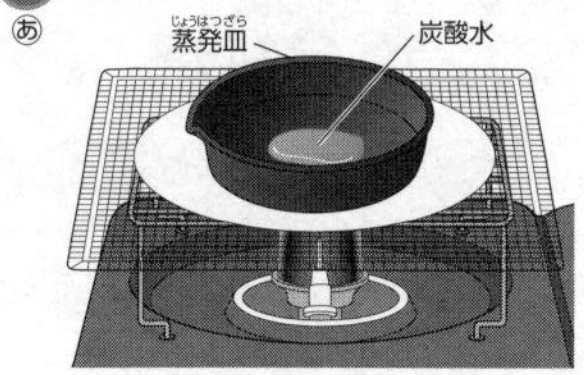
蒸発皿《じょうはつざら》
炭酸水

い

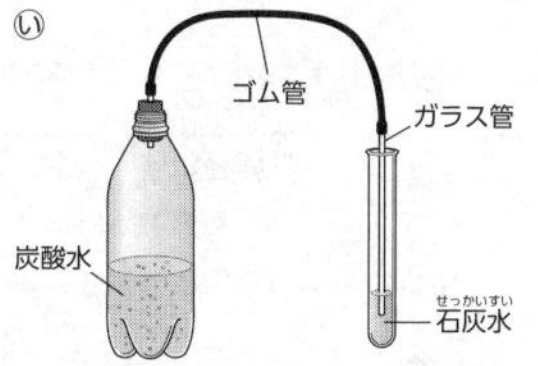
ゴム管
ガラス管
炭酸水
石灰水《せっかいすい》

(1) 記述 あのように蒸発皿を熱して水を蒸発させると、蒸発皿には何も残りませんでした。このことからわかることを、説明しましょう。 思考・表現

(　炭酸水には気体がとけている。　)

(2) いの装置《そうち》の石灰水は白くにごりました。このことから、炭酸水には何がとけていることがわかりますか。

(　二酸化炭素　)

よく出る

2 水よう液を、リトマス紙を使って区別します。

1つ5点、(3)は全部できて5点(30点)

(1) 水よう液をあつかう実験の注意で、正しいものには○、まちがっているものには×を(　)につけましょう。 技能

ア(○) 薬品が手についたら、すぐに流水で洗《あら》い流す。

イ(×) 液を熱しているときには、顔を近づけて観察する。

ウ(○) 気体が発生する実験では、かん気をする。

(2) 表の(　)に当てはまるものを、それぞれア~ウから選んで、記号で答えましょう。

ア 酸性の水よう液　イ 中性の水よう液　ウ アルカリ性の水よう液

	(① イ)	(② ウ)
青色リトマス紙につけたとき	変化しない。	変化しない。
赤色リトマス紙につけたとき	変化しない。	青色になる。

(3) 酸性の水よう液をすべて選んで、(　)に○をつけましょう。

ア(　)石灰水　イ(　)食塩水　ウ(　)アンモニア水

エ(○)炭酸水　オ(○)塩酸

よく出る

3 塩酸にアルミニウムを入れました。

1つ10点、(1)は両方できて10点(20点)

(1) あ、いを塩酸に入れたとき、あわは出ますか。

あ(　出る。　)

い(　出ない。　)

あアルミニウム
塩酸
変化が見られなくなってから、上《うわ》ずみ液をとる。
い

(2) この実験からわかることは何ですか。正しいほうの(　)に○をつけましょう。

ア(　)アルミニウムは、塩酸にとけても、アルミニウムのままである。

イ(○)アルミニウムは、塩酸にとけると、別のものに変わる。

4 食塩水、石灰水、アンモニア水、塩酸の4つの水よう液があります。これらを区別するために、においを調べ、水よう液を蒸発皿で熱する実験と、青色リトマス紙につける実験をしました。

1つ5点、(4)は全部できて5点(30点)

	におい	蒸発皿で熱したとき	青色リトマス紙につけたとき
あ	つんとしたにおいがした。	何も残らない。	変化しなかった。
い	熱するとにおいがした。	何も残らない。	赤色に変わった。
う	においはしなかった。	白色の粉が残った。	変化しなかった。
え	においはしなかった。	白色の粉が残った。	変化しなかった。

(1) 蒸発皿で熱した結果からわかることについて説明した次の文の(　)に当てはまる言葉を書きましょう。

- あ、いでは何も残らなかったので、あといには(① 気体)がとけていることがわかる。
- う、えでは白色の粉が残ったので、うとえには(② 固体)がとけていることがわかる。

(2) いの水よう液は何性ですか。正しいものを1つ選んで、(　)に○をつけましょう。

ア(○)酸性　イ(　)中性　ウ(　)アルカリ性

(3) あ、いの水よう液は何ですか。

あ(　アンモニア水　)

い(　塩酸　)

(4) うとえを見分けるにはどうすればよいですか。正しいと考えられる意見をすべて選んで、(　)に○をつけましょう。 思考・表現

赤色リトマス紙につけて青色になったほうが石灰水だといえると思うよ。
ヨウ素液を加えて青むらさき色にならなければ、食塩水だといえると思うな。
二酸化炭素を通して白くにごらなければ、食塩水だといえるんじゃないかな。

ア(○)　イ(　)　ウ(○)

ふりかえり ②がわからないときは、44ページの①、46ページの①②にもどって確認《かくにん》しましょう。
③がわからないときは、48ページの①②にもどって確認しましょう。

50~51ページ てびき

1 (1)水よう液を加熱すると、固体がとけていれば固体が出てきますが、気体がとけていれば何も残りません。

2 (1)イ：熱した液がはねてやけどしないよう注意します。

3 (1)アルミニウムを塩酸に入れると、あわを出しながらとけます。この液を加熱すると、白い粉が残ります。この粉を塩酸に入れるととけますが、あわは出ません。
(2)塩酸にとけるときのようすのほか、色もちがうので、アルミニウムとは別のものに変わったといえます。

4 (2)、(3)においと熱した結果から、あといは気体がとけているアンモニア水と塩酸だとわかります。さらに、いはリトマス紙の色の変化から酸性だとわかるので、いが塩酸、あがアンモニア水であるとわかります。
(4)うとえは食塩水と石灰水《せっかいすい》です。石灰水はアルカリ性なので、赤色リトマス紙を青色に変化させます。炭酸水は二酸化炭素の水よう液なので、石灰水と反応して白くにごります。なお、ヨウ素液はデンプンがあることを調べる薬品です。

ぴったり1 準備

8. 土地のつくりと変化

①土地をつくっているもの

3分でまとめ

学習 52ページ

地層がどのようなものからできているのかを確認しよう。

教科書 124〜133ページ　答え 27ページ

次の(　)に当てはまる言葉を書こう。

1 土地をつくっているものは、どのようなものだろうか。　教科書 124〜132ページ

▶しま模様《もよう》が見られるがけにふくまれるもの

(① れき)
…ゴマつぶくらいの大きさよりも大きなもの(小さな石)。

(② 砂)
…グラニュー糖《とう》くらいの大きさのもの。さわるとざらざらで、つぶは見える。

(③ どろ)
…小麦粉くらいの大きさのもの。さわるとさらさらで、つぶは見えない。

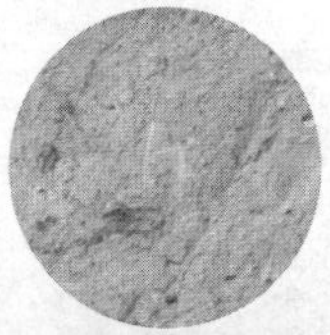

▶土地は、れき、砂《すな》、どろ、火山灰《かざんばい》などが集まり、重なって層《そう》をつくっている。このように、層が重なり合って広がっているものを(④ 地層)という。

▶地層《ちそう》の中には、動物や植物の一部、動物のすみか、足あとなどが見つかることもあり、これらを(⑤ 化石)という。

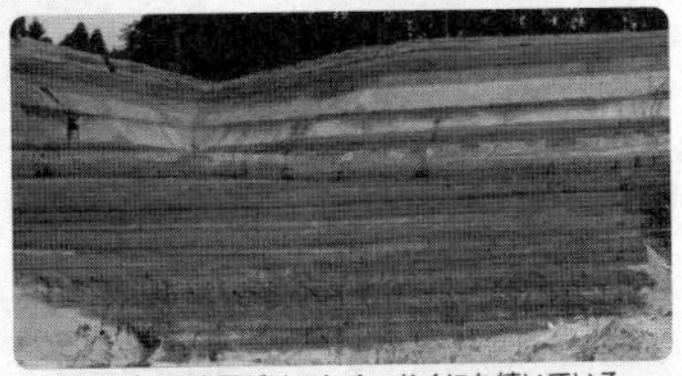

地層はがけの表面だけでなく、おくにも続いている。

魚の化石

貝の化石

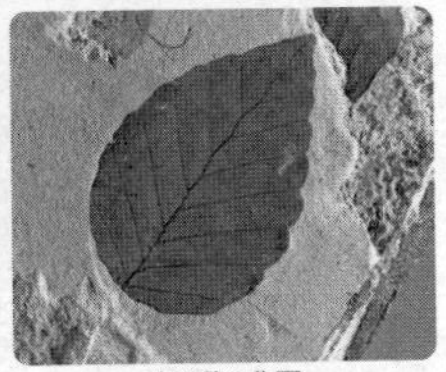

木の葉の化石

ここがだいじ!
①土地は、れきや砂、どろ、火山灰などが集まり、重なって層をつくっている。このように、層が重なり合って広がっているものを地層という。
②地層の中から見つかる、動物や植物の一部、動物の足あとなどを化石という。

ぴたトリビア　化石には、例えば花粉や水中の小さな生物の化石のように、けんび鏡《きょう》で見ないとわからない小さな化石もあります。

ぴったり2 練習

8. 土地のつくりと変化

①土地をつくっているもの

学習 53ページ

教科書 124〜133ページ　答え 27ページ

1 しま模様《もよう》が見られるがけを観察すると、あ〜うのようなものをふくむ層《そう》が見られました。

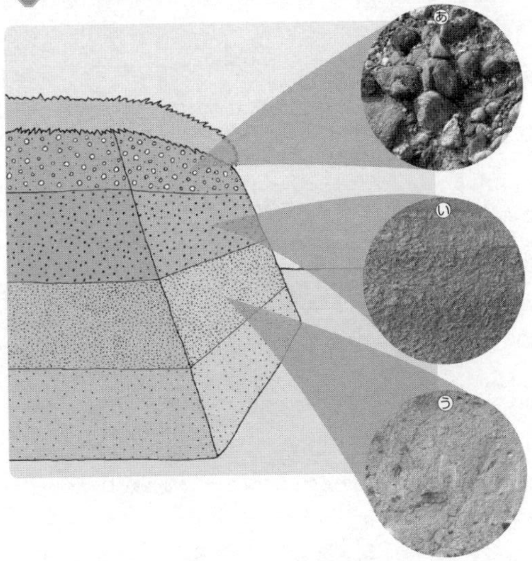

ゴマつぶくらいの大きさよりも大きなもの(小さな石)。

グラニュー糖《とう》くらいの大きさのもの。さわるとざらざらで、つぶは見える。

小麦粉くらいの大きさのもの。さわるとさらさらで、つぶは見えない。

(1) あ〜うの層をつくっているものを、それぞれ［　］から選んで答えましょう。

［ れき　砂《すな》　どろ ］

あ(れき)
い(砂)
う(どろ)

(2) れき、砂、どろなどの層が重なり合って広がっているものを何といいますか。
(地層)

(3) (2)は横やおくにも広がっていますか、広がっていませんか。
(広がっている。)

(4) うの層の中から、動物の足あとや動物の体の一部が見つかりました。このようなものを何といいますか。
(化石)

おうちのかたへ　**8. 土地のつくりと変化**

土地のつくりと変化について学習します。地層の構成物や地層のでき方、火山や地震によって土地が変化することを理解しているか、などがポイントです。

53ページ てびき

1 (1)れき、砂《すな》、どろはつぶの大きさがちがいます。

れき	ゴマのつぶよりも大きなもの	大きい ↑
砂	グラニュー糖《とう》くらいの大きさのもの	
どろ	小麦粉くらいの大きさのもの	↓ 小さい

(4)化石には、サメの歯や植物の葉のように生物の体の一部が地層《ちそう》中に保存《ほぞん》されたものや、動物のすみかや足あとなどが固まったものなどがあります。

おうちのかたへ
ここでは、化石について詳しいことは扱いません。地層の堆積環境の推定に示相化石を用いること、地層の生成年代の推定に示準化石を用いること、地層の生成年代(地質年代)には古生代、中生代、新生代があることなどについては、中学校理科で学習します。

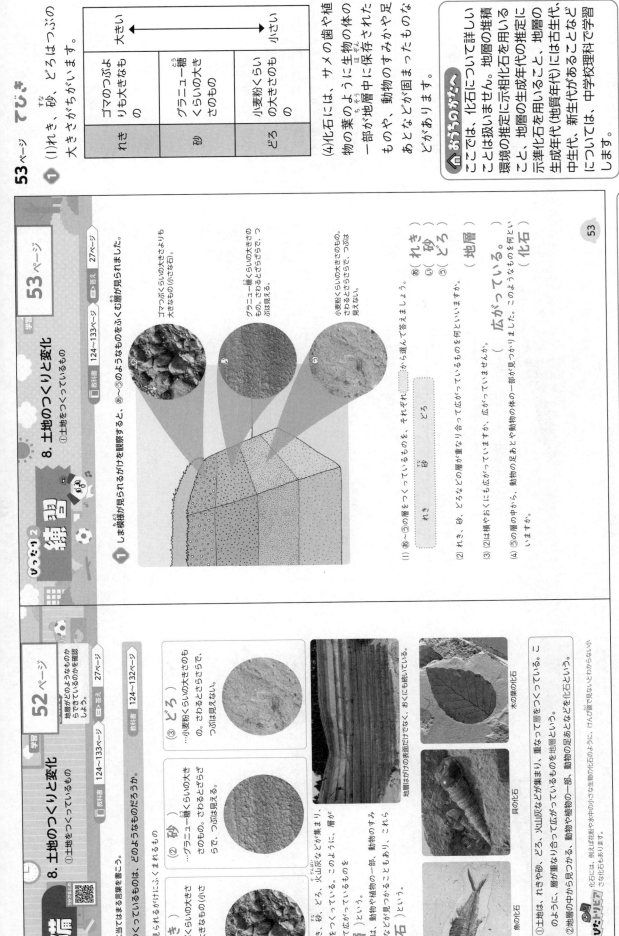

ぴったり1 準備

8. 土地のつくりと変化

②地層のでき方1

流れる水のはたらきによる地層のでき方を実験で確認しよう。

教科書 134〜136ページ　答え 28ページ

次の(　)に当てはまる言葉を書くか、当てはまるものを○で囲もう。

1 地層《ちそう》は、流れる水のはたらきによってできるのだろうか。　教科書 134〜136ページ

(① 川)に見立てている。

(② 海)などに見立てている。

水
砂《すな》とどろを混ぜたもの
とい
水を入れた容器
バット

▶ 1回流しこんだ後のようす　▶ 2回流しこんだ後のようす

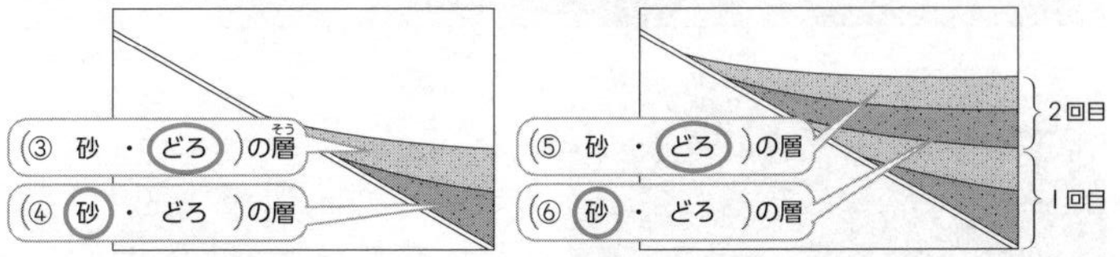

(③ 砂 ・ (どろ))の層《そう》
(④ (砂) ・ どろ)の層
(⑤ 砂 ・ (どろ))の層
(⑥ (砂) ・ どろ)の層
2回目
1回目

▶地層は、(⑦ 流れる水)のはたらきによって運ぱんされたれき、砂、どろなどが、(⑧ 山頂《さんちょう》 ・ (海底))などに層になってたい積し、それが何度かくり返されてできる。

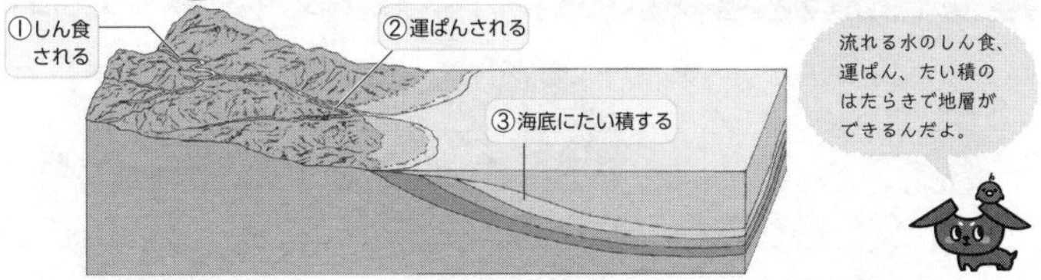

①しん食される
②運ぱんされる
③海底にたい積する

流れる水のしん食、運ぱん、たい積のはたらきで地層ができるんだよ。

ここがだいじ!
①地層は流れる水のはたらきによってできる。
②れき、砂、どろなどが海底などに層になって、積み重なって、地層ができる。

ぴたトリビア　海や湖の底に土や砂がたい積するとき、死んだ直後の生物が土や砂にうまると、酸素にあまりふれずくさりにくくなるため、化石になりやすくなります。

ぴったり2 練習

8. 土地のつくりと変化

②地層のでき方1

教科書 134〜136ページ　答え 28ページ

1 地層《ちそう》のでき方を調べる実験を行います。

あ 砂《すな》とどろを混ぜたもの
とい
水を入れた容器
バット

(1) あを1回流しこんだ後のようすはどうなりますか。正しいほうの(　)に○をつけましょう。

ア(○)

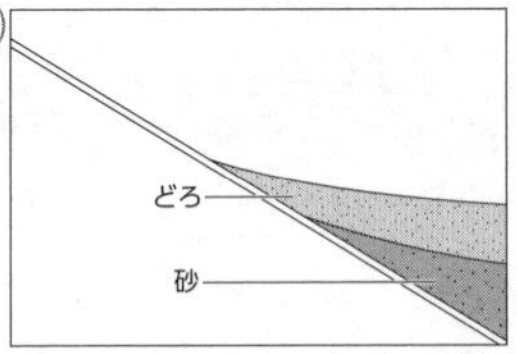

どろ
砂

イ(　)

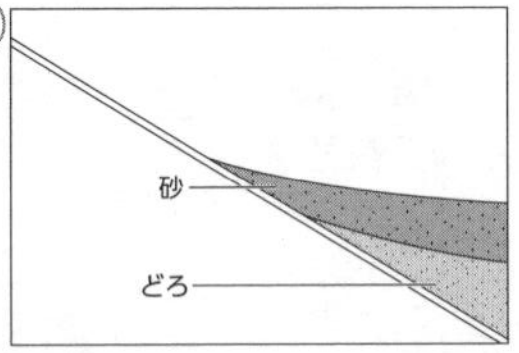

砂
どろ

(2) (1)のようになるのは、砂とどろで何がちがうからですか。正しいものを1つ選んで、(　)に○をつけましょう。

ア(　)つぶの色
イ(　)つぶのかたさ
ウ(○)つぶの大きさ

(3) あを2回流しこんだ後のようすはどうなりますか。正しいほうの(　)に○をつけましょう。

ア(　)

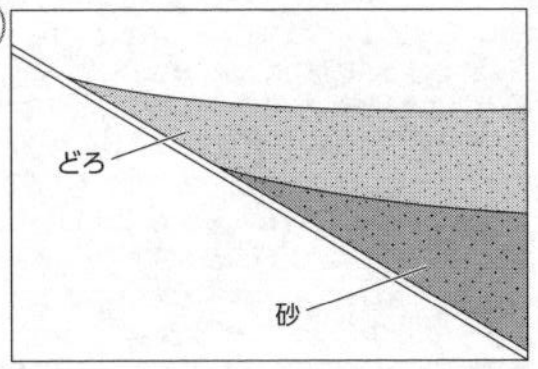

どろ
砂

イ(○)

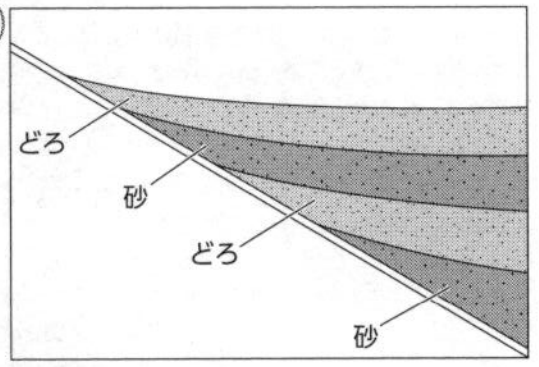

どろ
砂
どろ
砂

(4) この実験から、地層が何のはたらきでできることがわかりますか。

(流れる水(のはたらき))

55ページ　てびき

1 (1)、(2)流れる水のはたらきによって運ぱんされたれきや砂《すな》、どろは、つぶが大きいものから先にしずみます。つぶの大きさは、どろより砂のほうが大きいので、砂が先にしずんでたい積し、その上にどろがたい積します。

(3)1回流しこんだときにできた層《そう》の上に、さらに砂とどろがたい積します。2回目にたい積したものどうしで比べると、1回目と同じように、下が砂で、上がどろになります。

おうちのかたへ
流れる水の3つのはたらきである「侵食」(地面を削るはたらき)、「運搬」(土砂を運ぶはたらき)、「堆積」(土砂を積もらせるはたらき)については、5年で学習しています。

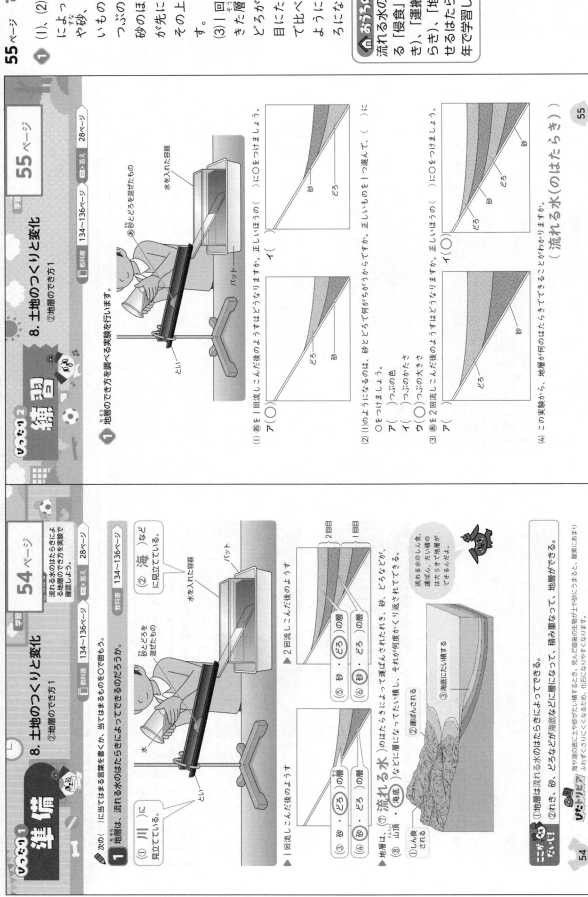

ぴったり1 準備

8. 土地のつくりと変化
②地層のでき方2

学習 れき岩・砂岩・泥岩と、火山のはたらきによる地層のでき方を確認しよう。

教科書 136～141ページ　答え 29ページ

次の(　)に当てはまる言葉を書くか、当てはまるものを○で囲もう。

1 れき岩《がん》・砂岩《さがん》・でい岩《がん》についてまとめよう。　教科書 136ページ

▶海底などにたい積したれきや砂《すな》、どろなどの層《そう》は、長い年月の間に固まって(① 岩石)となることがある。

主に、れきからできている岩石を(② れき岩)という。

主に、砂からできている岩石を(③ 砂岩)という。

主に、どろからできている岩石を(④ でい岩)という。

2 地層《ちそう》は、火山のはたらきによってできるのだろうか。　教科書 137～140ページ

▶火山のふん火のときに出た(① 火山灰)などが積もると層ができる。
▶火山のふん火が何度かくり返されて層が積み重なると、(② 地層)ができる。
▶火山のふん火によってできた地層の中には、(③ 丸みがある ・ 角ばっている)つぶや、穴《あな》の多いれきなどがふくまれている。

流れる水のはたらきでできた層のつぶは丸みがあるけれど、火山のふん火でふき出された火山灰《かざんばい》が積もった層のつぶは角ばっているよ。

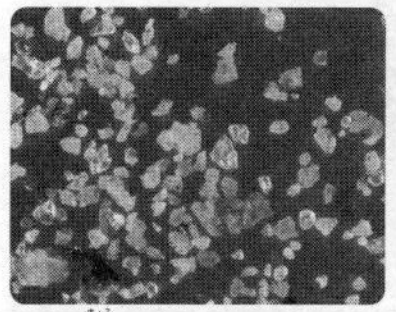
けんび鏡《きょう》で見た火山灰の中のつぶ

火山のはたらきでできた地層の中のれき

ここがだいじ!
①たい積したれきや砂、どろの層が固まると、れき岩、砂岩、でい岩ができる。
②地層には、火山のふん火のときに出た火山灰などが積もってできたものもあり、その層には角ばっているつぶの火山灰や穴の多いれきなどがふくまれる。

ぴたトリビア　火山灰は、火山の地下にあるマグマがふき出すときに発泡《はっぽう》してできた細かい破片《はへん》のことです。木や紙などを燃やしてできる灰《はい》とはちがいます。

ぴったり2 練習

8. 土地のつくりと変化
②地層のでき方2

教科書 136～141ページ　答え 29ページ

1 地層《ちそう》をつくっている岩石を調べました。

あ

主に砂《すな》からできている。

い

主にれきからできている。

う

主にどろからできている。

(1) あ～うの岩石の名前を、それぞれ［　］から選んで答えましょう。

［ れき岩《がん》　砂岩《さがん》　でい岩《がん》 ］

あ(砂岩)
い(れき岩)
う(でい岩)

(2) あ～うの岩石はどのようにしてできましたか。正しいほうの(　)に○をつけましょう。
ア(　)火山のはたらきでできた層《そう》が固まってできた。
イ(○)流れる水のはたらきでできた層が固まってできた。

2 地層を調べていると、火山灰《かざんばい》の層がありました。

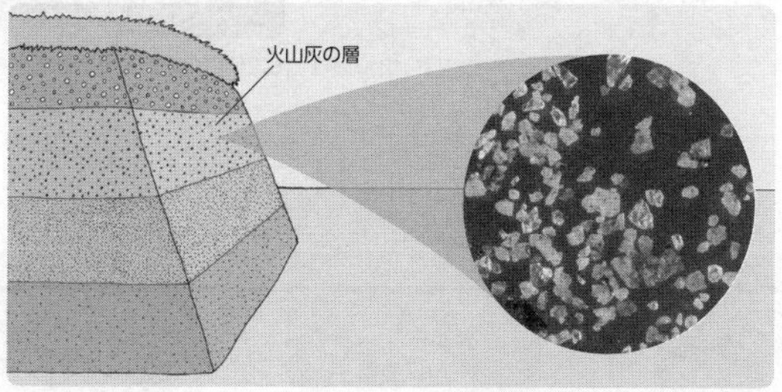

(1) 火山灰の層は、何によってできましたか。正しいものを1つ選んで、(　)に○をつけましょう。
ア(　)山火事　イ(○)火山のふん火　ウ(　)川の水の流れ

(2) 火山灰の中のつぶは、どのような形をしていますか。正しいほうの(　)に○をつけましょう。
ア(○)角ばっている。
イ(　)丸みをもっている。

57ページ　てびき

1 (1)主にれきからできている岩石をれき岩《がん》、主に砂《すな》からできている岩石を砂岩《さがん》、主にどろからできている岩石をでい岩《がん》といいます。
(2)れき岩や砂岩、でい岩をつくるれきや砂、どろは、陸地が長い年月の間に雨や風、流れる水のはたらきによってしん食されて運ぱんされ、海底などにたい積したものです。れきや砂、どろのつぶに丸みがあるのは、流れる水に運ぱんされる間に、角がとれたからです。

2 (1)地層《ちそう》をつくる層《そう》には、火山のふん火のときにふき出した火山灰《かざんばい》などからできているものがあります。
(2)火山灰は流れる水によって運ばれていないので、角がとれずに残っています。

ぴったり1 準備

8. 土地のつくりと変化

③火山活動や地震による土地の変化

学習 58ページ

火山活動や地震による大地の変化や災害について確認しよう。

3分でまとめ

教科書 142〜149ページ　答え 30ページ

次の（　）に当てはまる言葉を書こう。

1 火山活動や地震《じしん》で、土地はどのように変化するのだろうか。　教科書 142〜149ページ

▶（① 火山活動 ）によって、火山灰《かざんばい》やよう岩《がん》が土地のようすを大きく変えたり、新たな土地ができたり、くぼ地（カルデラ）や湖ができたりすることがある。

降り積もった火山灰とよう岩により変化した土地

海底の火山がふん火してできた島

ふん火によってできた広大なくぼ地（カルデラ）

ふん火によってできた湖

「火山のふん火」でも○

▶（② 地震 ）によって、土地が盛《も》り上がったりしずんだり、がけがくずれたりして、土地のようすが変化することがある。

▶土地に大きな力がはたらいてできるずれを（③ 断層 ）という。

地表に現れた断層《だんそう》

地震によってくずれた山のしゃ面（土砂《どしゃ》くずれ）

▶火山活動や地震による被害《ひがい》

火山灰にうもれた神社の鳥居

地震による津波《つなみ》でこわれた建てもの

火山のふん火や地震に備えて、ハザードマップがつくられたり、ひ難《なん》訓練をしたりしているよ。

▶海底で地震が起こると（④ 津波 ）が発生して、建てものが流されるなどの被害が出ることがある。

ここがだいじ！
①火山活動で火山灰やよう岩がふき出すことで、土地が大きく変化したり、新しく土地ができたりする。
②地震で土地が盛り上がる、しずむ、がけがくずれるなどして、土地が変化する。

ぴたトリビア　火山活動や地震は被害だけでなく、わき水や温泉《おんせん》、美しい景観などをもたらし、生活を豊かにすることもあります。

58

ぴったり2 練習

8. 土地のつくりと変化

③火山活動や地震による土地の変化

学習 59ページ

教科書 142〜149ページ　答え 30ページ

1 次の土地の変化は、それぞれ火山活動と地震《じしん》のどちらによるものですか。

地表に土地のずれ（断層《だんそう》）が現れた。

①（ 地震 ）

海底からよう岩《がん》がふき出して小さな島ができた。

②（ 火山活動 ）

火山灰《かざんばい》とよう岩によって土地のようすが変化した。

③（ 火山活動 ）

火口の付近に広大なくぼ地ができた。

④（ 火山活動 ）

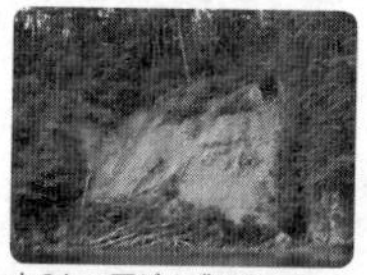
山のしゃ面がくずれた。

⑤（ 地震 ）

ふん火によって川がせき止められ、湖ができた。

⑥（ 火山活動 ）

2 火山活動と地震による被害《ひがい》について調べました。

① 
あにうもれた神社の鳥居

② 
いでこわれた建てもの

(1) ①は火山活動による被害の例で、あは地層《ちそう》をつくることもある小さなつぶです。あに当てはまる言葉を書きましょう。　（ 火山灰 ）

(2) ②は地震による被害の例で、いは海底で地震が起こると発生することがある現象です。いに当てはまる言葉を書きましょう。　（ 津波 ）

59

59ページ　てびき

1 ①土地に大きな力がはたらくと、ずれ（断層《だんそう》）ができます。地震《じしん》は、断層ができるときに起こります。

②、③火山がふん火するときには、火山からふき出したよう岩《がん》が海で冷やされて固まり、新しい島や土地ができることがあります。最近では、2013年に西之島《にしのしま》（東京都《とうきょう》）の南東の海底の火山がふん火して新しい島になり、やがて西之島と陸続きになりました。

2 (1)長期間ふん火が続いている火山の周辺では、太陽光発電用のソーラーパネル（光《こう》電池）に火山灰《かざんばい》が積もることで、発電量が減少するなどの被害《ひがい》が出ることもあります。

(2)海底で地震が起こると、津波《つなみ》が発生し、大きな被害をもたらすことがあります。

おうちのかたへ
火山活動と火成岩および、地震の発生原因や地震の揺れの伝わり方については、中学校理科で学習します。また、光電池については、「10.私たちの生活と電気」で学習します。

ぴったり3 確かめのテスト。

8. 土地のつくりと変化

60ページ

/100　合格 70 点

教科書 124〜151ページ　答え 31ページ

よく出る

1 地層《ちそう》をつくっている岩石について調べました。

1つ4点(20点)

あ

主にどろからできている。

い

主にれきからできている。

う

主に砂《すな》からできている。

(1) あ〜うの名前を、それぞれ答えましょう。

あ(でい岩)　い(れき岩)　う(砂岩)

(2) 次の文の(　)に当てはまる言葉を、下の[　]から選んで書きましょう。

● あ〜うは(① 流れる水)のはたらきによってできた層《そう》が固まってできたものである。そのため、あ〜うにふくまれるつぶの形を調べると、(② 丸みがある)。

角ばっている　丸みがある　火山　流れる水

2 土地の変化について調べました。

1つ4点(20点)

(1) 火山活動による土地の変化には△、地震《じしん》による土地の変化には×を(　)につけましょう。

ア(×)

地表に土地のずれが現れた。

イ(△)

ふん火によって川がせき止められ、湖ができた。

ウ(△)

海底からよう岩《がん》がふき出して小さな島ができた。

エ(×)

ゆれによって山のしゃ面がくずれた。

(2) (1)のアのような土地のずれを何といいますか。　(断層)

学習 61ページ

よく出る

3 地層のでき方を調べるため、砂とどろを混ぜたものを、容器に2回流しこみます。

1つ10点(30点)

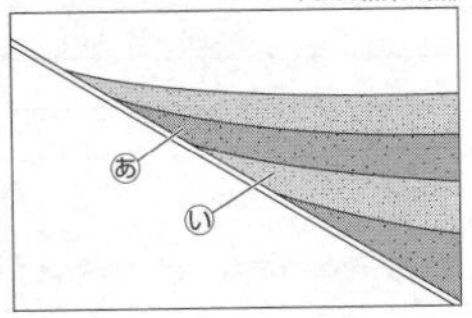

(1) 2回目に流しこむのは、いつがよいですか。正しいほうの(　)に○をつけましょう。　技能

ア(　)1回目を流しこんだすぐ後。

イ(○)1回目を流しこんでから、しばらくそのままにした後。

(2) どろはあ、いのどちらですか。　(い)

(3) この実験からわかることについて、次の文の(　)に当てはまる言葉を書きましょう。

● 水に運ぱんされた砂とどろは、つぶの(大きさ)によって分かれてたい積する。

4 道路の両側に見られる2つの地層について調べました。

1つ5点(30点)

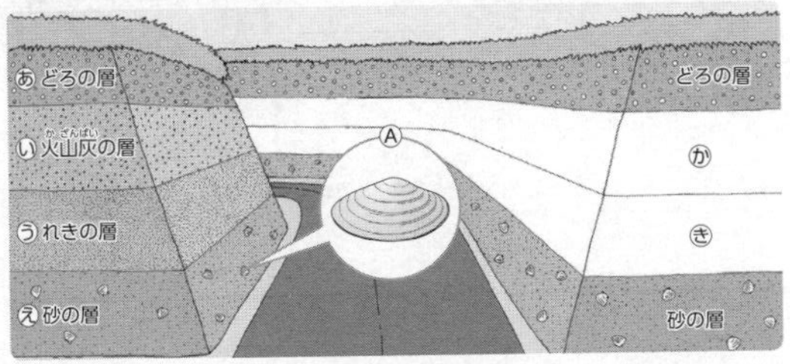

(1) あ〜えのうち、はじめにできたのはどの層だと考えられますか。　(え)

(2) いの火山灰の層があることから、この層ができたころ、この付近では何があったといえますか。　(火山のふん火)

(3) 地層の中から見つかる、Ⓐのようなものを何といいますか。　(化石)

(4) 記述 Ⓐが見つかったことから、この層はどのようにできたと考えられますか。

(海や湖の底にたい積してできた。)

(5) か、きはそれぞれ何の層だと考えられますか。

か(火山灰(の層))　き(れき(の層))

ふりかえり　1がわからないときは、54ページの1、56ページの1にもどって確認《かくにん》しましょう。3がわからないときは、54ページの1にもどって確認しましょう。

60〜61ページ　てびき

1 (2)れき岩や砂岩《さがん》、でい岩をつくるれきや砂《すな》、どろは、流れる水に運ぱんされる間に角がとれるので、丸みがあります。

2 (1)**イ、ウ**：火山がふん火すると、ふき出た火山灰《かざんばい》やよう岩《がん》によって土地が大きく変化したり、新しく土地ができたりします。

(2)土地に大きな力がはたらくと、ずれ(断層《だんそう》)ができます。地震《じしん》は断層ができるときに起こります。

3 (1)1回目に流しこんだ砂とどろがたい積し終わってから、2回目を流しこみます。

(2)、(3)砂とどろでは、砂のほうがつぶが大きいので、先にしずみます。

4 (1)ふつう、地層《ちそう》は下から順にたい積していきます。

(3)地層の中にある、動物や植物の一部、動物のすみかや足あとなどを、化石といいます。

(5)地層はおくにも広がっているので、道路の右側も、下から砂の層《そう》、れきの層、火山灰の層、どろの層の順だと考えられます。

ぴったり1 準備

9. てこのはたらき

てこのはたらき１

3分でまとめ

学習 62ページ

てこのしくみやそのはたらきを確認しよう。

教科書 152〜155ページ　答え 32ページ

次の(　)に当てはまる言葉を書くか、当てはまるものを○で囲もう。

1 力点や作用点の位置を変えると手ごたえはどうなるのだろうか。 教科書 152〜155ページ

▶棒《ぼう》を１点で支え、ものを持ち上げたり、動かしたりするしくみを(① てこ)という。

(② 作用点)…棒がものにふれて力をはたらかせている位置。

(③ 支点)…棒を支えている位置。

(④ 力点)…棒に力を加えている位置。

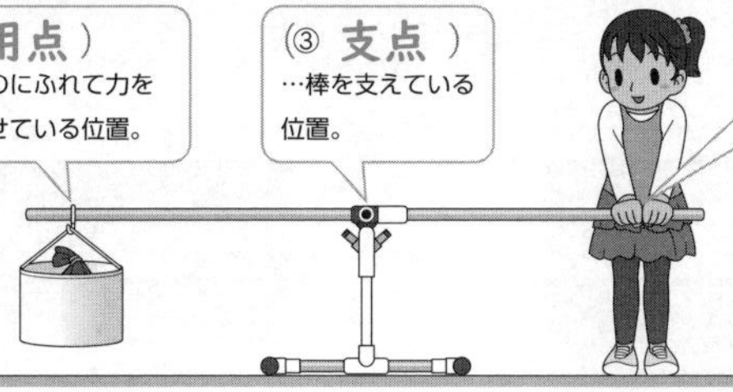

▶変える条件は力点の位置で、変えない条件は支点と作用点の位置のとき、力点を支点から遠ざけると、手ごたえが(⑤ 小さく)なる。

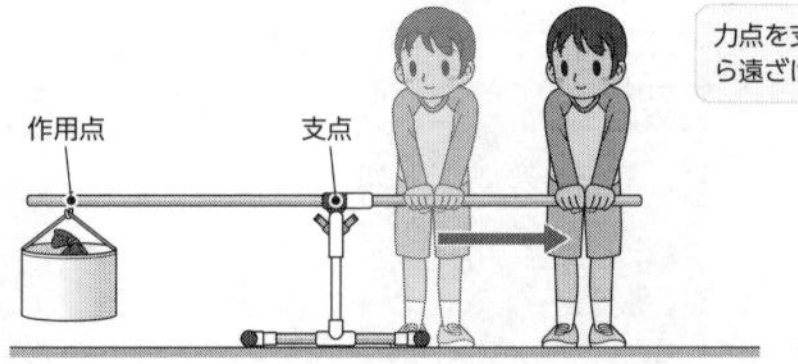

力点を支点から遠ざける。

▶てこでものを持ち上げるとき、支点から力点までのきょりが(⑥ 短い ・ (長い))ほど、小さな力で持ち上げることができる。

▶変える条件は作用点の位置で、変えない条件は支点と力点の位置のとき、作用点を支点に近づけると、手ごたえが(⑦ 小さく)なる。

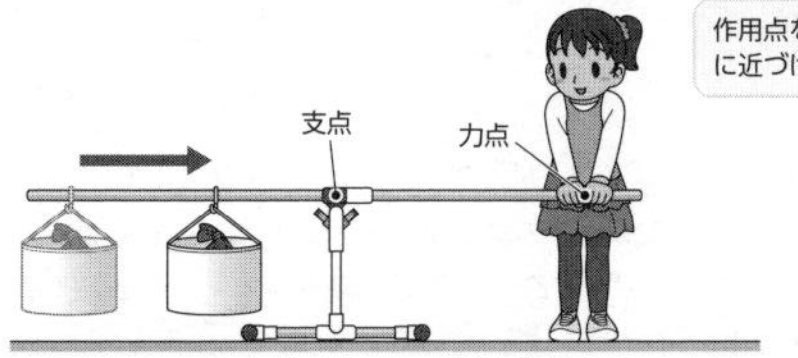

作用点を支点に近づける。

▶てこでものを持ち上げるとき、支点から作用点までのきょりが(⑧ (短い) ・ 長い)ほど、小さな力で持ち上げることができる。

ここがだいじ!
①てこには、支点、力点、作用点という３つの点がある。
②てこを使うとき、支点から力点までのきょりが長いほど、また、支点から作用点までのきょりが短いほど、小さな力でものを持ち上げることができる。

ぴたトリビア　てこのしくみを利用すると、そのままでは動かすことができない重いものも、人の力で動かすことができるので、災害救助などにも利用されています。

ぴったり2 練習

9. てこのはたらき

てこのはたらき１

学習 63ページ

教科書 152〜155ページ　答え 32ページ

1 棒《ぼう》を使ってものを持ち上げるときの手ごたえを調べます。

(1) 図のように、棒を１点で支えて、力を加えることでものを持ち上げたり、ものを動かしたりするしくみを、何といいますか。
(てこ)

(2) あ〜うの位置を何といいますか。それぞれ□から選んで答えましょう。

作用点　力点　支点

あ(作用点)　い(支点)　う(力点)

(3) 力を加えるうの位置をいから遠ざけると、持ち上げるときの手ごたえはどうなりますか。正しいものを１つ選んで、(　)に○をつけましょう。
ア(　)大きくなる。
イ(　)変わらない。
ウ(○)小さくなる。

2 てこの作用点の位置を変えたときの手ごたえを調べました。

(1) いのときの手ごたえは、あのときと比べてどうなっていますか。正しいものを１つ選んで、(　)に○をつけましょう。
ア(　)大きくなっている。
イ(　)同じである。
ウ(○)小さくなっている。

(2) この実験からわかることを１つ選んで、(　)に○をつけましょう。
ア(　)支点から力点までのきょりが短いほど、小さな力でものを持ち上げることができる。
イ(　)支点から力点までのきょりが短いほど、ものを持ち上げるのに大きな力が必要である。
ウ(○)支点から作用点までのきょりが短いほど、小さな力でものを持ち上げることができる。
エ(　)支点から作用点までのきょりが短いほど、ものを持ち上げるのに大きな力が必要である。

63ページ　てびき

1 (2)棒《ぼう》を支えているいを支点、棒に力を加えているうを力点、ものに力をはたらかせているあを作用点といいます。
(3)支点から力点までのきょりが長いほど、小さな力でものを持ち上げることができます。

2 (1)、(2)あといでは、支点から力点までのきょりは変わらず、支点から作用点までのきょりがいのほうが短くなっています。

おうちのかたへ　**9. てこのはたらき**

てこの規則性について学習します。力を加える位置や大きさを変えたときのてこのはたらきの変化を理解しているか、てこを利用した道具を見つけることができるか、などがポイントです。

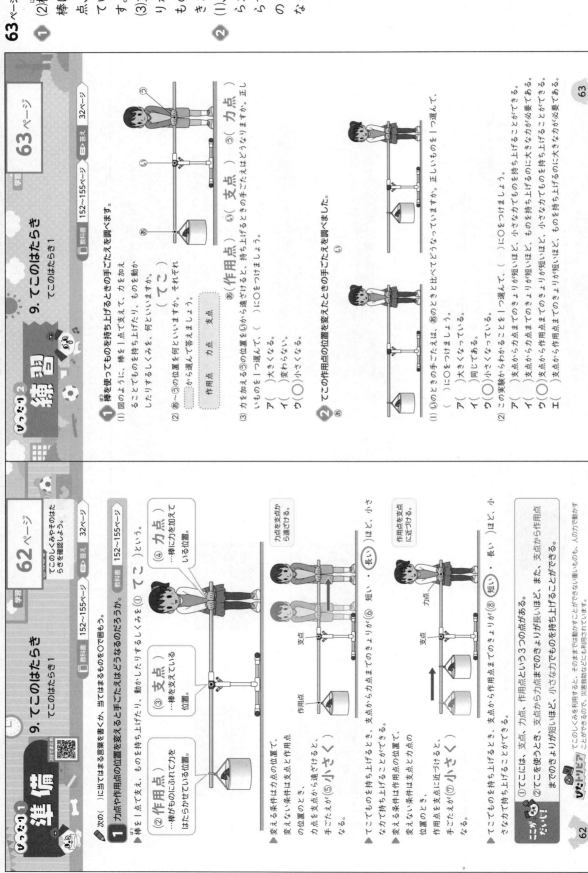

ぴったり1 準備

9. てこのはたらき

てこのはたらき2

てこのうでをかたむけるはたらきや、つり合うときのきまりを確認しよう。

教科書 156~161ページ　答え 33ページ

次の(　)に当てはまる言葉を書くか、当てはまるものを○で囲もう。

1 てこがつり合うときは、どのようなきまりがあるだろうか。 教科書 156~161ページ

▶実験用てこは、力の大きさをおもりの(① 重さ　)で表すことができる。

▶てこのうでは、左右のおもりの位置によってかたむきが(② (変わる) ・ 変わらない　)。

▶てこのおもりをつるしたうでが水平になっているとき、(③ つり合っている　)という。

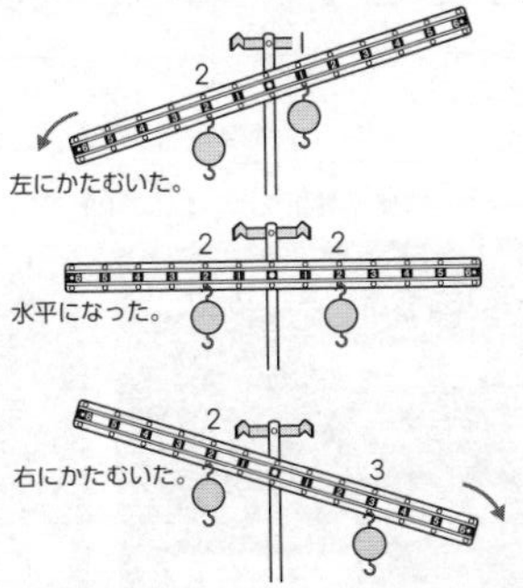

左右のうでにつるすおもりの重さが同じときには、左右の同じ目盛りの位置につるすとつり合うよ。

▶てこがつり合うときのきまりを調べる実験の結果(×はつり合わないことを表す。)

	左うで	右うで					
目盛りの数	3	1	2	3	4	5	6
おもりの重さ(g)	20	60	30	20	×	×	(④ 10　)

	左うで	右うで					
目盛りの数	6	1	2	3	4	5	6
おもりの重さ(g)	10	60	30	(⑤ 20　)	×	×	(⑥ 10　)

	左うで	右うで					
目盛りの数	2	1	2	3	4	5	6
おもりの重さ(g)	60	120	60	(⑦ 40　)	(⑧ 30　)	×	20

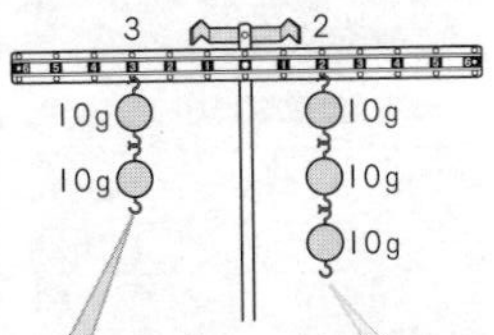

左うででは、おもりの重さ×支点からのきょりは、20×3=60

右うででは、おもりの重さ×支点からのきょりは、30×2=60

▶実験用てこのうでが水平になってつり合っているとき、左右のうでで、(⑨ 力の大きさ　)×(⑩ 支点からのきょり　)が等しくなっている。

「おもりの重さ」でも○　「目盛りの数」でも○

ここがだいじ!
①てこのおもりをつるしたうでが水平になっているとき、つり合っているという。
②実験用てこのうでが水平になってつり合っているとき、左右のうでで、力の大きさ(おもりの重さ)×支点からのきょり(目盛りの数)が等しくなっている。

ぴたトリビア　上皿《うわざら》てんびんは、左右のうでの長さが同じになっています。左右に同じ重さのものをのせると水平につり合うことを利用して、重さをはかります。

ぴったり2 練習

9. てこのはたらき

てこのはたらき2

教科書 156~161ページ　答え 33ページ

1 実験用てこのうでのかたむきを調べます。

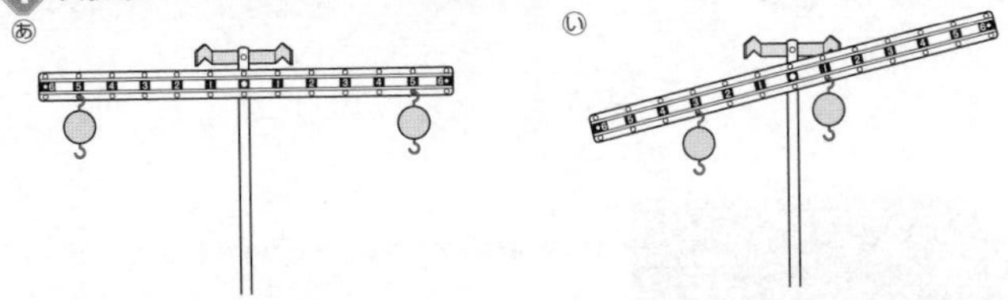

(1) あのように、おもりをつるしたうでが水平になっているとき、このことを何といいますか。

(つり合っている。)

(2) いの右うでの目盛《めも》り1の位置につるしたおもりを、目盛り2~6の位置へと動かしていくと、うでのかたむきはどうなりますか。それぞれ[　]から選んで答えましょう。

右にかたむく。　左にかたむく。　水平になる。

目盛り2(左にかたむく。)
目盛り3(水平になる。)
目盛り4(右にかたむく。)
目盛り5(右にかたむく。)
目盛り6(右にかたむく。)

2 実験用てこの左うでの目盛り3の位置におもり4個(40g)をつるすと、てこは左にかたむきました。

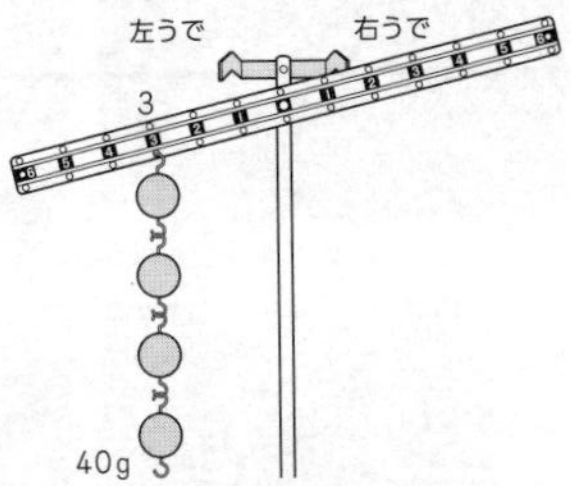

(1) 右うでの目盛り3の位置におもりをつるすとき、何gのおもりをつるすとてこがつり合いますか。

(40g)

(2) 次の①~④におもりをつるしてうでを水平にするには、それぞれ何gのおもりをつるせばよいですか。

① 右うでの目盛り1の位置　(120g)
② 右うでの目盛り2の位置　(60g)
③ 右うでの目盛り4の位置　(30g)
④ 右うでの目盛り6の位置　(20g)

(3) 右うでの目盛り6の位置におもり3個(30g)をつるすと、てこのかたむきはどうなりますか。正しいものを1つ選んで、(　)に○をつけましょう。

ア(　)左にかたむく。　イ(　)水平になる。　ウ(○)右にかたむく。

65ページ てびき

1 (2)左右のうでの真ん中の位置(支点)から等しいきょりの位置に同じ重さのものをつるすと、てこは水平になります。いでは、左うでの目盛《めも》り3の位置におもりが1個つるしてあるので、右うでの目盛り3の位置におもりを1個つるしたとき、つり合います。

2 (2)力の大きさ(おもりの重さ)×支点からのきょり(目盛りの数)が左右のうでで等しくなると、てこはつり合います。

①40×3=□×1
　□=120
②40×3=□×2
　□=60
③40×3=□×4
　□=30
④40×3=□×6
　□=20

(3)右うでの目盛り6の位置におもり2個(20g)をつるすとつり合うので、おもり3個(30g)をつるすと右にかたむきます。

おうちのかたへ
「比例」「反比例」については、6年算数で学習します。算数の教科書や授業での学習内容も参考にするとよいでしょう。

ぴったり1 準備

9. てこのはたらき

てこのはたらき3

てこを利用した道具のしくみを確認しよう。

教科書 162〜167ページ　答え 34ページ

次の（　）に当てはまる言葉を書くか、当てはまるものを○で囲もう。

1 てこのはたらきを利用した道具を調べてみよう。

教科書 162〜163ページ

▶はさみは、支点、力点、作用点がある、てこのはたらきを利用した道具であり、（① 大きな ・ (小さな) ）力で、紙を切ることができる。

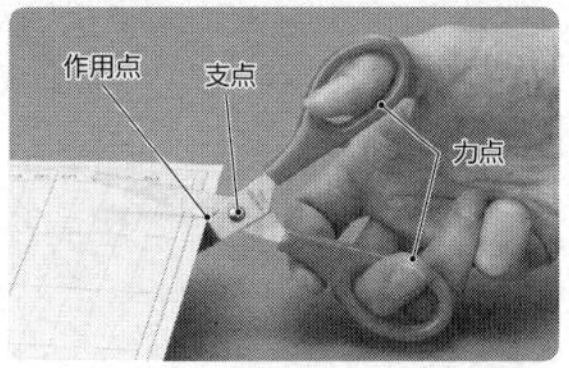
作用点
支点
力点

▶②〜⑲の（　）に当てはまる言葉を〔　〕から選んで書きましょう。

〔　支点　　力点　　作用点　〕

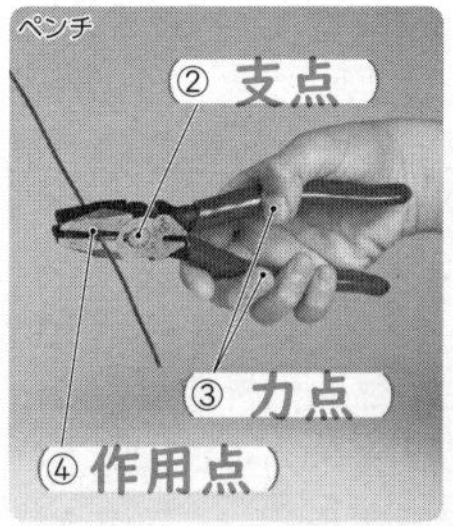
ペンチ
② 支点
③ 力点
④ 作用点

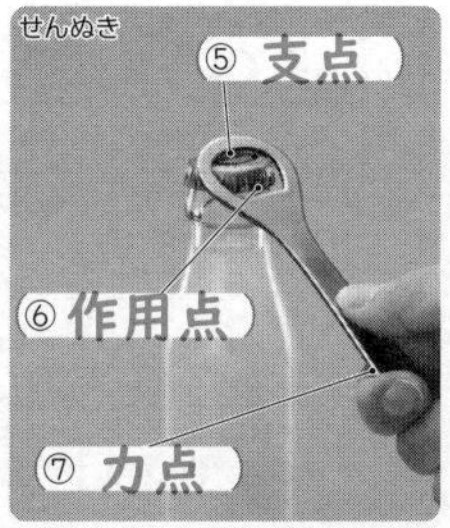
せんぬき
⑤ 支点
⑥ 作用点
⑦ 力点

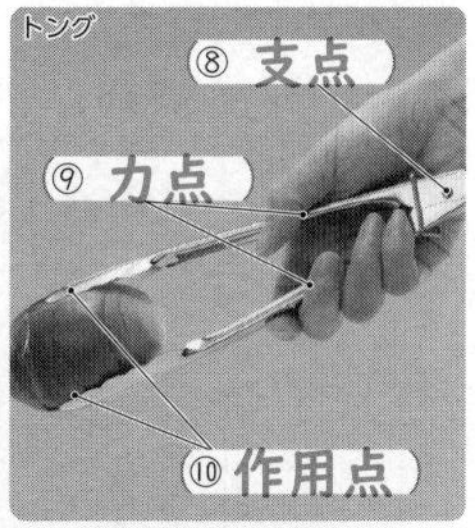
トング
⑧ 支点
⑨ 力点
⑩ 作用点

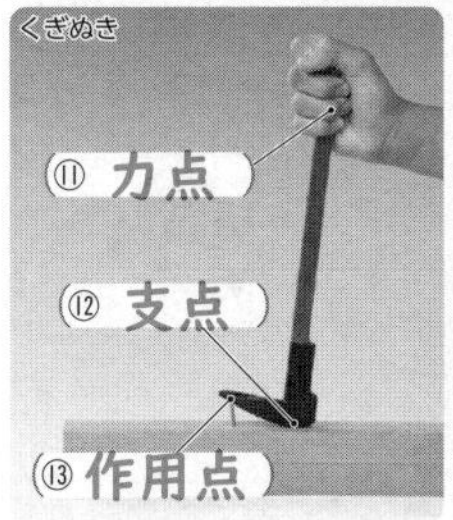
くぎぬき
⑪ 力点
⑫ 支点
⑬ 作用点

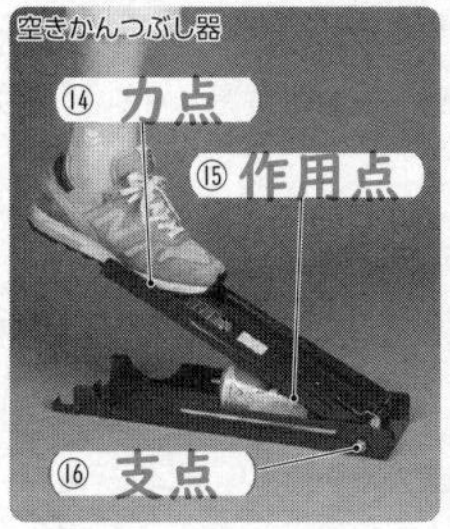
空きかんつぶし器
⑭ 力点
⑮ 作用点
⑯ 支点

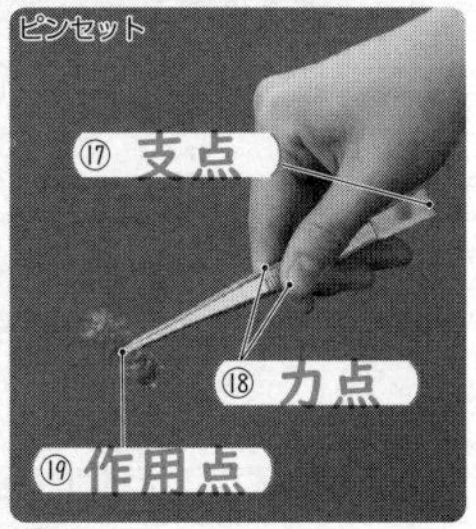
ピンセット
⑰ 支点
⑱ 力点
⑲ 作用点

▶トングやピンセットのように、はたらく力を（⑳ 大きく ・ (小さく) ）する道具もある。

ここがだいじ！ ①身の回りには、てこのはたらきを利用した道具がたくさんある。
②支点、力点、作用点の位置は、道具によってちがう。

ぴたトリビア 輪軸《りんじく》という道具は、てこと同じように小さな力で大きな力を出すことができ、ドアノブやドライバー、自動車のハンドル、水車などに利用されています。

ぴったり2 練習

9. てこのはたらき

てこのはたらき3

教科書 162〜167ページ　答え 34ページ

1 てこのはたらきを利用した道具について調べました。

(1) ペンチの支点、力点、作用点はどこですか。正しく表しているものを１つ選んで、（　）に○をつけましょう。

ア（　）

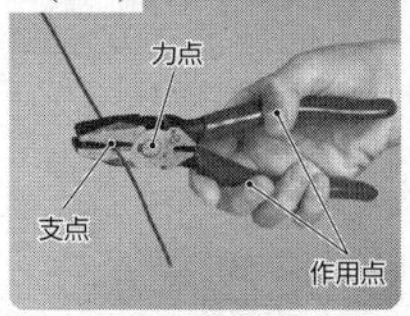
力点
支点
作用点

イ（○）

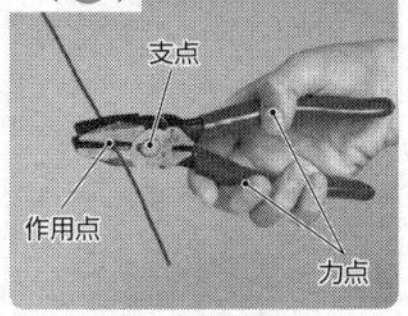
支点
作用点
力点

ウ（　）

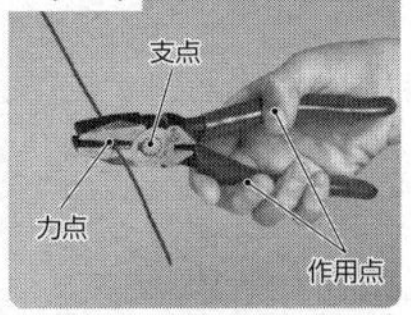
支点
力点
作用点

(2) 作用点が支点と力点の間にある道具をすべて選んで、（　）に○をつけましょう。

ア（○）

せんぬき

イ（　）

くぎぬき

ウ（○）

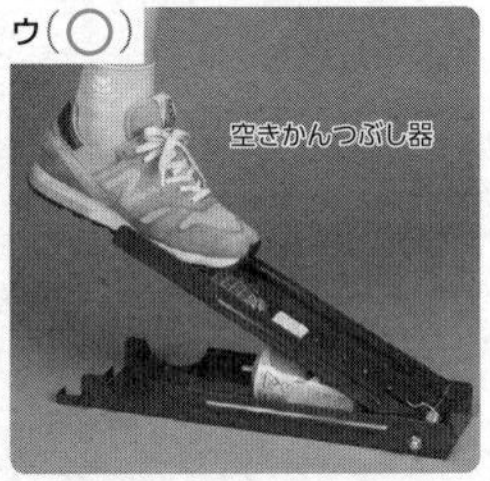
空きかんつぶし器

2 ピンセットについて調べました。

(1) あ〜うの点を、それぞれ何といいますか。

あ（作用点）
い（力点）
う（支点）

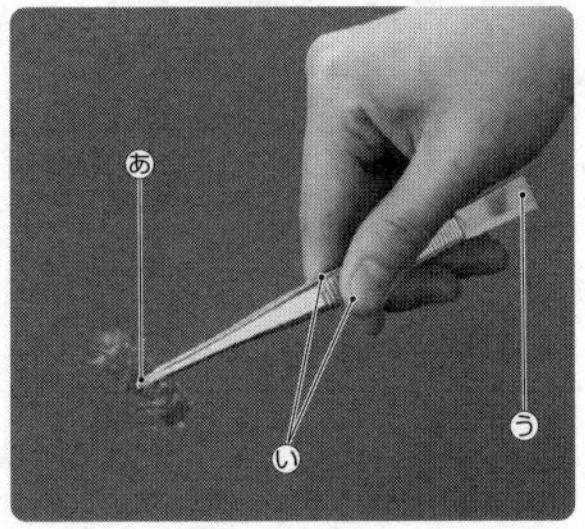
あ
い
う

(2) ピンセットについての説明で、正しいほうの（　）に○をつけましょう。

ア（○）力点に加えた力より小さな力が作用点ではたらく。

イ（　）力点に加えた力より大きな力が作用点ではたらく。

67ページ　てびき

1 (2)それぞれの道具の支点、力点、作用点の位置は、次のようになっています。

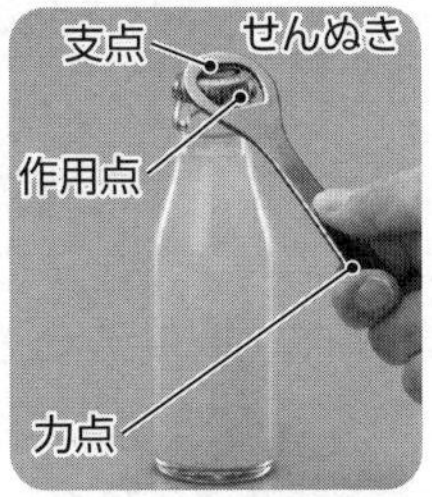
支点
せんぬき
作用点
力点

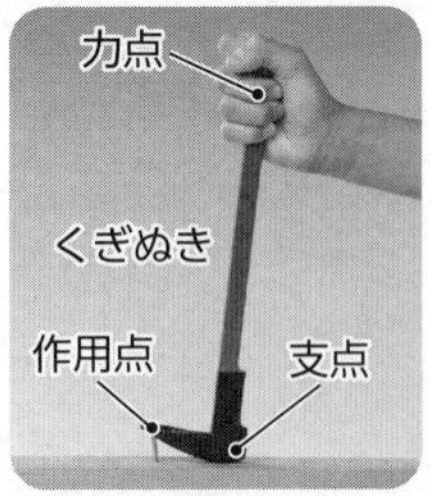
力点
くぎぬき
作用点
支点

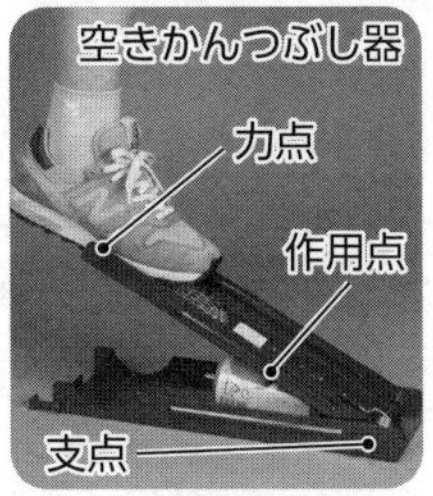
空きかんつぶし器
力点
作用点
支点

2 (1)あ…ものをはさむ部分なので、作用点です。
い…力を加えている部分なので、力点です。
(2)ピンセットのように力点が真ん中にあるてこでは、加えた力より小さな力が作用点にはたらきます。そのため、ものを傷《きず》つけずにはさむことができます。

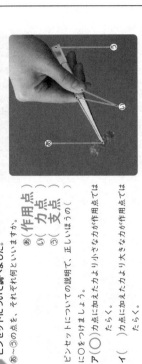

ぴったり3 確かめのテスト。

9. てこのはたらき

68ページ

/100 合格 70 点

教科書 152~169ページ　答え 35ページ

1 てこを使ってものを持ち上げます。　1つ5点(35点)

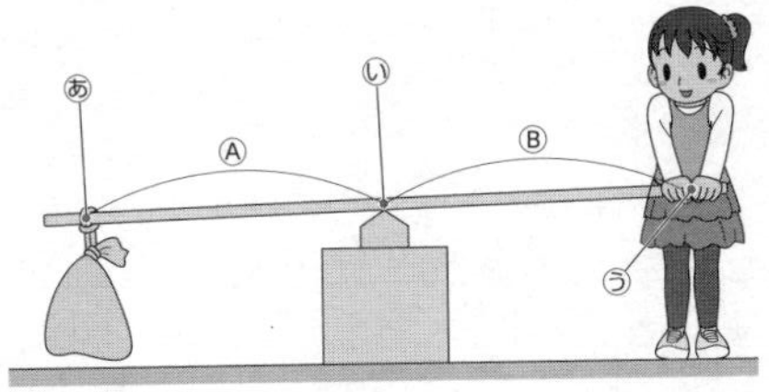

(1) あ~うは、支点、力点、作用点のどれですか。

あ(作用点)　い(支点)　う(力点)

(2) 次の①、②のとき、手ごたえはそれぞれどうなりますか。

① あをいに近づけたとき　(小さくなる。)

② うをいに近づけたとき　(大きくなる。)

(3) ものを小さな力で持ち上げるためには、ⒶやⒷの長さはそれぞれどうすればよいですか。

Ⓐの長さ(短くする。)

Ⓑの長さ(長くする。)

よく出る

2 てこのはたらきを利用した道具について調べます。　1つ5点(15点)

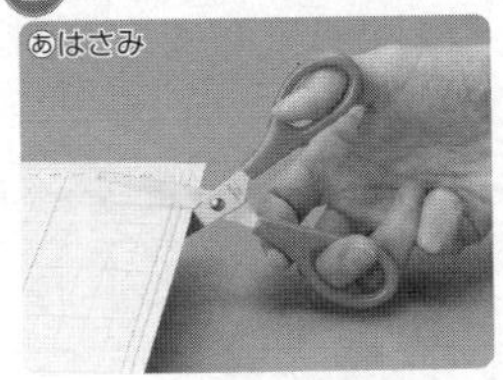

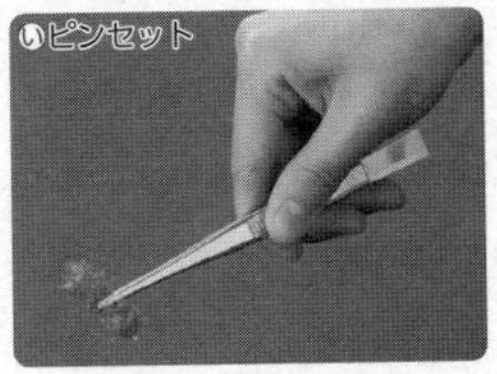

(1) あ、いの道具の支点、力点、作用点の位置関係の説明として正しいものを、それぞれア~ウから選んで、記号で答えましょう。

あ(イ)　い(ウ)

ア 作用点が支点と力点の間にある。

イ 支点が力点と作用点の間にある。

ウ 力点が支点と作用点の間にある。

(2) 力点で加えた力より小さな力が作用点ではたらくのは、あ、いのどちらですか。

(い)

69ページ

学習

3 実験用てこの左うでの目盛《めも》り3の位置におもりを1個つるし、うでがかたむくようすを調べます。　1つ5点(15点)

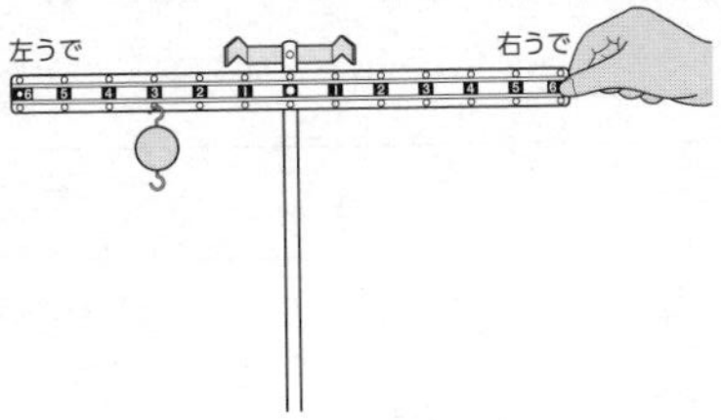

(1) 右うでの目盛り1や6の位置におもりを1個つるしたとき、うではそれぞれ左、右のどちらにかたむきますか。

目盛り1(左)

目盛り6(右)

(2) おもりを1個つるしてうでを水平にするには、右うでの目盛り2~5のどの位置につるせばよいですか。　(3)

この本の終わりにある「冬のチャレンジテスト」をやってみよう！

よく出る

4 実験用てこの左うでの目盛り6の位置に10gのおもりを2個つるし、右うでに10gのおもりを何個つるすとてこがつり合うかを調べ、表にまとめます。　1つ5点、(2)は全部できて5点(25点)

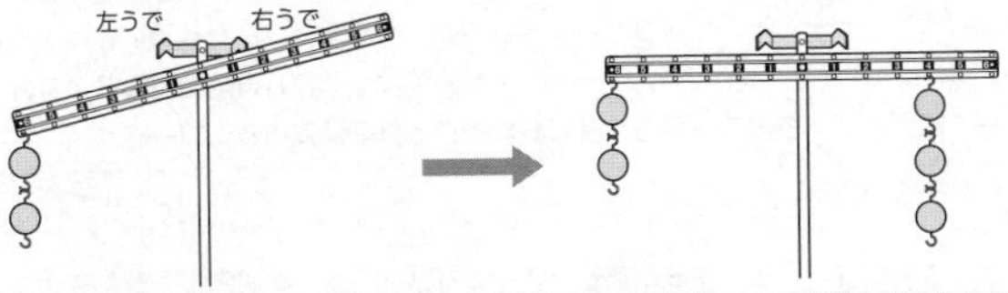

	左うで	右うで					
目盛りの数	6	1	2	3	4	5	6
おもりの重さ(g)	20	120	①	②	30	③	④

(1) 表の①~④に当てはまる数字を書きましょう。ただし、つり合わないときは×をつけましょう。

①(60)　②(40)　③(×)　④(20)

(2) てこがつり合っているときには、左右のうでで何と何の積が等しくなっていますか。

(力の大きさ)(支点からのきょり)

「おもりの重さ」でも○　「目盛りの数」でも○

できたらスゴイ！

5 くぎぬきでくぎをぬくとき、手の位置を変えて比べます。　思考・表現　1つ5点(10点)

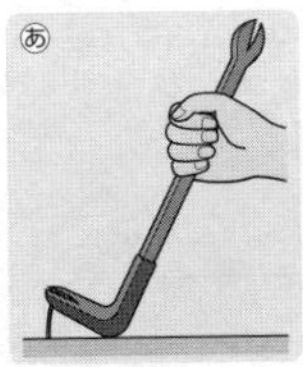

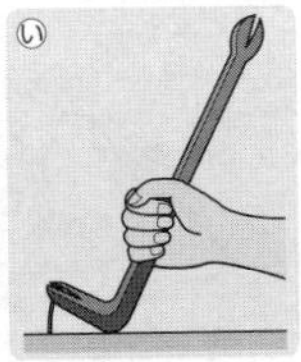

(1) あといではどちらのほうが小さな力でくぎをぬけますか。　(あ)

(2) 記述 (1)のように考えられる理由を説明しましょう。

(支点から力点までのきょりが長くなっているから。)

ふりかえり

4がわからないときは、64ページの1にもどって確認《かくにん》しましょう。

5がわからないときは、62ページの1、66ページの1にもどって確認しましょう。

68~69ページ　てびき

1 (2)、(3)Ⓐ(支点から作用点までのきょり)が短いほど、ものを持ち上げるのに必要な力は小さくなります。

また、Ⓑ(支点から力点までのきょり)が長いほど、ものを持ち上げるのに必要な力は小さくなります。

2 (1)力を加える点が力点です。また、はさみの紙を切る部分やピンセットのものをつまむ部分が作用点です。

(2)力点が支点と作用点の間にあるてこでは、力点に加えた力より小さな力が作用点にはたらきます。

3 (2)実験用てこの支点から等しいきょりの位置に同じ重さのものをつるすと、てこは水平になります。

4 (1)①20×6=□×2

□=60

②20×6=□×3　□=40

③20×6=□×5　□=24

(おもりは10gなので×)

④20×6=□×6　□=20

5 支点から作用点までのきょりが同じであれば、支点から力点までのきょりが長いほど、作用点に大きな力が加わります。したがって、あのように支点から遠い位置を持てば、小さな力でくぎをぬくことができます。

ぴったり1 準備

3分でまとめ

10. 私たちの生活と電気

私たちの生活と電気 1

学習 70ページ

手回し発電機、光電池、コンデンサーのはたらきを確認しよう。

教科書 170〜176ページ　答え 36ページ

次の(　)に当てはまる言葉を書くか、当てはまるものを○で囲もう。

1 電気は、つくったりためたりできるだろうか。

教科書 170〜175ページ

▶私《わたし》たちの生活で利用する電気の多くは、(① 発電所)でつくられる。
▶電気をつくることを(② 発電)という。
▶手回し発電機は(③ 電気)をつくることができる。
▶(④ 光電池)に光を当てると、電気をつくることができる。
▶手回し発電機につないだとき

	ハンドルをゆっくり回す。	ハンドルを速く回す。
豆電球	明かりが (⑤ ついた)。	ゆっくり回したときよりも (⑥ 明るく)なった。
モーター	(⑦ 回った)。	ゆっくり回したときよりも (⑧ 速く)回った。

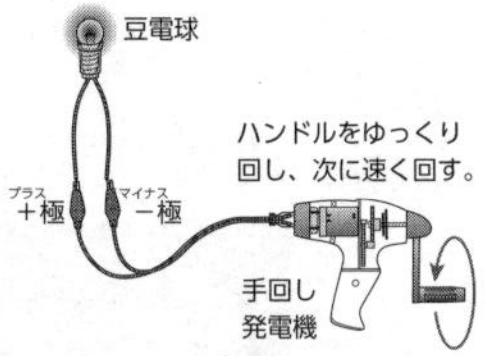

▶光《こう》電池につないだとき

	光を弱く当てる。(半とうめいのシートあり)	光を強く当てる。(半とうめいのシートなし)
豆電球	明かりが (⑨ ついた)。	光を弱く当てたときよりも (⑩ 明るく)なった。
モーター	(⑪ 回った)。	光を弱く当てたときよりも (⑫ 速く)回った。

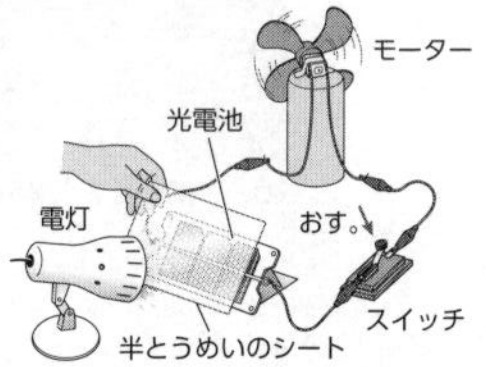

▶手回し発電機のハンドルを速く回したり、光電池に当てる光を強くしたりすると、電流の大きさが(⑬ 変わる ・ 変わらない)。
▶コンデンサーを使うと、電気を(⑭ ためる)ことができる。
▶電気をためたコンデンサーにつないだとき

豆電球	明かりが (⑮ ついた)。
モーター	(⑯ 回った)。

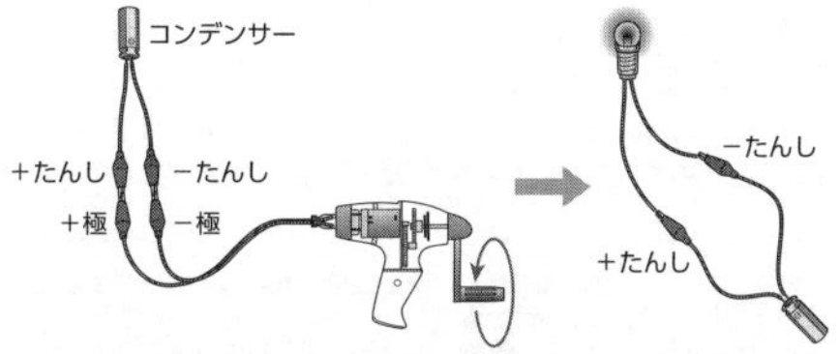

ここが だいじ！
①電気は、つくったりためたりすることができる。
②手回し発電機のハンドルを速く回したり、光電池に当てる光を強くしたりすると、電流の大きさが変わる。

ぴたトリビア　発電の方法には、波の力を利用する波力《はりょく》発電、地下深くの高温の水や水蒸気《すいじょうき》を利用する地熱発電、バイオマス(動物のふんや生ごみなど)を利用するバイオマス発電などもあります。

ぴったり2 練習

10. 私たちの生活と電気

私たちの生活と電気 1

学習 71ページ

教科書 170〜176ページ　答え 36ページ

1 手回し発電機にモーター、光《こう》電池に豆電球をつなぎ、どうなるか調べます。

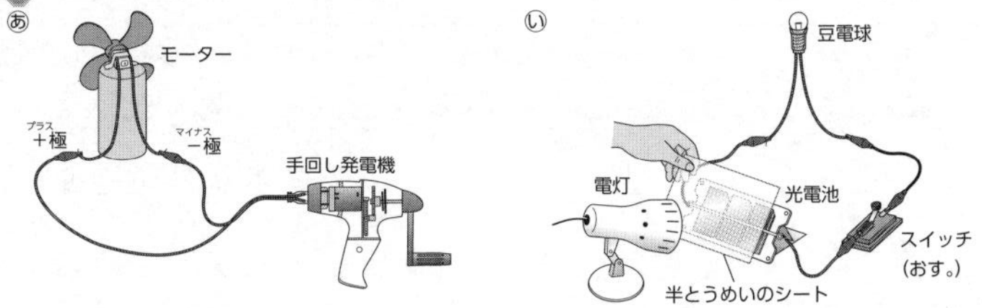

(1) あの手回し発電機のハンドルをゆっくり回すと、モーターは回りますか、回りませんか。
(回る。)

(2) あの手回し発電機のハンドルを(1)のときより速く回すと、どうなりますか。正しいほうの(　)に○をつけましょう。
ア(　)ゆっくり回したときよりも、モーターがゆっくり回った。
イ(○)ゆっくり回したときよりも、モーターが速く回った。

(3) いの光電池に電灯の光を当てると、豆電球の明かりはつきますか、つきませんか。
((明かりは)つく。)

(4) いの半とうめいのシートをなくして、光電池に電灯の光を当てるとどうなりますか。正しいほうの(　)に○をつけましょう。
ア(○)半とうめいのシートがあるときよりも、豆電球が明るくなった。
イ(　)半とうめいのシートがあるときよりも、豆電球が暗くなった。

(5) 手回し発電機と光電池でつくった電気は、かん電池の電気と同じはたらきをしますか、しませんか。
(する。)

2 コンデンサーにつないだ手回し発電機のハンドルを回してから、コンデンサーを豆電球につなぎ、豆電球の明かりがつくか調べます。

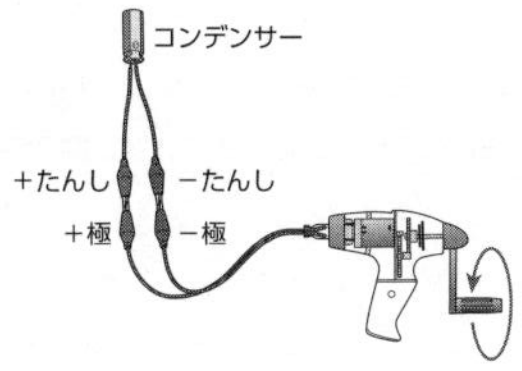

(1) コンデンサーにつないだ豆電球はどうなりますか。正しいほうの(　)に○をつけましょう。
ア(○)明かりがついた。
イ(　)明かりがつかなかった。

(2) この実験から、何がわかりますか。正しいほうの(　)に○をつけましょう。
ア(　)コンデンサーは、電気をつくることができる。
イ(○)コンデンサーは、電気をためることができる。

71ページ てびき

1 (2)手回し発電機のハンドルを速く回すと、電流が大きくなります。ただし、速く回しすぎるとこわれることがあります。
(4)半とうめいのシートをなくすと、光《こう》電池に当たる光は強くなるので、光電池によってできる電流は大きくなります。

2 コンデンサーには電気をためることができます。ためた電気は、かん電池の電気と同じように豆電球などを光らせます。

おうちのかたへ
教科書などでは「光電池」と書かれていますが、これは「太陽電池」と同じものです。

おうちのかたへ　**10. 私たちの生活と電気**
発電や蓄電、電気の変換について学習します。電気をつくったり蓄えたりすることができること、電気を光や音、熱、運動などに変換することができることを理解しているか、電気の性質やはたらきを利用した道具を見つけることができるか、などがポイントです。

ぴったり1
準備
10. 私たちの生活と電気
私たちの生活と電気2

学習 72ページ

身の回りの電気製品では電気を何に変かんしているかを確認しよう。

教科書 177~179ページ　答え 37ページ

次の(　)に当てはまる言葉を書くか、当てはまるものを○で囲もう。

1 電気はどのようなものに変わるのだろうか。
教科書 177~179ページ

▶発光ダイオードは、電気を(① 光)に変えている。
▶ブザーは、電気を(② 音)に変えている。
▶モーターは、電気を(③ 運動)に変えて利用している。

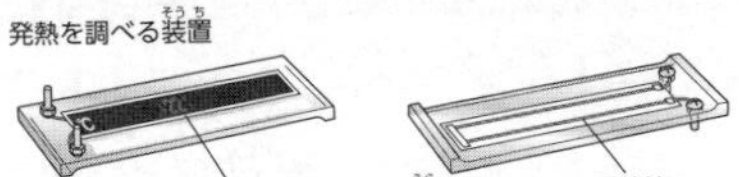

温度が(④ 下がる ・ (上がる))。
➡電気が(⑤ 熱)に変わった。

▶身の回りの電気製品

せん風機

電気を(⑥ 運動)に変える。

ホットプレート

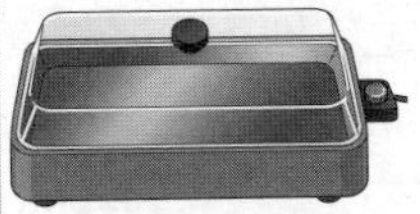

電気を(⑦ 熱)に変える。

照明

電気を(⑧ 光)に変える。

テレビ

電気を(⑨ 光)と(⑩ 音)に変える。

ドライヤー

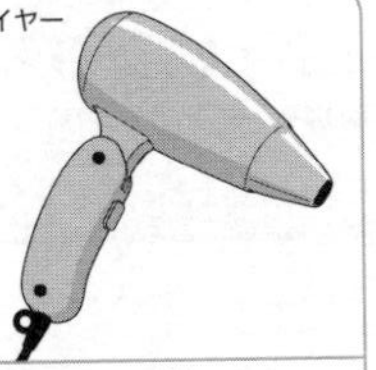

電気を(⑪ 熱)と運動に変える。

ハンドミキサー

電気を(⑫ 運動)に変える。

▶光《こう》電池は(⑬ 光)を電気に変えることができる。
▶モーターは(⑭ 運動)を電気に変えることができる。
▶火力発電所や水力発電所、風力発電所のタービンでは、(⑮ 運動)を電気に変えている。

ここがだいじ! ①電気は光、音、熱、運動に変わる性質があり、身の回りの道具にいろいろと利用されている。

ぴたトリビア 電灯に明かりをつけるとあたたかくなることからわかるように、電灯は電気を光だけでなく熱にも変かんしています。

72

ぴったり2
練習
10. 私たちの生活と電気
私たちの生活と電気2

学習 73ページ

教科書 177~179ページ　答え 37ページ

1 電気はどのようなものに変わる性質があるかを調べました。

(1) あ~えに当てはまる言葉を、それぞれ[　]から選んで答えましょう。

[運動　熱　光　音]

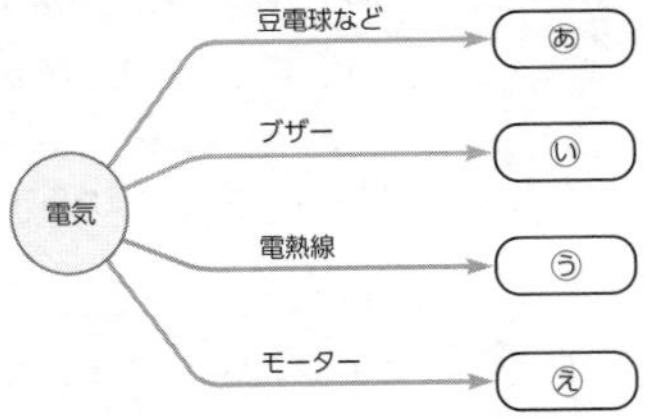

あ(光)
い(音)
う(熱)
え(運動)

(2) 豆電球のほかに、電気をあに変えているものを1つ選んで、(　)に○をつけましょう。

ア(○)発光ダイオード
イ(　)ドライヤー
ウ(　)コンデンサー
エ(　)手回し発電機

2 身の回りにある電気製品について調べます。

あ ハンドミキサー

い ホットプレート

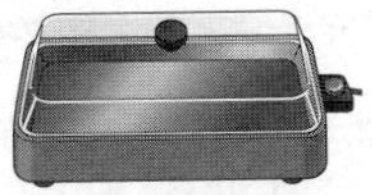

う せん風機

え テレビ

お 照明

か ドライヤー

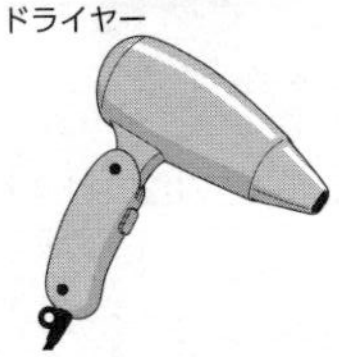

(1) あ、い、うはそれぞれ、電気を何に変えて利用していますか。

あ(運動)　い(熱)　う(運動)

(2) 電気を光と音に変えて利用している道具をえ~かから1つ選んで、記号で答えましょう。

(え)

73

❶ (1)あ…豆電球などの明かりがつく器具は、電気を主に光に変えて利用しています。う…電熱線は電気を熱に変えるはたらきがあり、ドライヤーなどに利用されています。
(2)発光ダイオードは電気を光に変え、ドライヤーは電気を熱と運動に変えて利用しています。コンデンサーは電気をためる器具、手回し発電機は電気をつくる器具です。

❷ 電気製品の中には、電気を複数のものに変えて利用しているものもあり、テレビでは電気を光と音、ドライヤーでは電気を熱と運動に変えます。なお、ドライヤーの中には電熱線があり、そこで空気を熱し、せん風機のようなしくみであたたかくなった空気を送り出しています。

おうちのかたへ
小学校では「エネルギー」は扱わないので、電気の利用では、電気が光、音、熱、運動(動き)に変わる、という表現をしています。「エネルギー」や「エネルギーの変換と保存」は中学校理科で学習します。

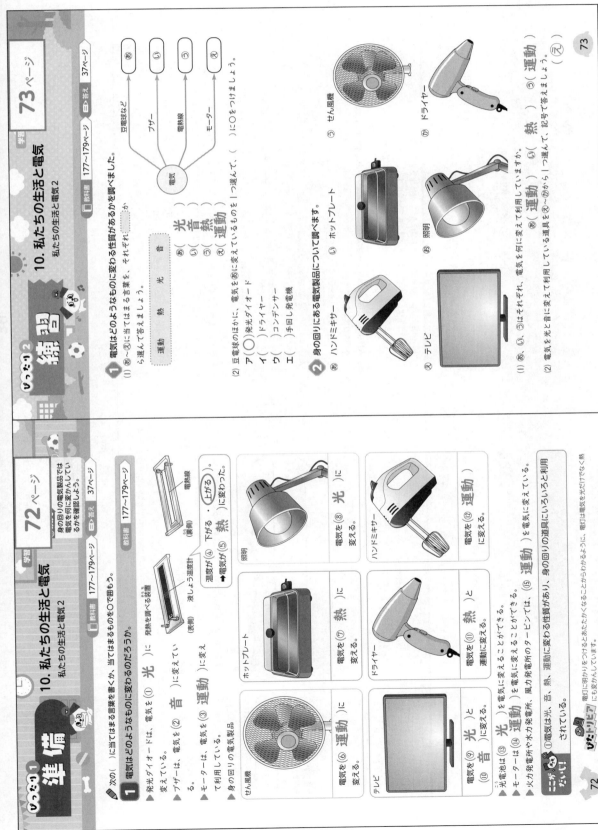

ぴったり1 準備

学習 74ページ

10. 私たちの生活と電気

私たちの生活と電気 3

豆電球と発光ダイオードのちがいとプログラミングについて確認しよう。

教科書 180〜189ページ　答え 38ページ

次の(　)に当てはまる言葉を書くか、当てはまるものを○で囲もう。

1 豆電球と発光ダイオードが使う電気の量はちがうのだろうか。　教科書 180〜182ページ

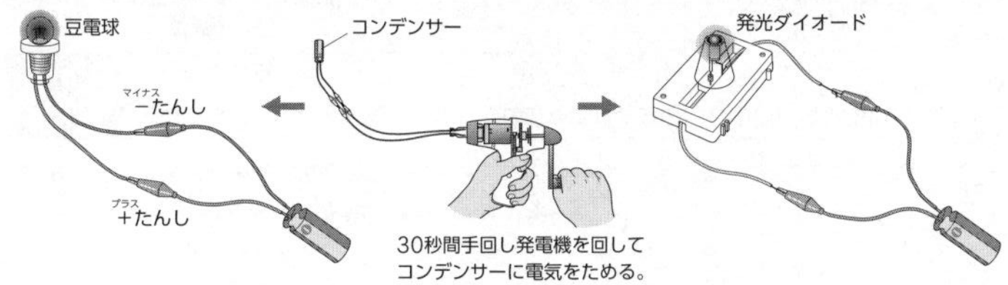

明かりのついている時間は、豆電球よりも発光ダイオードのほうが(① (長い)・ 短い)。

▶豆電球と発光ダイオードでは、発光ダイオードのほうが使う電気の量が(② 多い ・ (少ない))。

2 プログラミングとはどのようなものなのだろうか。　教科書 185〜189ページ

▶コンピュータが動くための指示を(① プログラム)といい、指示をつくることを(② プログラミング)という。

[暗くなって人が通ったときだけ発光ダイオードの明かりがつくプログラム]

(明るさセンサー)暗くなったら → 入力1
(人感《じんかん》センサー)感知したら → 入力2
入力1・入力2 → 同時に入力があったら → 電源をオンに
(明るさセンサー)明るくなったら → 電源をオフに
(人感センサー)感知しなくなったら → 電源をオフに

多くの電気製品では、電気を効率よく利用するためにプログラムが使われているよ。

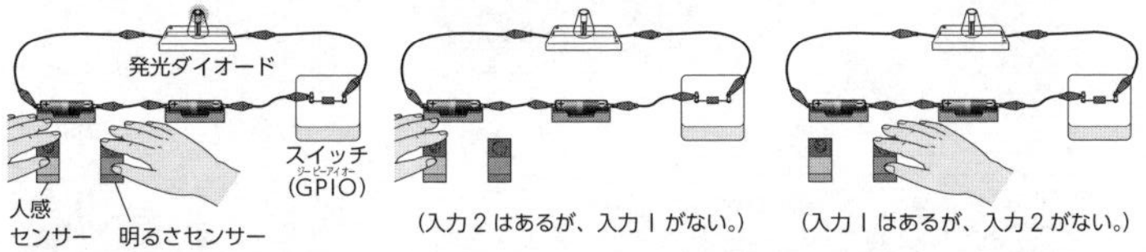

(入力2はあるが、入力1がない。)
(入力1はあるが、入力2がない。)

ここが だいじ!
①豆電球と発光ダイオードでは、使う電気の量がちがう。
②使う電気の量は、豆電球よりも発光ダイオードのほうが少ない。
③コンピュータへの指示をプログラム、指示をつくることをプログラミングという。

ぴたトリビア　センサーはいろいろな種類があり、例えば、火災報知器では温度やけむりを感知するセンサー、ガスもれ警報機《けいほうき》ではガス器具からもれたガスを感知するセンサーが使われています。

ぴったり2 練習

学習 75ページ

10. 私たちの生活と電気

私たちの生活と電気 3

教科書 180〜189ページ　答え 38ページ

1 電気をためたコンデンサーで、豆電球と発光ダイオードの明かりがつく時間を調べます。

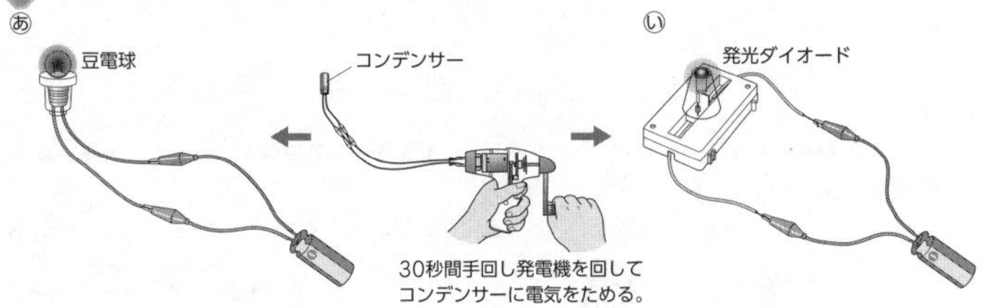

(1) あといで使ったコンデンサーにたまっていた電気の量は同じですか、ちがいますか。
(同じ。)

(2) あといでは、どちらのほうが明かりのついている時間が長いですか。
(い)

(3) この実験から何がわかりますか。正しいものを1つ選んで、(　)に○をつけましょう。
ア(　)豆電球より発光ダイオードのほうが、使う電気の量が多い。
イ(　)豆電球と発光ダイオードが使う電気の量は等しい。
ウ(○)豆電球より発光ダイオードのほうが、使う電気の量が少ない。

2 人が通るときに、明かりが必要ならば発光ダイオードの電源がオンになるようなプログラムをつくりました。

(明るさセンサー)暗くなったら → 入力1
(人感《じんかん》センサー)感知したら → 入力2
入力1・入力2 → 同時に入力があったら → 電源をオンに
(明るさセンサー)明るくなったら → 電源をオフに
(人感センサー)感知しなくなったら → 電源をオフに

(1) プログラムをつくることを何といいますか。　(プログラミング)

(2) 発光ダイオードの電源がオフになっているのは、どのようなときですか。正しいものをすべて選んで、(　)に○をつけましょう。
ア(○)明るくて人がいないとき。　イ(○)明るくて人が通ったとき。
ウ(○)暗くて人がいないとき。　エ(　)暗くて人が通ったとき。

75ページ てびき

1 (1)手回し発電機を同じ時間だけ回し、コンデンサーにたまる電気の量を同じにします。
(2)、(3)発光ダイオードのほうが使う電気の量が少ないので、コンデンサーにためた電気を使いきるまでの時間(明かりがついている時間)が長くなります。

	使う電気の量	明かりがついている時間
発光ダイオード	少ない	長い
豆電球	多い	短い

2 (2)発光ダイオードの電源がオンになるのは、2つのセンサーで暗いことと人がいることの両方を感知したときだけです。
明るいときや人がいないときには、電源がオフになります。

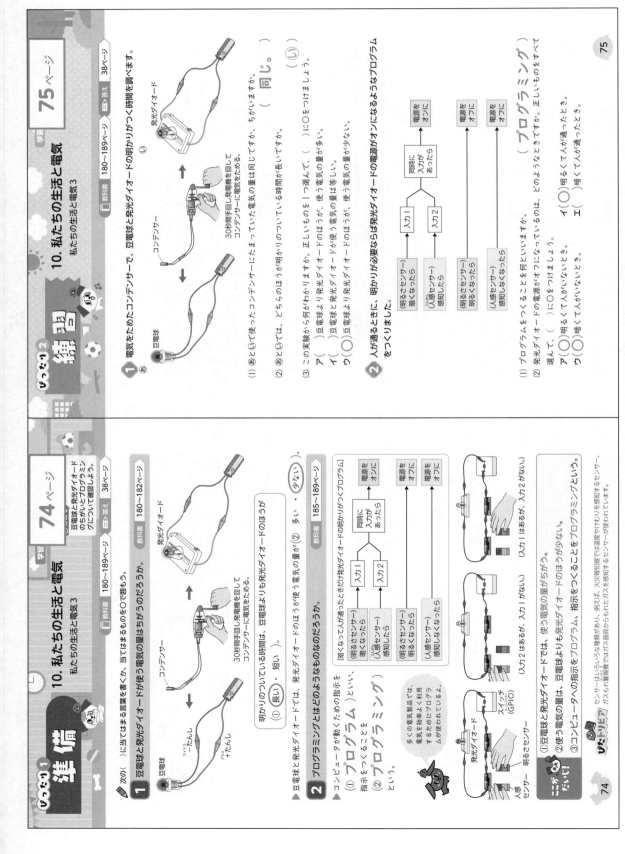

確かめのテスト。 10. 私たちの生活と電気

76ページ

/100 合格70点

教科書 170~191ページ　答え 39ページ

1 モーターをつないだ光《こう》電池に当てる光の強さを変えたとき、モーターがどのようになるかを調べます。　1つ5点(20点)

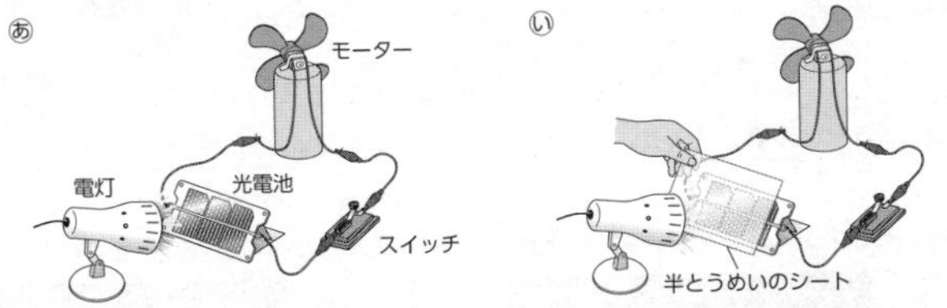

(1) あ、いのスイッチをおしたときの結果はどうなりますか。正しいものを1つ選んで、(　)に○をつけましょう。

ア(　)あのモーターもいのモーターも同じくらいの速さで回る。
イ(　)あのモーターはゆっくり回り、いのモーターは速く回る。
ウ(○)あのモーターは速く回り、いのモーターはゆっくり回る。
エ(　)あのモーターもいのモーターも回らない。

(2) この実験からわかることをまとめます。(　)に当てはまる言葉を書きましょう。

● 光電池は、(① 光)を(② 電気)に変えることができる器具である。光電池に当たる(①)が(③ 強く)なると、つくられる(②)は多くなる。

よく出る

2 手回し発電機とコンデンサーを使って、発光ダイオードを光らせました。　技能 1つ5点(20点)

(1) 手回し発電機とコンデンサーのはたらきを、それぞれア~ウから選んで、記号で答えましょう。

手回し発電機(イ)
コンデンサー(ア)

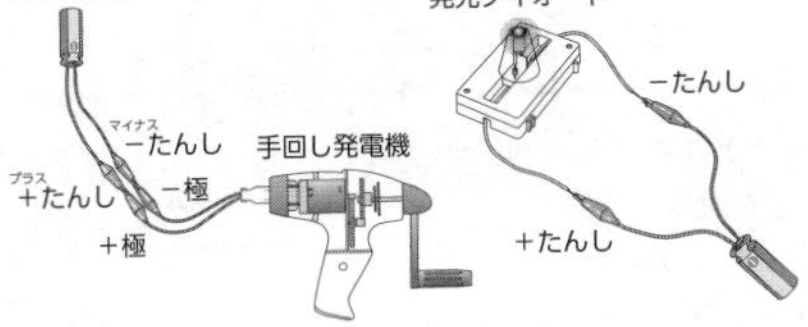

ア　電気をためる。
イ　電気をつくる。
ウ　電気を熱に変える。

(2) コンデンサーと発光ダイオードをつなぐとき、コンデンサーの+たんしと−たんしを反対にすると、発光ダイオードは光りますか、光りませんか。　(光らない。)

(3) 実験後のコンデンサーはどのようにしておきますか。正しいほうの(　)に○をつけましょう。

ア(　)コンデンサーをかん電池につないでおく。
イ(○)コンデンサーの+たんしと−たんしをつないでおく。

学習 77ページ

よく出る

3 身の回りにある電気製品を調べました。　1つ10点、(2)は全部できて10点(30点)

あ せん風機　い 照明　う テレビ

(1) 次の①、②に当てはまるものを、あ~うからそれぞれ選んで答えましょう。

① 電気を音に変える。　(う)
② 電気を運動に変える。　(あ)

(2) 電気をいと同じように変えて利用している電気製品は何ですか。正しいものをすべて選んで、(　)に○をつけましょう。

ア(○)豆電球　イ(　)ドライヤー
ウ(　)ハンドミキサー　エ(○)発光ダイオード

できたらスゴイ!

4 同じ条件のコンデンサーを使って、豆電球と発光ダイオードの明かりがつく時間を比べます。　1つ10点(30点)

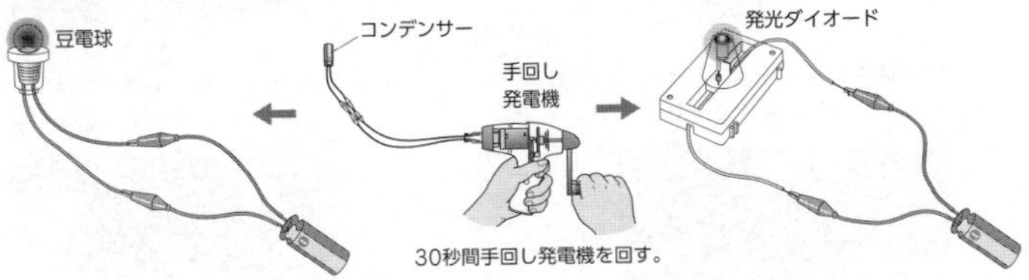

(1) 明かりのついている時間が短いのは、豆電球と発光ダイオードのどちらですか。
(豆電球)

(2) 記述 (1)のようになるのは、なぜですか。　思考・表現
(豆電球のほうが発光ダイオードより使う電気の量が多いから。)

(3) 記述 信号機は、以前はすべて電球を使ったものでしたが、現在では発光ダイオードを使ったものに変わってきています。その理由を、「節約」という言葉を使って説明しましょう。　思考・表現

(発光ダイオードのほうが電球より使う電気の量が少なく、電気を節約することができるから。)

ふりかえり
2がわからないときは、70ページの1にもどって確認《かくにん》しましょう。
4がわからないときは、74ページの1にもどって確認しましょう。

76~77ページ てびき

1 (1)半とうめいのシートがあると、光《こう》電池にとどく電灯の光が弱くなるので、あは強い光、いは弱い光を当てているといえます。

2 (2)発光ダイオードは+《プラス》極と−《マイナス》極の線が決められているので、コンデンサーを逆につなぐと光りません。
(3)コンデンサーは、実験後には+たんしと−たんしをつなぎ、たまっている電気をなくします。

3 (1)あのせん風機はモーターで電気を回転運動に変え、風を起こします。つまり、電気を運動に変えて利用しています。
(2)豆電球と発光ダイオードは電気を光に変え、ハンドミキサーは電気を運動に変えます。
ドライヤーは内部の電熱線で空気を熱し、せん風機のようなしくみで熱した空気を送り出します。つまり、電気を熱と運動に変えます。

4 (1)、(2)豆電球は発光ダイオードよりも使う電気の量が多いので、コンデンサーにためた電気を使い切るまでの時間(明かりがついている時間)が短くなります。

ぴったり1 **準備**

学習 **78ページ**

11. かけがえのない地球環境

地球環境を守る

3分でまとめ

地球の環境を守るための とり組みを確認しよう。

教科書 194~207ページ　答え 40ページ

次の(　)に当てはまる言葉を書くか、当てはまるものを○で囲もう。

1 地球環境《かんきょう》を守るため、私《わたし》たちはどうすればよいだろうか。　教科書 194~207ページ

▶環境にえいきょうをあたえている例

生活(① 排水)や農業(①)などで、湖の水がよごれることがある。

自動車からの(② 排ガス)により、空気がよごれる。

土地利用の拡大《かくだい》などのために、海辺の(③ 干潟)が減少している。

人が家《か》ちくを守るためにオオカミの数を減らすと、シカが急増した。

▶環境を守るとり組みの例

水をきれいにするヨシを植えている。

自動車を共同利用し、自動車の使用をおさえる。

干潟《ひがた》の生物の生活を守るため、ごみ拾いなどを行う。

ほかの地域《ちいき》からオオカミを連れてきて、シカの数を管理する。

▶人の生活は、周りの環境にいろいろなえいきょうをあたえるので、生物がすみやすい地球環境を(④ こわす ・ (守る))必要がある。

ここがだいじ! ①人の生活は周りの環境にえいきょうをあたえるので、生物がすみやすい地球環境を守るためのとり組みをしていく必要がある。

ぴたトリビア SDGsは、2015年に国際連合で定められた、2030年までに持続可能でよりよい世界を目指す国際目標の略称《りゃくしょう》で、日本語では「持続可能な開発目標」といいます。

ぴったり2 **練習**

学習 **79ページ**

11. かけがえのない地球環境

地球環境を守る

教科書 194~207ページ　答え 40ページ

1 人が環境《かんきょう》にえいきょうをおよぼしている例を調べました。①~④のような環境へのえいきょうを少なくするためのとり組みは、あ~えのどれですか。●と●を――で結びましょう。

① 生活排水《はいすい》で湖の水がよごれた。

② 自動車の排《はい》ガスで空気がよごれた。

③ 干潟《ひがた》が土地利用などのために減少した。

④ 人がオオカミの数を減らすとシカが急増した。

あ 自動車を共同利用して、自動車の使用をおさえる。

い 水をきれいにするヨシを水辺に植える。

う ほかの土地からオオカミを連れてきて、シカの数を管理する。

え 干潟にすむ生物の生活を守るため、ごみ拾いなどをする。

おうちのかたへ　11. かけがえのない地球環境

人と環境の関わりについて学習します。小学校で学習したことをふまえて、人はどのように環境と関わっているか、人が環境に及ぼす影響や環境が人の生活に及ぼす影響を考えることができるかがポイントです。

79ページ　てびき

1 ①生活排水《はいすい》などによって水がよごれると、魚などの生物がすめなくなったり、ひどいにおいが発生したりします。このようなことを防ぐために、水のよごれをおさえるはたらきがあるヨシという植物を水辺に植えるとり組みなどが行われています。

②自動車の排《はい》ガスで空気がよごれるのをおさえるために、自動車を共同利用したり、公共の乗りものの利用を進めたりするとり組みが行われています。

③干潟《ひがた》が土地利用などのために減少していることに対《かん》しては、現在ある干潟の環境《きょう》を守るために、ごみ拾いをするなどの活動が行われています。

④人がオオカミの数を減らしたためにシカが増えすぎた地域《ちいき》では、ほかの地域からオオカミを連れてきて、シカが増えすぎないように管理しながら、自然豊かな環境にもどそうという活動が行われています。

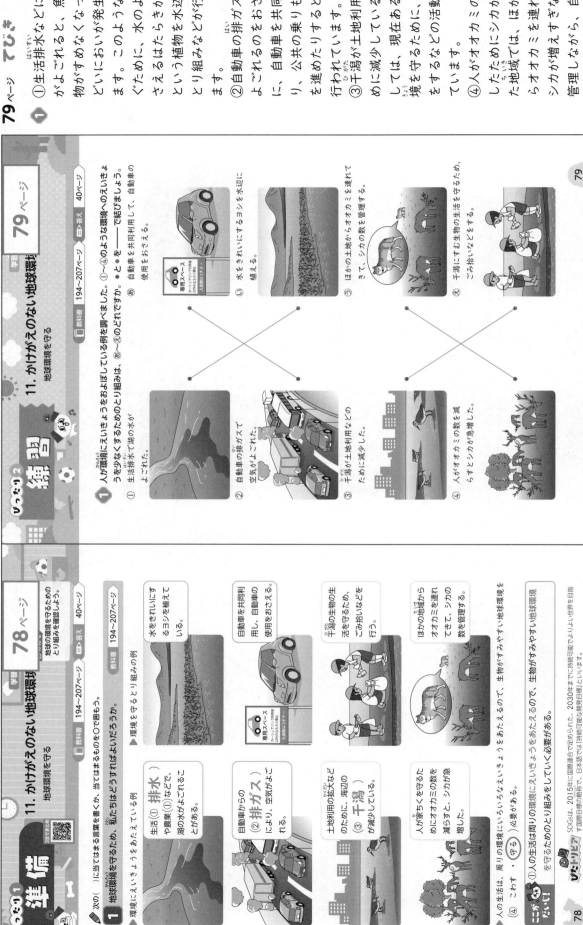

ぴったり3 確かめのテスト。

11. かけがえのない地球環境

80ページ

/100　合格70点

教科書 194〜207ページ　答え 41ページ

1 水や空気を通して、人が環境《かんきょう》にえいきょうをおよぼしている例について調べました。

1つ25点、(1)、(2)はそれぞれ全部できて25点(100点)

あ　生活排水《はいすい》で湖の水がよごれた。

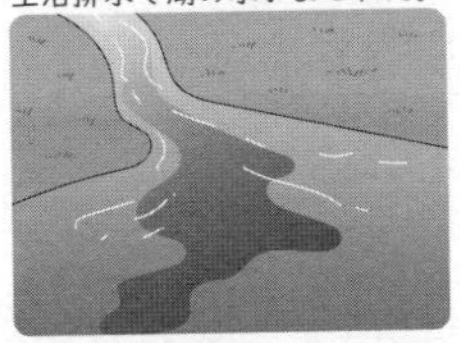

い　自動車の排《はい》ガスで空気がよごれた。

(1) 人が生活排水や農業排水などによって水をよごしたときにえいきょうを受ける生物を、ア〜ウからすべて選んで、(　)に○をつけましょう。

ア(◯)植物　イ(◯)動物　ウ(◯)人

(2) 人が自動車の排ガスなどによって空気をよごしたときにえいきょうを受ける生物を、ア〜ウからすべて選んで、(　)に○をつけましょう。

ア(◯)植物　イ(◯)動物　ウ(◯)人

(3) あ、いのような環境へのえいきょうを少なくするためのとり組みを、それぞれア〜エから選んで、記号で答えましょう。　あ(ウ)　い(イ)

ア　アマゾンで植林活動を行う。

イ　自動車を共同利用する。

ウ　水辺にヨシを植える。

エ　森のオオカミをすべて殺す。

この本の終わりにある「春のチャレンジテスト」をやってみよう！

この本の終わりにある「学力診断《しんだん》テスト」をやってみよう！

ふりかえり 1がわからないときは、78ページの1にもどって確認《かくにん》しましょう。

1 (1)人をふくむ動物も植物も、水が必要です。水は地球上をじゅんかんしているので、水がよごれるとえいきょうを受けるといえます。

(2)人をふくむ動物も植物も、すべての生物は呼吸《こきゅう》をしています。そのため、空気がよごれると、そのよごれた空気を吸《す》いこむことで、えいきょうを受けます。

(3)**ア**…植林活動は、森林を増やすとり組みです。森林の植物は日光が当たると二酸化炭素をとり入れて酸素を出すので、生物にとって必要な酸素をつくるという点で重要です。

イ…自動車を共同利用したり、公共の乗りものの利用を進めたりすれば、自動車が出す排《はい》ガスの量を減らすことにつながります。

ウ…ヨシという植物には、水のよごれをおさえるはたらきがあるので、ヨシを植えることによって水をきれいにすることができます。

エ…すべての生物は食物連《しょくもつれん》鎖《さ》によってつながっているので、特定の生物をすべて殺すと、環境《かんきょう》への大きなえいきょうが出ることがあります。

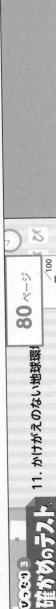

夏のチャレンジテスト

教科書 6~91ページ

月　日

名前

時間 40分

知識・技能	思考・判断・表現	合格80点
/60	/40	/100

答え42ページ

知識・技能

1 空気中の気体の体積の割合《わりあい》を調べました。　1つ2点(12点)

(1) 二酸化炭素、酸素、ちっ素をあ~うから選んで、それぞれ記号で答えましょう。

二酸化炭素(う)

酸素(い)

ちっ素(あ)

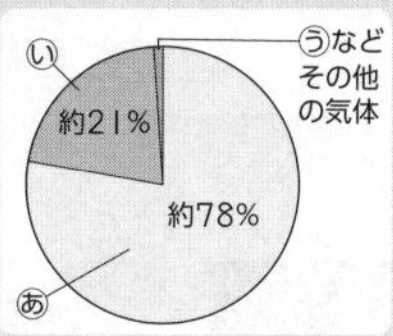
い
約21%
うなど
その他
の気体
約78%
あ

(2) あ~うには、ものを燃やすはたらきがありますか。ものを燃やすはたらきがあるものには○を、ないものには×をつけましょう。

あ(×)

い(○)

う(×)

2 だ液にはどのようなはたらきがあるのかを調べます。　1つ4点(8点)

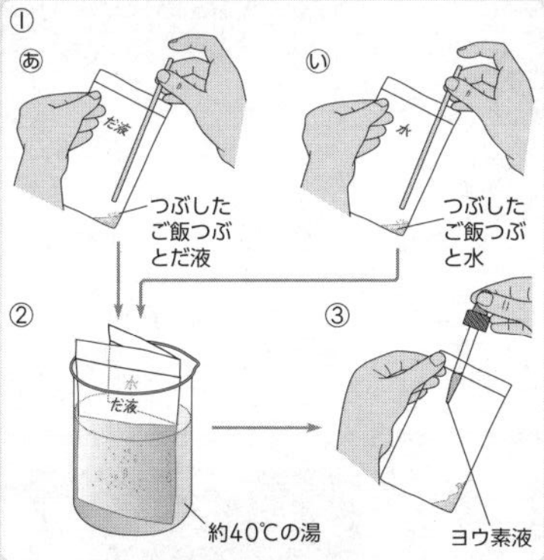
①
あ
い
だ液
水
つぶした
ご飯つぶ
とだ液
つぶした
ご飯つぶ
と水
②
③
水
だ液
約40℃の湯
ヨウ素液

(1) あ、いにヨウ素液を加えたときの色はどうなりますか。正しいものに○をつけましょう。

ア(　)あでもいでも色が変化する。

イ(　)あでは色が変化するが、いでは色が変化しない。

ウ(○)あでは色が変化しないが、いでは色が変化する。

エ(　)あでもいでも色が変化しない。

(2) この実験から、デンプンはだ液によってどうなったことがわかりますか。正しいほうに○をつけましょう。

ア(○)デンプンは別のものに変わった。

イ(　)デンプンは変化しなかった。

3 動物が何を食べているかを調べ、食べられる生物から食べる生物へ矢印をつけました。　1つ3点(9点)

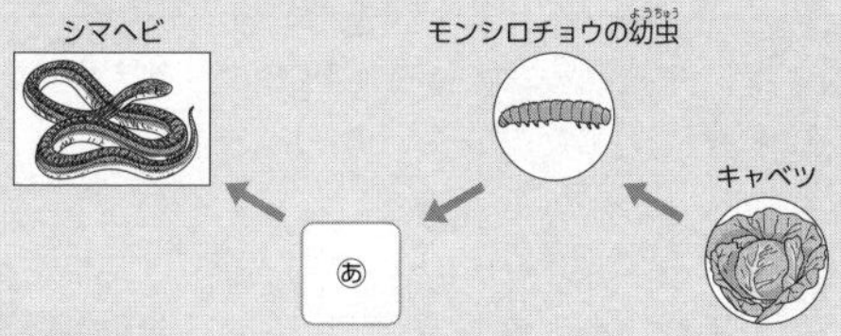
シマヘビ
モンシロチョウの幼虫《ようちゅう》
キャベツ
あ

(1) あに当てはまる動物に○をつけましょう。

ア(　)バッタ　イ(○)アマガエル　ウ(　)イカ

(2) あは動物だけを食べる動物です。このような動物を何といいますか。　(肉食動物)

(3) 動物が食べているものをたどっていくと、何にたどり着きますか。　(植物)

4 ろうそくを燃やす前の空気と燃やした後の空気について調べます。　1つ3点(12点)

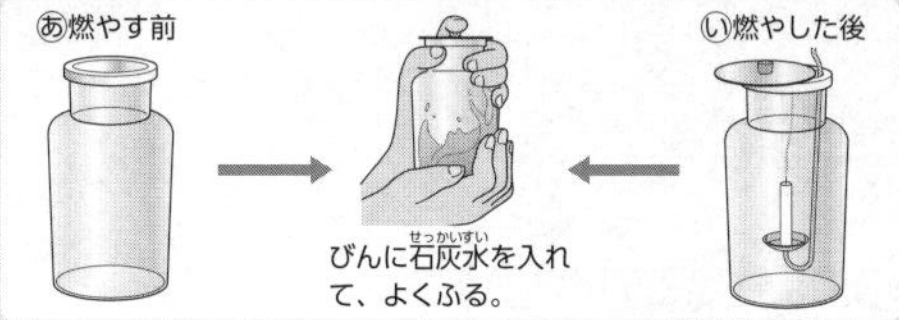
あ燃やす前
い燃やした後
びんに石灰水《せっかいすい》を入れて、よくふる。

(1) 石灰水が白くにごるのは、あ、いのどちらですか。　(い)

(2) あ、いの空気を気体検知管で調べた結果を、それぞれア~ウから選んで、記号で答えましょう。

あ(ウ)　い(ア)

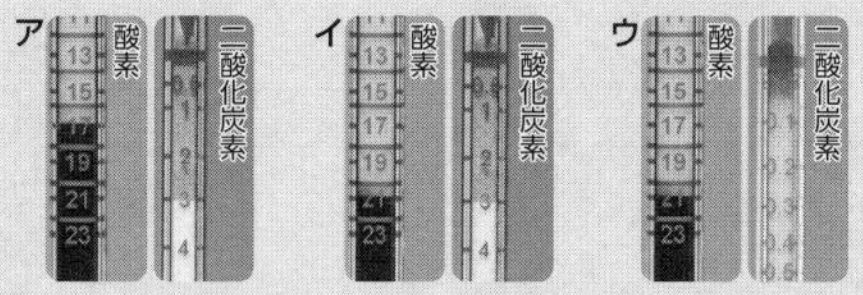
ア
イ
ウ
酸素
二酸化炭素

(3) この実験からわかることに○をつけましょう。

ア(　)ものが燃えると空気中の酸素がすべて使われ、同時に二酸化炭素が増える。

イ(○)ものが燃えると空気中の酸素の一部が使われて減り、同時に二酸化炭素が増える。

ウ(　)ものが燃えると空気中の二酸化炭素の一部が使われて減り、同時に酸素が増える。

うらにも問題があります。

夏のチャレンジテスト　おもて　てびき

1 (1)空気の約78%がちっ素、約21%が酸素です。二酸化炭素はちっ素や酸素と比べるととても少なく、約0.04%です。

(2)ものを燃やすはたらきがあるのは酸素で、ちっ素や二酸化炭素にはものを燃やすはたらきがありません。

2 (1)デンプンにヨウ素液を加えると、青むらさき色に変化します。これをヨウ素デンプン反応といいます。

(2)だ液には、デンプンを別のものに変えるはたらきがあります。

3 (1)アマガエルはモンシロチョウの幼虫《ようちゅう》を食べ、シマヘビに食べられます。

バッタは植物の葉を食べ、イカは自分よりも小さな魚などを食べます。

(2)植物だけを食べる動物を草食動物、動物だけを食べる動物を肉食動物、植物と動物の両方を食べる動物を雑食動物といいます。

4 (1)二酸化炭素があると、石灰水《せっかいすい》は白くにごります。ろうそくが燃えると二酸化炭素ができるので、いに石灰水を入れてふると、白くにごります。

(2)**ア**は酸素が約17%、二酸化炭素が約3%を示しています。**イ**は酸素が約21%、二酸化炭素が約3%を示しています。**ウ**は酸素が約21%、二酸化炭素が約0.04%を示しています。

あはろうそくを燃やす前なので、空気中の気体の体積の割合《わりあい》を示している**ウ**が当てはまります。

いはろうそくを燃やした後なので、酸素が減っていて二酸化炭素が増えている**ア**が当てはまります。

(3)ものが燃えると酸素が使われますが、全部が使われるわけではありません。

5 けんび鏡《きょう》を使って、ホウセンカの葉の表面を観察します。

1つ3点、(1)と(3)はそれぞれ全部できて3点(9点)

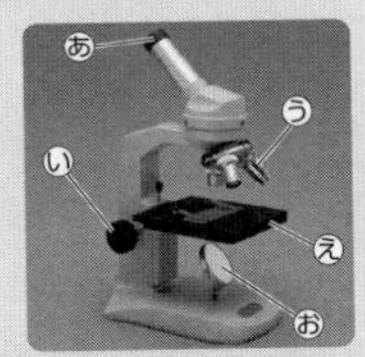

あ
い
う
え
お

(1) 対物レンズと反射鏡《はんしゃきょう》をあ～おからそれぞれ選びましょう。

対物レンズ(う)

反射鏡(お)

(2) 葉の表面をけんび鏡で観察すると、かのように口のような形をしたものが見られました。これを何といいますか。

(気孔)

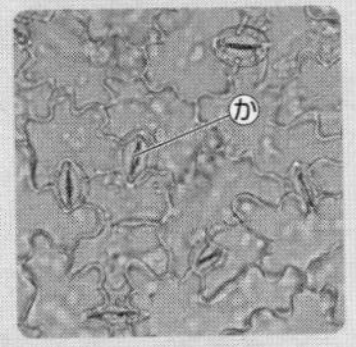

か

(3) かについて説明した次の文の(　)に当てはまる言葉を、[　]から選んで書きましょう。

湯気　水蒸気《すいじょうき》　蒸発《じょうはつ》　蒸散《じょうさん》

● 葉の表面には、かのような小さな穴《あな》がたくさんあり、ここからは、水が(① 水蒸気)となって出ていく。このように、植物の体から水が(①)となって出ていくことを(② 蒸散)という。

6 植物が出し入れする気体を調べます。

1つ2点(10点)

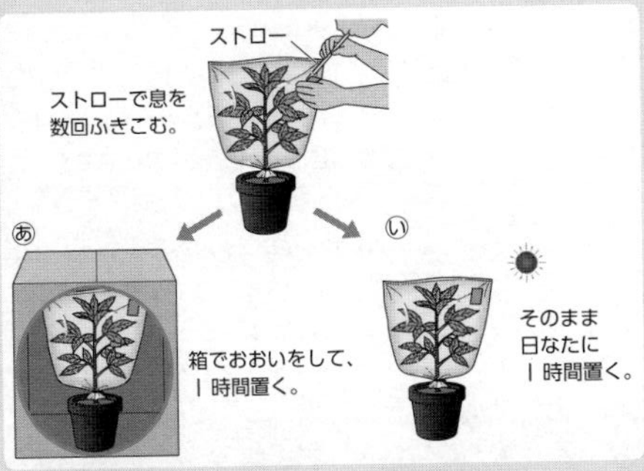

ストロー
ストローで息を数回ふきこむ。
あ
い
箱でおおいをして、1時間置く。
そのまま日なたに1時間置く。

(1) はじめにふくろの中に息を数回ふきこんだのは、ふくろの中の何を多くするためですか。

(二酸化炭素)

(2) あで植物がとり入れる気体と出す気体は何ですか。

とり入れる気体(酸素)

出す気体(二酸化炭素)

(3) いで植物がとり入れる気体と出す気体は何ですか。

とり入れる気体(二酸化炭素)

出す気体(酸素)

思考・判断・表現

7 ジャガイモの葉にデンプンができるか調べます。

1つ5点(20点)

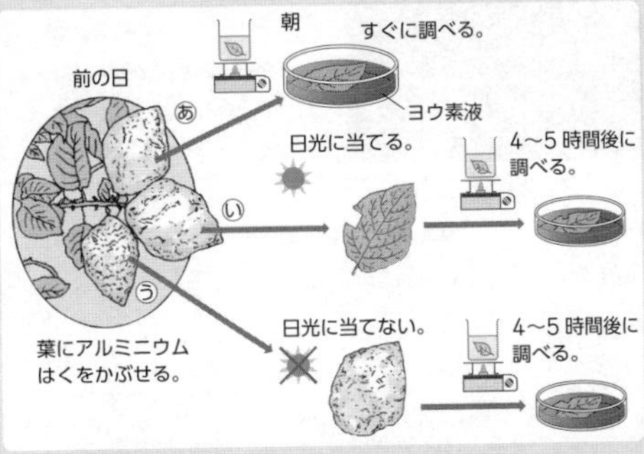

前の日
朝
すぐに調べる。
ヨウ素液
あ
い
う
日光に当てる。
4～5時間後に調べる。
日光に当てない。
4～5時間後に調べる。
葉にアルミニウムはくをかぶせる。

(1) あ～うの結果はそれぞれどうなりましたか。ヨウ素液につけて青むらさき色になったものには○を、青むらさき色にならなかったものには×をつけましょう。

あ(×)　い(○)　う(×)

(2) 記述 この実験からわかることを説明しましょう。

(葉に日光が当たるとデンプンができる。)

「デンプンができるためには、葉に日光が当たることが必要である。」でも○

8 体の中の血液のじゅんかんについて調べました。

1つ5点、(2)は全部できて5点(20点)

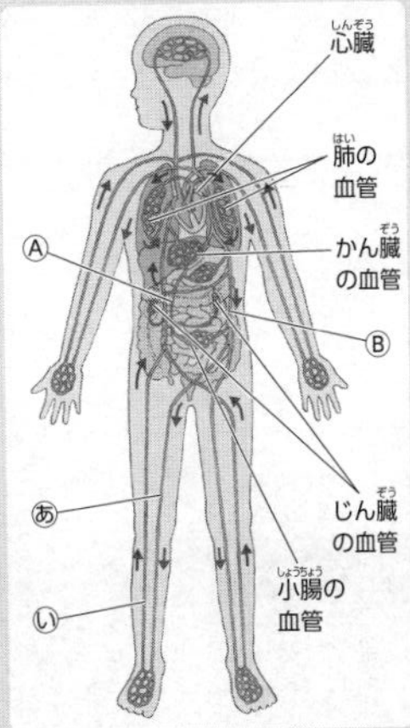

心臓《しんぞう》
肺《はい》の血管
かん臓《ぞう》の血管
Ⓐ
Ⓑ
あ
い
じん臓《ぞう》の血管
小腸《しょうちょう》の血管

(1) 全身に血液を送り出している臓器《ぞうき》の名前を書きましょう。

(心臓)

(2) あといの血液で比べたとき、あよりいの血液のほうが少なくなっているものは何ですか。すべて選んで○をつけましょう。

ア(○)酸素

イ(　)二酸化炭素

ウ(　)ちっ素

エ(○)養分

オ(　)不要なもの

(3) ⒶとⒷの血液を比べると、養分を多くふくんでいるのはどちらですか。記号で答えましょう。(Ⓐ)

(4) 記述 (3)で答えたように考えられるのはなぜですか。

((消化された食べものの)養分は小腸で血液中に吸収されるから。)

夏のチャレンジテスト(裏)

夏のチャレンジテスト　うら　てびき

5 (1)あは接眼レンズ、いは調節ねじ、うは対物レンズ、えはステージ、おは反射鏡《はんしゃきょう》です。

(2)葉の表面にたくさん見られる、口のような形をした小さな穴《あな》を気《き》孔《こう》といいます。

(3)蒸散《じょうさん》は、主に気孔を通して行われます。

6 (1)呼吸《こきゅう》の結果、はく息では二酸化炭素が増えています。

(2)植物も動物と同じように呼吸をしています。

(3)植物はつねに呼吸をしていますが、日光が当たると、呼吸で出すより多くの二酸化炭素をとり入れ、呼吸でとり入れるより多くの酸素を出します。

7 (1)あとうには日光が当たらなかったので、デンプンはできていません。いには日光が当たったので、デンプンができています。

(2)あから、日光に当てる前の葉にはデンプンがないことがわかります。いとうから、日光に当てた部分だけにデンプンがあることがわかります。したがって、葉に日光が当たるとデンプンができたといえます。

8 (1)心臓《しんぞう》は、ポンプのように全身に血液を送り出します。

(2)血液は、体の各部分に酸素や養分を運び、不要なものを体の各部分から受けとります。

(3)、(4)Ⓐは小腸《しょうちょう》を通った後の血液、Ⓑは小腸を通る前の血液です。食べものの養分は、小腸で吸収《きゅうしゅう》されるので、小腸を通った後の血液は、小腸を通る前よりも養分を多くふくみます。

冬のチャレンジテスト

教科書 94~169ページ

名前　　　　月　　日

時間 40分

知識・技能	思考・判断・表現	合格80点
/60	/40	/100

答え44ページ

知識・技能

1 午前中に見える月の位置や形を調べました。

1つ4点、(3)は全部できて4点(12点)

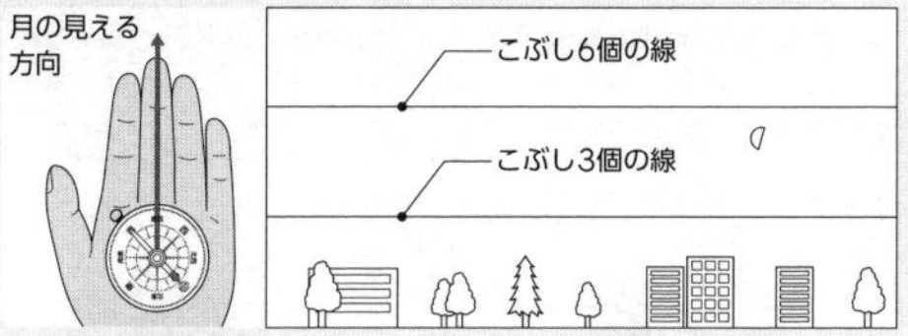

月の見える方向
こぶし6個の線
こぶし3個の線

(1) 月が見えた方位を答えましょう。　(南西)

(2) 太陽は、月に対してどこに見えましたか。正しいほうに○をつけましょう。

ア(　)月のかがやいていない側

イ(○)月のかがやいている側

(3) 3日後の同じ時刻《じこく》には、月の位置と形は変わりますか、変わりませんか。

位置(変わる。)

形(変わる。)

2 塩酸にアルミニウムを入れました。

1つ4点(8点)

あアルミニウム
変化が見られなくなってから、上《うわ》ずみ液をとる。
い
塩酸

(1) あ、いを塩酸に入れたとき、それぞれあわは出ますか。正しいものに○をつけましょう。

ア(　)あでもいでもあわが出る。

イ(○)あではあわが出るが、いではあわが出ない。

ウ(　)あではあわが出ないが、いではあわが出る。

エ(　)あでもいでもあわが出ない。

(2) この実験からわかることは何ですか。正しいほうに○をつけましょう。

ア(○)アルミニウムは塩酸にとけると、アルミニウムとはちがう別のものに変わる。

イ(　)アルミニウムは塩酸にとけても、アルミニウムのままである。

3 地層《ちそう》をつくっている岩石を調べました。

1つ3点(12点)

あ
い
う

あ 主にどろからできている。　い 主に砂《すな》からできている。　う 主にれきからできている。

(1) あ~うの岩石の名前を答えましょう。

あ(でい岩)

い(砂岩)

う(れき岩)

(2) あ~うの岩石のでき方に○をつけましょう。

ア(　)火山のはたらきでできた層《そう》が、長い年月の間に固まってできた。

イ(○)流れる水のはたらきでできた層が、長い年月の間に固まってできた。

4 てこを使って、ものを持ち上げます。

1つ4点、(1)は全部できて4点(16点)

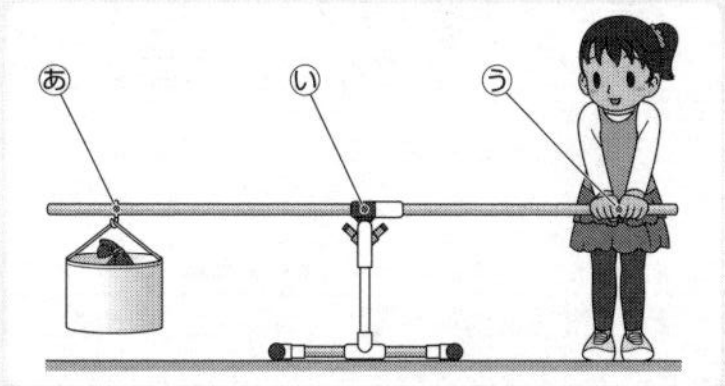

あ
い
う

(1) あ~うは、支点、力点、作用点のどれですか。

あ(作用点)

い(支点)

う(力点)

(2) あの位置は変えずに、うをいに近づけると、ものを持ち上げるときの手ごたえはどうなりますか。

(大きくなる。)

(3) 右の空きかんつぶし器では、支点、作用点はどこですか。それぞれか~くから選びましょう。

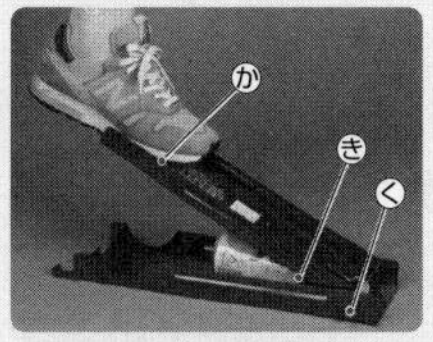

か
き
く

支点(く)

作用点(き)

うらにも問題があります。

冬のチャレンジテスト　おもて　てびき

1 (2)月は、太陽の光をはね返してかがやいています。そのため、太陽がある側がかがやいて見えます。

(3)同じ時刻《じこく》に見える月の位置と形は、日によってちがいます。この場合、3日後の月はさらに欠け、南よりに変わります。

2 (2)塩酸に入れたときのようすや色から、白っぽい粉のようないは、もとのアルミニウムとは別のものだといえます。

3 (1)主にれきからできている岩石をれき岩《がん》、主に砂《すな》からできている岩石を砂岩《さがん》、主にどろからできている岩石をでい岩《がん》といいます。

(2)火山のはたらきでできた層《そう》は、つぶが角ばっています。流れる水のはたらきでできた層は、つぶに丸みがあります。

4 (1)あ…ものに力がはたらく位置なので、作用点です。

い…棒《ぼう》を支える位置なので、支点です。

う…棒に力を加えている位置なので、力点です。

(2)支点から力点までのきょりが短くなるので、手ごたえが大きくなります。

(3)かは力点、きは作用点、くは支点です。

5 水よう液を、リトマス紙を使って区別します。

1つ4点(12点)

(1) リトマス紙をとり出すときには、どのようにしますか。正しいほうに○をつけましょう。

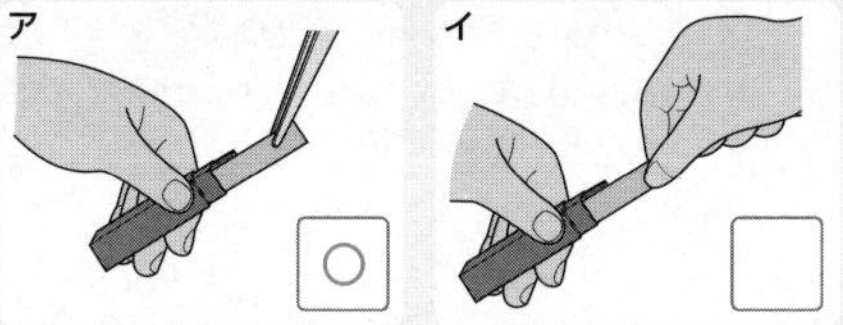
ア
○
イ

(2) 中性、酸性の水よう液をリトマス紙につけるとどうなりますか。それぞれあ～うから選びましょう。

中性(う)　酸性(い)

	青色リトマス紙につけたとき	赤色リトマス紙につけたとき
あ	変化しない。	青色になる。
い	赤色になる。	変化しない。
う	変化しない。	変化しない。

思考・判断・表現

6 ボールと電球を使って、月の形が変わって見えるわけを調べます。

1つ4点(12点)

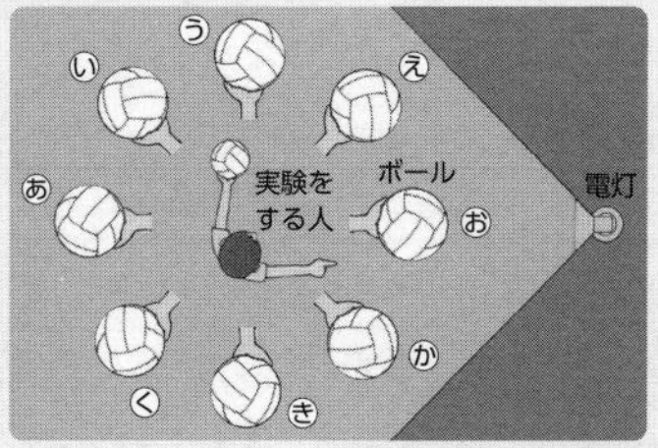
う
い
え
実験をする人
ボール
電灯
あ
お
か
く
き

(1) 実験をする人(中心の人)からボールが①のように見えるのは、ボールがあ～くのどこにあるときですか。

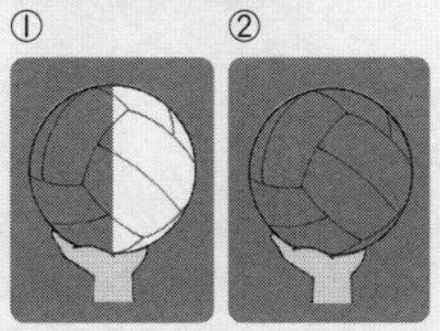
①
②

(う)

(2) ②の見え方のボールは、どの月と同じになっていますか。正しいものに○をつけましょう。

ア(○)新月　イ(　)三日月
ウ(　)半月　エ(　)満月

(3) 記述 月の形が変わって見えるのはなぜですか。

(月と太陽の位置関係が変わるから。)

7 道路の両側に見られる地層について調べました。

1つ4点、(2)は全部できて4点(12点)

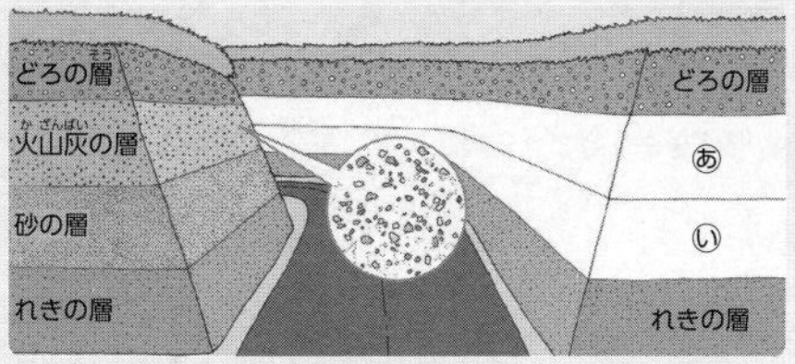
どろの層
火山灰《かざんばい》の層
砂の層
れきの層
どろの層
あ
い
れきの層

(1) 記述 火山灰の層のつぶをけんび鏡《きょう》などで観察すると、どろ、れき、砂の層のつぶとはちがう特ちょうがありました。火山灰に見られた特ちょうを説明しましょう。

(つぶが角ばっている。)

(2) あ、いは何の層だと考えられますか。

あ(火山灰(の層))
い(砂(の層))

(3) 記述 (2)のように考えられるのはなぜですか。

(地層は横にもおくにも広がっているから。)

8 実験用てこにあやおもり3個(30g)をつるすと、つり合いました。

1つ4点(16点)

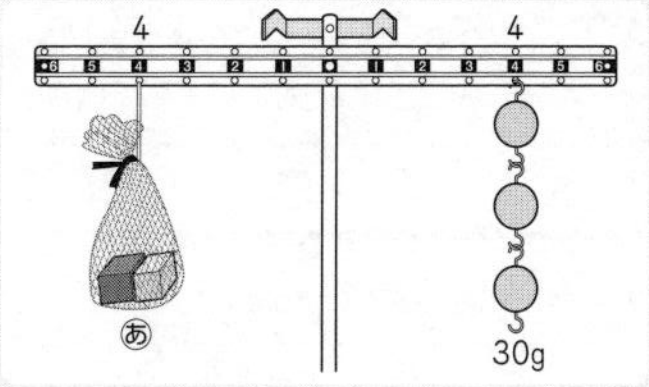
4
4
あ
30g

(1) あの重さは何gですか。

(30g)

(2) あはそのままにしておき、右うでの目盛《めも》り6の位置におもりをつるしてつり合わせるには、何gのおもりをつるせばよいですか。

(20g)

(3) あはそのままにしておき、右うでのおもりの位置と重さを変えるとき、てこが左にかたむくものを2つ選び、○をつけましょう。

ア(○)右うでの目盛り1の位置におもり100gをつるす。
イ(　)右うでの目盛り2の位置におもり70gをつるす。
ウ(　)右うでの目盛り3の位置におもり50gをつるす。
エ(○)右うでの目盛り5の位置におもり20gをつるす。

冬のチャレンジテスト　うら　てびき

5 (1)薬品やリトマス紙は、手で直接さわらないようにします。
(2)リトマス紙の色は、次のように変わります。

酸性	青色 → 赤色	赤色 → そのまま
中性	青色 → そのまま	赤色 → そのまま
アルカリ性	青色 → そのまま	赤色 → 青色

6 (1)実験をする人から見て、ボールが電灯の光を右横から受けているので、右半分は明るく、左半分は暗く見えます。
(3)ボールの位置が変わると、ボールの明るい部分の見え方が変わります。同じように、月の位置が変わると、月のかがやいて見える部分の見え方が変わります。

7 (1)火山灰《かざんばい》は火山のはたらきでたい積するので、つぶが角ばっています。
(2)、(3)地層《ちそう》は横にもおくにも広がっているので、道路の右側も、下かられきの層、砂《すな》の層、火山灰の層、どろの層の順だと考えられます。

8 力の大きさ(おもりの重さ)×支点からのきょり(目盛《めも》りの数)が左右のうでで等しくなると、てこはつり合います。
(1)□×4＝30×4
□＝30 (g)
(2)30×4＝□×6
□＝20 (g)
(3)力の大きさ(おもりの重さ)×支点からのきょり(目盛りの数)が、左のうでのほうが大きいとき、てこは左にかたむきます。
左のうでては、30×4＝120　です。
アでは、100×1＝100　なので、てこは左にかたむきます。
イでは、70×2＝140　なので、てこは右にかたむきます。
ウでは、50×3＝150　なので、てこは右にかたむきます。
エでは、20×5＝100　なので、てこは左にかたむきます。

春のチャレンジテスト

教科書 170〜207ページ

名前　　　　月　　日

時間 40分 | 知識・技能 /60 | 思考・判断・表現 /40 | 合格80点 /100

答え46ページ

知識・技能

1 コンデンサーと発光ダイオードの使い方をまとめます。

1つ3点(12点)

(1) コンデンサーと発光ダイオードは、どのようなはたらきをする器具ですか。それぞれア〜ウから選んで、記号で答えましょう。

コンデンサー(ウ)
発光ダイオード(ア)

ア 電気を光に変える。
イ 電気をつくる。
ウ 電気をためる。

(2) コンデンサーと発光ダイオードの使い方について、正しいものには○、まちがっているものには×をつけましょう。

あ ○

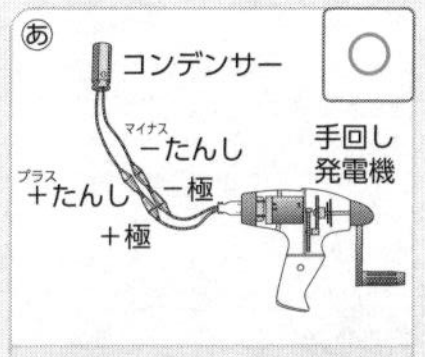
コンデンサー
－《マイナス》たんし
＋《プラス》たんし
－極
＋極
手回し
発電機

コンデンサーと手回し発電機をつなぐ向きは決まっている。

い ×

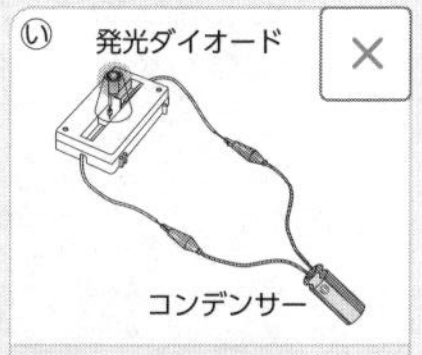
発光ダイオード
コンデンサー

発光ダイオードはどのような向きにつないでもよい。

2 手回し発電機にモーターをつなぎ、ハンドルの回し方を変えたときにどうなるかを調べます。

1つ4点(8点)

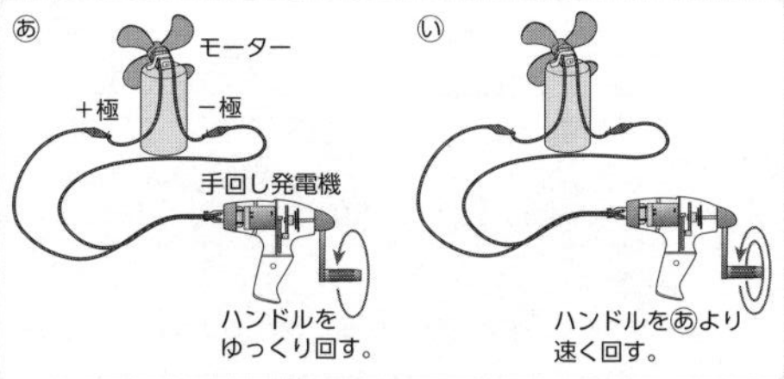
あ
モーター
＋極
－極
手回し発電機
ハンドルを
ゆっくり回す。
い
ハンドルをあより
速く回す。

(1) あ、いのモーターはどうなりましたか。正しいものに○をつけましょう。

ア(　)あもいも回らなかった。
イ(　)あもいも同じくらいの速さで回った。
ウ(○)あはゆっくり回り、いは速く回った。
エ(　)あは速く回り、いはゆっくり回った。

(2) 手回し発電機でつくった電気は、かん電池の電気と同じはたらきをしますか、しませんか。

(する。)

3 光《こう》電池に豆電球をつなぎ、電灯の光を当てたときにどうなるかを調べます。

1つ3点(9点)

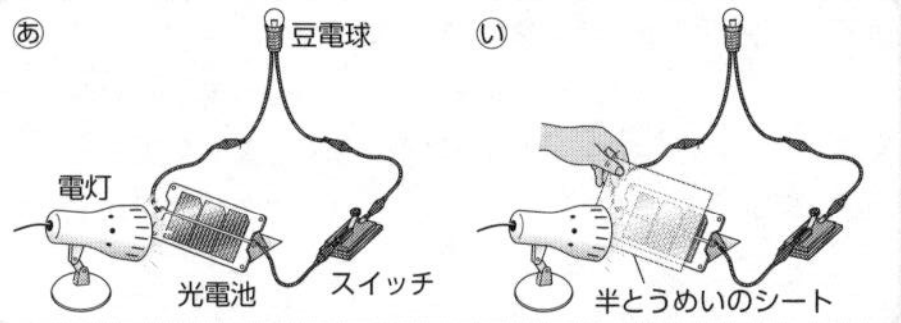
あ
豆電球
電灯
光電池
スイッチ
い
半とうめいのシート

(1) あといでは、どちらの豆電球のほうが明るくなりますか。記号で答えましょう。 (あ)

(2) (1)のようになる理由を説明した次の文の(　)に当てはまる言葉を書きましょう。

いに比べて、あのほうが光電池に当たる光が(① 強く)、光電池でつくられる電気が(② 多い)から。

4 身の回りにある電気製品を調べました。

1つ3点(12点)

あテレビ

いせん風機

うオーブントースター

えかい中電灯

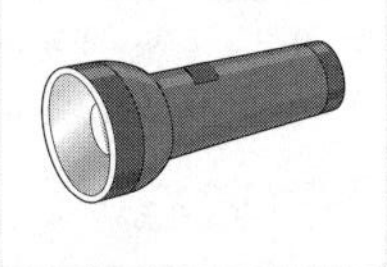

(1) 次の①〜③に当てはまるものを、それぞれあ〜えから選んで、記号で答えましょう。

① 電気を運動に変える。 (い)
② 電気を音に変える。 (あ)
③ 電気を熱に変える。 (う)

(2) 電気をいと同じように変えて利用している電気製品は何ですか。正しいものに○をつけましょう。

ア(　)ホットプレート　イ(　)照明
ウ(○)ハンドミキサー　エ(　)ブザー

うらにも問題があります。

春のチャレンジテスト　おもて　てびき

1 (1)コンデンサーはちく電器とも呼《よ》ばれ、電気をためることができます。
(2)コンデンサーも発光ダイオードも、電源の＋《プラス》極、－《マイナス》極につなぐ線は決まっていて、正しくつながないと使えません。

2 (1)手回し発電機を速く回すと、電流が大きくなります。ただし、速く回しすぎるとこわれることがあります。

3 (2)半とうめいのシートがあると、光《こう》電池にとどく電灯の光が弱くなるので、あでは強い光、いでは弱い光が光電池に当たります。

4 (1)あ(テレビ)は電気→音と光、い(せん風機)は電気→運動、う(オーブントースター)は電気→熱、え(かい中電灯)は電気→光に変えて利用しています。
(2)**ア**(ホットプレート)は電気→熱、**イ**(照明)は電気→光、**ウ**(ハンドミキサー)は電気→運動、**エ**(ブザー)は電気→音に変えて利用しています。

5 空気や水を通して、人が環境《かんきょう》にえいきょうをおよぼしている例について調べました。

1つ3点、(1)と(2)はそれぞれ全部できて3点(9点)

あ 自動車の排《はい》ガスで空気がよごれた。

い 生活排水《はいすい》で湖の水がよごれた。

(1) あのように人が空気をよごしたときには、何がえいきょうを受けますか。正しいものすべてに○をつけましょう。

ア(○)人　イ(○)動物　イ(○)植物

(2) いのように人が水をよごしたときには、何がえいきょうを受けますか。正しいものすべてに○をつけましょう。

ア(○)人　イ(○)動物　イ(○)植物

(3) いのような環境へのえいきょうを少なくするためのとり組みとして、いちばんよいものに○をつけましょう。

ア(○)ヨシを水辺に植える。
イ(　)公共の乗りものの利用を進める。
ウ(　)森林を伐採《ばっさい》して植物を減らす。
エ(　)太陽光発電をたくさん行う。

6 温度センサーと人感《じんかん》センサーを使って、気温が28℃以上で人が近くにいるときだけせん風機(モーター)を動かすプログラムをつくりました。

1つ5点、(2)は全部できて5点(10点)

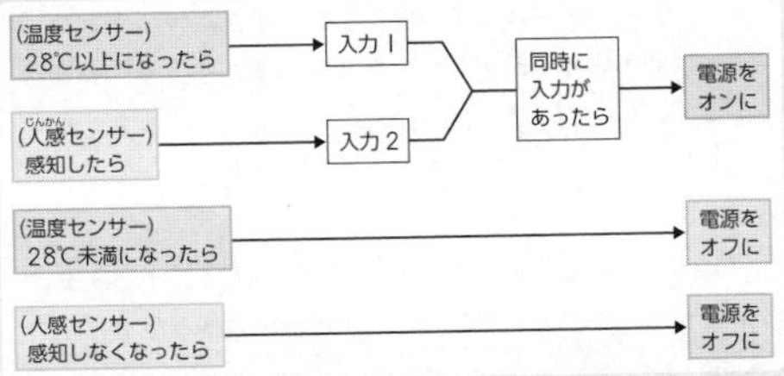

(温度センサー)28℃以上になったら
入力1
(人感《じんかん》センサー)感知したら
入力2
同時に入力があったら
電源をオンに
(温度センサー)28℃未満になったら
電源をオフに
(人感センサー)感知しなくなったら
電源をオフに

(1) プログラムをつくることを何といいますか。

(プログラミング)

(2) せん風機(モーター)の電源がオフになっているのはどのようなときですか。正しいものすべてに○をつけましょう。

ア(○)28℃未満で人が近くにいるとき
イ(○)28℃未満で人が近くにいないとき
ウ(　)28℃以上で人が近くにいるとき
エ(○)28℃以上で人が近くにいないとき

思考・判断・表現

7 コンデンサーを使って、豆電球と発光ダイオードの明かりがつく時間を比べました。

1つ5点(15点)

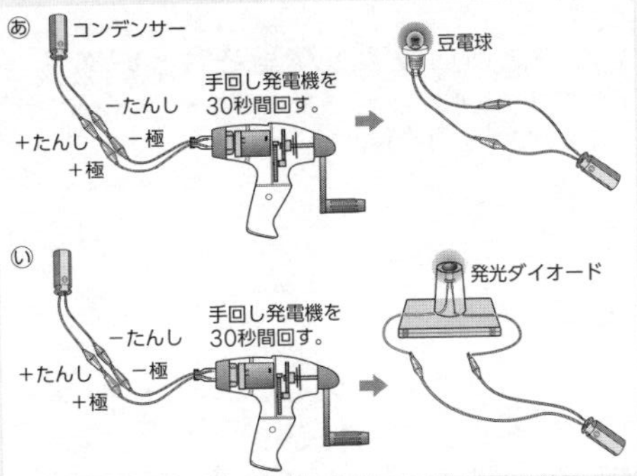

あ
コンデンサー
−たんし
+たんし
−極
+極
手回し発電機を30秒間回す。
豆電球
い
発光ダイオード

(1) あ、いのコンデンサーにたまった電気の量は同じですか、ちがいますか。　(同じ。)

(2) 明かりのついている時間が長いのは、あ、いのどちらですか。　(い)

(3) 記述 (2)のようになる理由を説明しましょう。

(豆電球より発光ダイオードのほうが、使う電気の量が少ないから。)

8 人と地球環境との関わりについて調べました。

1つ5点(25点)

(1) 地球環境を守るとり組みとして、よいと考えられることには○、よくないと考えられることには×をつけましょう。

あ ×
干潟《ひがた》をどんどんうめ立てて、陸地として利用する。

い ○
伐採《ばっさい》によって森林ではなくなった土地に植林を行う。

専用スペース

う ○
自動車を共同利用して、自動車の使用をおさえる。

え ×
オオカミを連れてきて、草原をあらすシカをすべて殺す。

(2) 電気の使用量を減らすことは、環境へのえいきょうを少なくすることにつながりますか、つながりませんか。

(つながる。)

「発光ダイオードより豆電球のほうが、使う電気の量が多いから。」でも○

春のチャレンジテスト　うら　てびき

5 (1)、(2)人をふくむ動物も植物も、すべての生物は呼吸《こきゅう》をしていて、水が必要なので、空気や水がよごれるとそのえいきょうを受けます。
(3)ヨシは水のよごれをおさえるはたらきがある植物です。

6 (1)コンピュータを動かすための指示をプログラムといい、その指示をつくることをプログラミングといいます。
(2)せん風機(モーター)の電源がオンになるのは、2つのセンサーで温度が28℃以上であることと人が近くにいることの両方を感知したときだけです。温度が28℃未満であるときや人が近くにいないときには電源がオフになります。

7 (1)手回し発電機を同じ時間だけ回し、コンデンサーにたまる電気の量を同じにします。
(2)、(3)発光ダイオードのほうが使う電気の量が少ないので、コンデンサーにためた電気を使い切るまでの時間(明かりがついている時間)が長くなります。

8 (1)あ…干潟《ひがた》の生物は、数多くの生物の命を支えています。また、干潟の生物の中には、水をきれいにするはたらきがあるものもいます。
い…森林の植物は、動物が生きるのに必要な酸素をつくり出します。また、森林の植物は、さまざまな動物のすむ場所にもなり、数多くの生物の命を支えています。
う…自動車の排《はい》ガスは、空気をよごします。空気は地球全体でひとつながりになっているので、人をふくむすべての生物の健康へえいきょうをおよぼす可能性があります。
え…特定の生物がいなくなると、生物どうしのバランスが大きくくずれることがあります。生物どうしは食物連鎖《しょくもつれんさ》でつながっているので、その地域《ちいき》の生物すべてが生きていけなくなってしまうこともあります。
(2)ほとんどの発電では、石油などの資源《しげん》が大量に利用され、環境《かんきょう》にえいきょうをおよぼしています。

6年 理科のまとめ　学力診断《しんだん》テスト

月　日
名前

時間 40分
合格80点　／100
答え48ページ

1 上と下にすき間《ま》の開いたびんの中で、ろうそくを燃やしました。　各2点(12点)

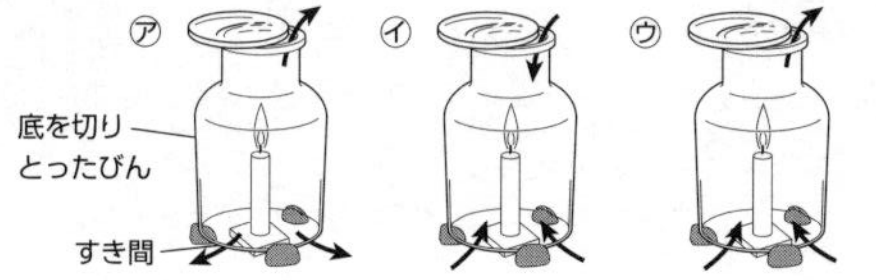

ア
イ
ウ
底を切りとったびん
すき間

(1) びんの中の空気の流れを矢印で表すと、どうなりますか。正しいものをア～ウから選んで、記号で答えましょう。
(ウ)

(2) びんの上と下のすきまをふさぐと、ろうそくの火はどうなりますか。 ((すぐに火が)消える。)

(3) (1)、(2)のことから、ものが燃え続けるためにはどのようなことが必要であると考えられますか。
(空気が入れかわること。)
「空気が入れかわって、新しい空気にふれること。」でも○

(4) ろうそくが燃える前と後の空気の成分を比べて、①増える気体、②減る気体、③変わらない気体は、ちっ素、酸素、二酸化炭素のどれですか。それぞれ答えましょう。
①(二酸化炭素)
②(酸素)
③(ちっ素)

2 人の体のつくりについて調べました。　各2点、(1)は全部できて2点(8点)

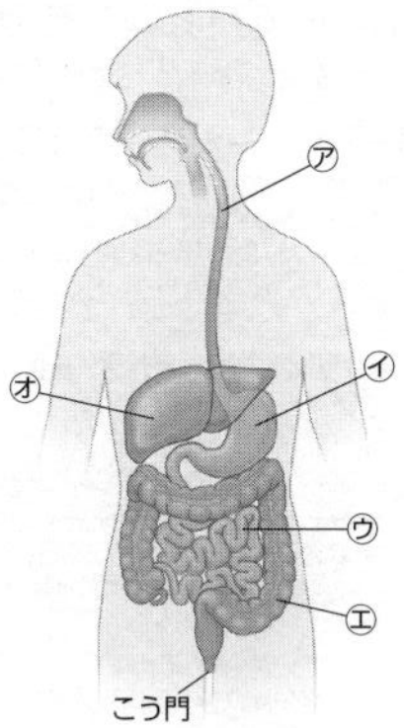

ア
イ
ウ
エ
オ
こう門

(1) ア～オのうち、食べものが通る部分をすべて選び、記号で答えましょう。
(ア、イ、ウ、エ)

(2) 口からとり入れられた食べものは、(1)で答えた部分を通る間に、体に吸収《きゅうしゅう》されやすい養分に変化します。このはたらきを何といいますか。
(消化)

(3) ア～オのうち、吸収された養分をたくわえる部分はどこですか。記号とその名前を答えましょう。　記号(オ)　名前(かん臓)

3 水の入ったフラスコにヒメジョオンを入れ、ふくろをかぶせて、しばらく置きました。　各3点(12点)

モールでしばる。
綿をつめる。

(1) 15分後、ふくろの内側はどうなりますか。
(水てきがつく。)

(2) 次の文の( )に当てはまる言葉をかきましょう。
(1)のようになったのは、主に葉から、水が(①)となって出ていったからである。このようなはたらきを(②)という。「気体」でも○
①(水蒸気)　②(蒸散)

(3) ふくろをはずし、そのまま1日置いておくと、フラスコの中の水の量はどうなりますか。
(減る。)
「少なくなる。」でも○

4 太陽、地球、月の位置関係と、月の形の見え方について調べました。　各3点(12点)

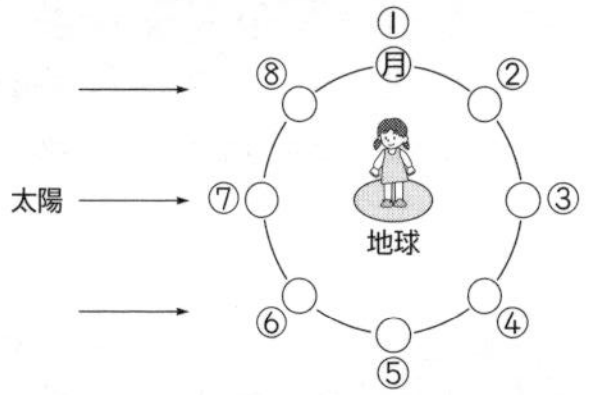

①
月
②
③
④
⑤
⑥
⑦
⑧
太陽
地球

(1) 月が①、③、⑥の位置にあるとき、月は、地球から見てどのような形に見えますか。ア～クからそれぞれ選び、記号で答えましょう。

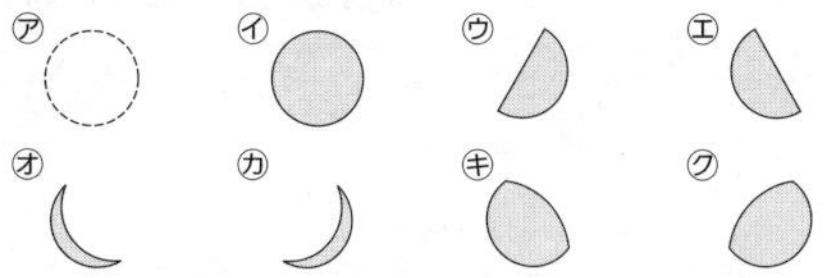

ア
イ
ウ
エ
オ
カ
キ
ク

①(エ)　③(イ)　⑥(カ)

(2) 月が光って見えるのはなぜですか。理由をかきましょう。
(太陽の光を受けてかがやいているから。)

➡うらにも問題があります。

学力診断《しんだん》テスト　おもて　てびき

1 (1)～(3)上下にすき間《ま》があるびんの中でろうそくを燃やすと、空気は下から入って、上から出ていきます。空気は入れかわって、新しい空気にふれることで、ものはよく燃え続けます。空気が入れかわらないと、火は消えてしまいます。
(4)ものが燃えると、空気中の酸素の一部が使われて、二酸化炭素ができます。ちっ素は、変化しません。

2 (1)食べ物は、口→食道(ア)→胃《い》(イ)→小腸《しょうちょう》(ウ)→大腸《だいちょう》(エ)→こう門と通ります。この食べ物の通り道を消化管といいます。
(3)小腸で吸収《きゅうしゅう》された養分は、生きるために使われるほか、かん臓《ぞう》にたくわえられるなどします。

3 (1)、(2)根からとり入れられた水は、主に葉から水蒸気《すいじょうき》となって出ていきます。これを蒸散《じょうさん》といいます。
(3)水は根から吸《す》い上げられていくので、フラスコの中の水の量は減ります。

4 (1)①では、左側が明るい半月になります。③は満月になります。⑥は、右側が少しだけ明るい月になります。
(2)月は、自分では光を出さず、太陽からの光をはね返しているため、光って見えます。

5 地層《ちそう》の重なり方について調べました。

各2点(8点)

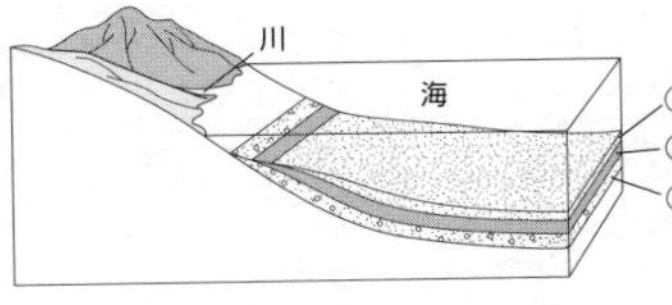
川
海
①の層
②の層
③の層

(1) ①～③の層には、れき・砂《すな》・どろのいずれかが積もっています。それぞれ何が積もっていると考えられますか。

①(どろ) ②(砂) ③(れき)

(2) (1)のように積み重なるのは、つぶの何が関係していますか。 ((つぶの)大きさ)

6 水よう液の性質を調べました。

各3点(12点)

(1) アンモニア水を、赤色、青色のリトマス紙につけると、リトマス紙の色はそれぞれどうなりますか。

赤色リトマス紙(青色に変化する。)

青色リトマス紙(変化しない。)

(2) リトマス紙の色が、(1)のようになる水よう液の性質を何といいますか。 (アルカリ性)

(3) 炭酸水を加熱して水を蒸発《じょうはつ》させても、あとに何も残らないのはなぜですか。理由をかきましょう。

(気体である二酸化炭素がとけている水よう液だから。)

7 空気を通した生物のつながりについて考えました。

各3点(9点)

(1) ㋐、㋑の気体は、それぞれ何ですか。気体の名前を答えましょう。

㋐(酸素)

㋑(二酸化炭素)

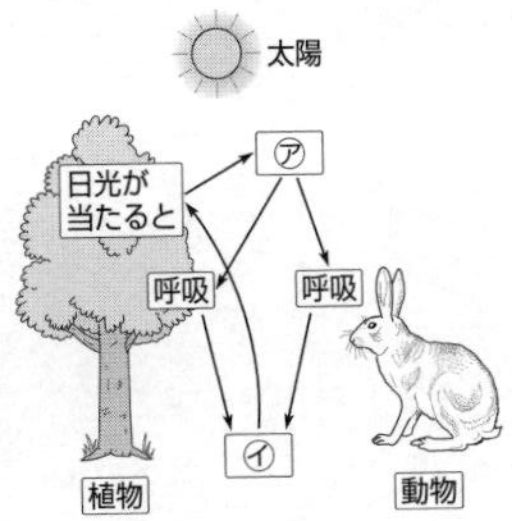
太陽
日光が当たると
㋐
呼吸
呼吸
㋑
植物
動物

(2) 植物も動物も呼吸《こきゅう》を行っていますが、地球上から酸素がなくならないのは、なぜですか。理由をかきましょう。

(植物は葉に日光が当たっているとき、酸素を出しているから。)

活用力をみる

8 身の回りのてこを利用した道具について考えました。

各3点(15点)

(1) はさみの支点・力点・作用点はそれぞれ、㋐～㋒のどこですか。

①支点 (㋒)

②力点 (㋑)

③作用点(㋐)

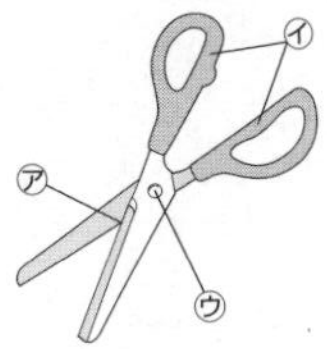
㋐
㋑
㋒

(2) はさみで厚紙を切るとき、「㋐はの先」「㋑はの根もと」のどちらに紙をはさむと、小さな力で切れますか。正しいほうに○をつけましょう。

㋐はの先で切る
㋑はの根もとで切る

(3) (2)のように答えた理由をかきましょう。

(支点と作用点のきょりが短いほど、作用点ではたらく力が大きいから。)

9 電気を利用した車のおもちゃを作りました。

各4点(12点)

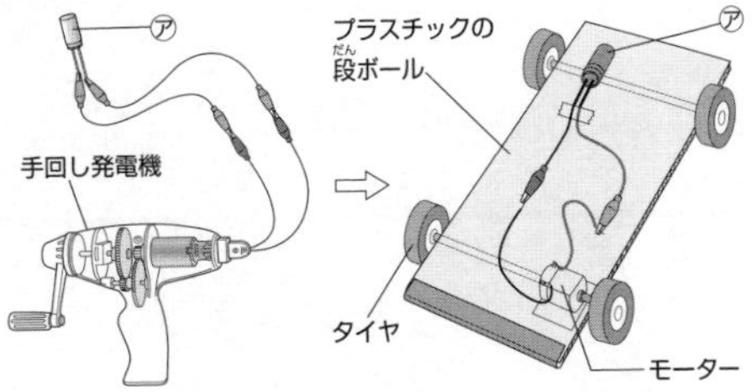
㋐
手回し発電機
プラスチックの
段《だん》ボール
㋐
タイヤ
モーター

(1) 手回し発電機で発電した電気は、たくわえて使うことができます。電気をたくわえることができる㋐の道具を何といいますか。 (コンデンサー)

(2) 電気をたくわえた㋐をモーターにつないで、タイヤを回します。この車をより長い時間動かすには、どうすればよいですか。正しいほうに○をつけましょう。

①(○)手回し発電機のハンドルを回す回数を多くして、㋐にたくわえる電気を増やす。

②(　　)手回し発電機のハンドルを回す回数を少なくして、㋐にたくわえる電気を増やす。

(3) 車が動くとき、㋐にたくわえられた電気は、何に変えられますか。 (運動)

「回転する動き」でも○

学力診断テスト うら てびき

5 水のはたらきによって運ぱんされたれき・砂《すな》・どろは、つぶの大きさによって分かれて、水底にたい積します。

6 (1)、(2)アルカリ性の水よう液では、赤色のリトマス紙だけが青色に変化します。
酸性の水よう液では、青色のリトマス紙だけが赤色に変化します。
中性の水よう液では、どちらの色のリトマス紙も変化しません。
(3)気体がとけている水よう液から水を蒸発《じょうはつ》させても、あとに何も残りません。

7 (1)動物も植物も呼吸《こきゅう》をして、酸素をとり入れ、二酸化炭素を出しています。
(2)植物は、葉に日光が当たっているときには、空気中の二酸化炭素をとり入れ、酸素を出しています。植物が酸素をつくり出しているので、地球上の酸素はなくなりません。

8 (2)、(3)はさみは、支点が力点と作用点の間にある道具です。支点と作用点のきょりを短くするほど、作用点でより大きな力がはたらきます。

9 (1)、(2)手回し発電機のハンドルを回す回数が多いほど、コンデンサーには多くの電気がたくわえられます。
(3)電気は、モーターで運動(回転する動き)に変わります。

メモ

メモ

付録 取りはずしてお使いください。

理科 スタートアップドリル

6年

このドリルを使って
5年生で学習した
ことをふり返ろう。

年　　組

1 天気の変化

1 雲のようすと天気の変化について、調べました。

(1)　(　　)にあてはまる言葉を、あとの□から選んで書きましょう。

①天気は、空全体の広さを10として、空をおおっている雲の量が
(　　　　　)のときを晴れ、(　　　　　)のときをくもりとする。

②雲には、色や形、高さのちがうものが(　　　　)。

③黒っぽい雲が増えてくると、(　　　　)になることが多い。

0～5	0～8	6～10	9～10	ある	ない	晴れ	雨

(2)　ある日の午前9時と正午に、空のようすを観察しました。
(　　)にあてはまる天気を書きましょう。

午前9時　天気…(　　　　　)　雲の量…4

・白くて小さな雲がたくさん集まっていた。
・雲は、ゆっくり西から東へ動いていた。
・雨はふっていなかった。

正午　天気…(　　　　　)　雲の量…9

・黒っぽいもこもことした雲が、空一面に広がっていた。
・雲は、午前9時のときよりも、ゆっくりと南西から北東へ動いていた。
・雨はふっていなかった。

2 天気の変化について、調べました。(　　)にあてはまる方位を書きましょう。

①日本付近では、雲はおよそ(　　　　)から(　　　　)に
動いていく。

②雲の動きにつれて、天気も(　　　　)から(　　　　)へと
変わっていく。

③台風は(　　　　)の海上で発生して、(　　　　)や東へ
進むことが多い。

2 植物の発芽と成長

1 植物の発芽について、調べました。

(1) （　）にあてはまる言葉を書きましょう。

①植物の種子が芽を出すことを（　　　　）という。
②植物は、（　　　　）の中の養分を使って発芽する。
③植物の種子の発芽には、水、（　　　　）、
適当な（　　　　）が必要である。

(2) 図は、発芽前のインゲンマメの種子を切って開いたものです。この種子にヨウ素液をつけて、色の変化を調べました。

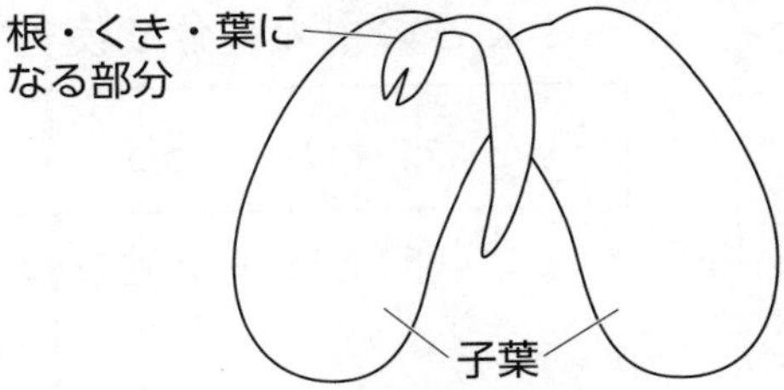

①子葉《しよう》のところは、㋐～㋒の何色に変化しますか。
㋐茶色　㋑青むらさき色　㋒赤色

（　　　　）

②ヨウ素液を使った色の変化で調べることができるのは、何という養分ですか。

（　　　　）

2 葉が３～４まいに育ったインゲンマメ㋐～㋒を使って、肥料や日光が植物の成長に関係するのかを調べました。葉のようすは、２週間後の育ちをまとめたものです。

	水	肥料	日光	葉のようす
㋐	あたえる	あたえる	当てる	緑色で大きく、数が多い。
㋑	あたえる	あたえる	当てない	黄色っぽくて小さく、数が少ない。
㋒	あたえる	あたえない	当てる	緑色だけど㋐より小さく、数も㋐より少ない。

(1) ㋐と㋑で、よく成長したのはどちらですか。

（　　　　）

(2) ㋐と㋒で、よく成長したのはどちらですか。

（　　　　）

(3) このことから、植物がよく成長するには、何と何が必要とわかりますか。

（　　　　）と（　　　　）

3 メダカのたんじょう

1 メダカのたんじょうについて、調べました。

(1)　(　　)にあてはまる言葉を、あとの□から選んで書きましょう。

①(　　　　　)が産んだたまご(卵《らん》)は、(　　　　　)が出す精子《せいし》と結びついて、受精卵となる。

②受精卵は、たまごの中にふくまれている(　　　　　)を使って育つ。

③受精してから約(　　　　　)週間で、子メダカがたんじょうする。

④たまごからかえった子メダカは、しばらくの間は(　　　　　)にあるふくろの中の養分を使って育つ。

2	10	38	おす	水分	はら	ひれ	めす	養分

(2)　たまご(卵)と精子が結びつくことを何といいますか。

(　　　　　)

2 メダカを飼って、体を観察しました。

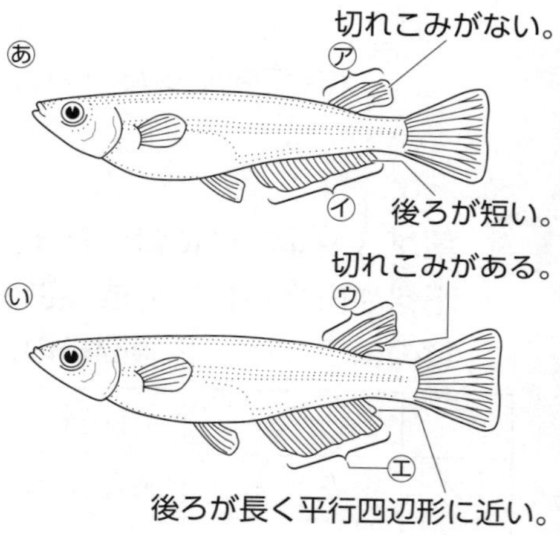

あ
切れこみがない。
㋐
㋑
後ろが短い。
い
切れこみがある。
㋒
㋓
後ろが長く平行四辺形に近い。

(1)　図の㋐・㋒、㋑・㋓のひれの名前を書きましょう。

㋐・㋒(　　　　　)

㋑・㋓(　　　　　)

(2)　あ、いのどちらがめすで、どちらがおすですか。

あ(　　　　　)

い(　　　　　)

(3)　メダカを飼うとき、水そうはどこに置くとよいですか。正しいものに○をつけましょう。

①(　　)日光が直接当たる明るいところ

②(　　)日光が直接当たらない明るいところ

③(　　)暗いところ

4 ヒトのたんじょう

1 ヒトのたんじょうについて、調べました。

(1)（　　）にあてはまる言葉を、あとの［　　］から選んで書きましょう。

①（　　　　）の体内でつくられた卵《らん》(卵子《らんし》)は、
（　　　　）の体内でつくられた精子《せいし》と結びついて、
受精卵となる。

②ヒトの子どもは、母親の体内にある（　　　　）の中で、
そのかべにあるたいばんから（　　　　）を通して養分をもらい、
いらないものをわたして育つ。

③受精してから約（　　　　）週間で、子どもがたんじょうする。

④ヒトはたんじょうしたあと、しばらくは（　　　　）を飲んで育つ。

2	10	38	子宮《しきゅう》	女性	男性	乳	へそのお	羊水《ようすい》

(2) 卵(卵子)と精子が結びつくことを何といいますか。

（　　　　）

2 図は、母親の体内の赤ちゃんのようすです。

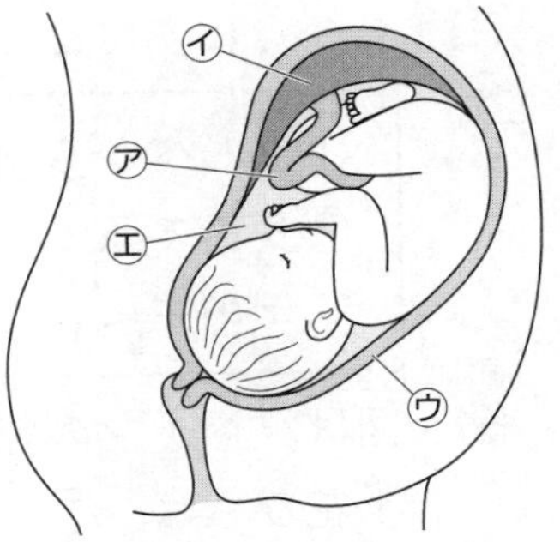

(1) ㋐～㋓はそれぞれ何ですか。
名前を書きましょう。

㋐（　　　　）
㋑（　　　　）
㋒（　　　　）
㋓（　　　　）

(2) 子宮の中は液体で満たされ、赤ちゃんを守っています。
この液体は、㋐～㋓のどれですか。

（　　　　）

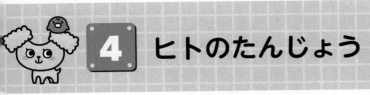

5 花から実へ

1 花のつくりについて、調べました。

(1) 図は、アサガオの花です。㋐～㋓は何ですか。
あてはまる言葉を書きましょう。

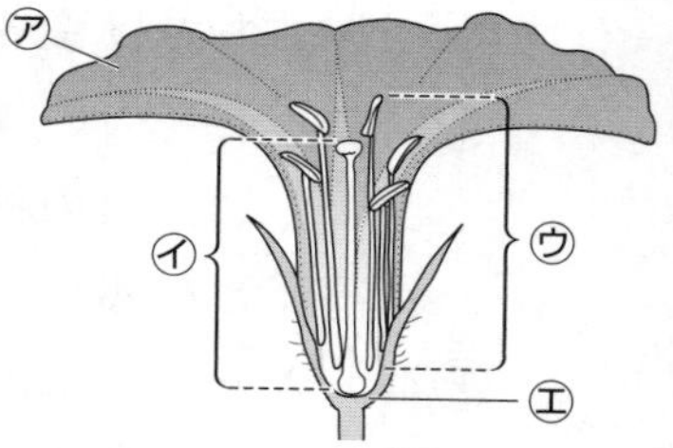

アサガオ

㋐(　　　　　　)
㋑(　　　　　　)
㋒(　　　　　　)
㋓(　　　　　　)

(2) (　　)にあてはまる言葉を書きましょう。

○花には、アブラナやアサガオのように、めしべとおしべが
1つの花にそろっているものと、ヘチマやカボチャのように、
めしべのある(　　　　　　)とおしべのある(　　　　　　)の
2種類の花をさかせるものがある。

2 植物の実のでき方について、調べました。

(1) (　　)にあてはまる言葉を書きましょう。

①おしべから出た(　　　　　)がめしべの先につくことを受粉という。
②受粉すると、めしべのもとのふくらんだ部分が(　　　　　)になり、
その中に(　　　　　)ができる。

(2) 図は、ヘチマの花です。

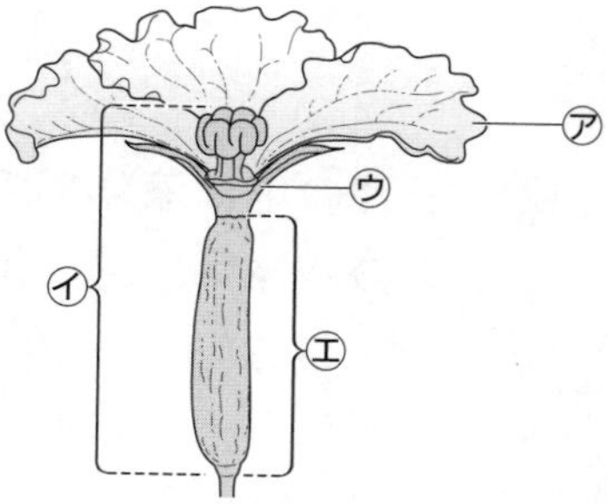

ヘチマ

①花びらは、㋐～㋓のどれですか。
(　　　)
②がくは、㋐～㋓のどれですか。
(　　　)
③図の花は、めばなとおばなのどちらですか。
(　　　　　)

6 流れる水のはたらき①

1 **流れる水のはたらきについて、調べました。**
（　）にあてはまる言葉を、あとの□から選んで書きましょう。

①流れる水が地面をけずるはたらきを（　　　　　）、
土や石を運ぶはたらきを（　　　　　）、
土や石を積もらせるはたらきを（　　　　　）という。
②水の量が増えると、流れる水のはたらきが（　　　　　）なる。
③水の流れが（　　　　　）ところでは、地面をけずったり、
土や石を運んだりするはたらきが大きくなる。
④水の流れが（　　　　　）なところでは、土や石が積もる。

大きく	小さく	速い	ゆるやか	運ぱん	たい積	しん食

2 **図のようなそうちで、土のみぞをつくって水を流して、流れる水のはたらきを調べました。**

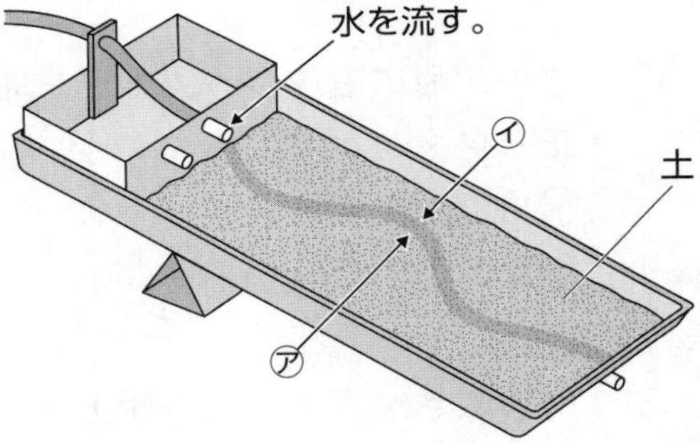

(1) そうちのかたむきを急にすると、流れる水が土をけずるはたらきは大きくなりますか、小さくなりますか。

（　　　　　）

(2) 水が曲がって流れているところで、流れる水の速さを調べました。㋐は流れの内側、㋑は流れの外側です。㋐と㋑で、流れる水の速さが速いのは、どちらですか。

（　　　）

(3) ㋐と㋑で、水に運ばれてきた土が多く積もったのはどちらですか。

（　　　）

(4) ㋐と㋑で、土が多くけずられたのはどちらですか。

（　　　）

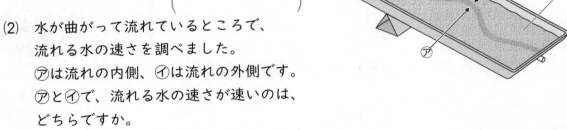

7 流れる水のはたらき②

1 **川の流れと地形について、調べました。**
（　　）にあてはまる言葉を、あとの□から選んで書きましょう。

①かたむきが急な山の中では、川はばが（　　　　　）、流れが速い。
平地や海の近くでは、川はばが（　　　　　）なり、流れがゆるやかになる。

②川原の石を見ると、山の中では（　　　　　）、
（　　　　　）石が多く見られ、
平地や海の近くでは（　　　　　）、
（　　　　　）石やすなが多く見られる。

大きく　　小さく　　広く　　せまく　　角ばった　　丸みのある

2 **図のような平地を流れる川の曲がって流れているところで、川の流れや川原のようすを調べました。**

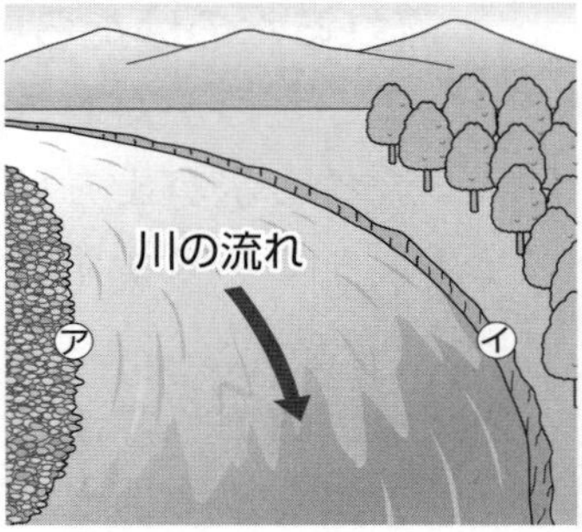

(1)　川の流れが速いのは、㋐と㋑のどちら側ですか。

（　　　　）

(2)　㋐の川原の石を調べたとき、石のようすとして正しいものはどちらですか。
①角ばっている。
②丸みをおびている。

（　　　　）

(3)　川の深さが深いのは、㋐と㋑のどちら側ですか。

（　　　　）

3 **川の流れと災害について、（　　）にあてはまる言葉を、あとの□から選んで書きましょう。**

○梅雨《つゆ》や台風《たいふう》などで雨の量が増えると、川の水の量は（　　　　　）、
流れが（　　　　　）なるので、流れる水のはたらきは
（　　　　　）なり、土地のようすを大きく変化させることがある。

大きく　　小さく　　増え　　減り　　速く　　おそく

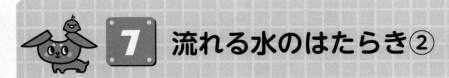

8 ふりこの運動

1 ふりこが１往復する時間を調べました。

(1) ㋐と㋑は、図のような角度まで手で持ち上げて、手をはなしてふらせます。
㋐と㋑でちがっている条件に○をつけましょう。

①(　　　)ふりこの長さ
②(　　　)ふれはば
③(　　　)おもりの重さ

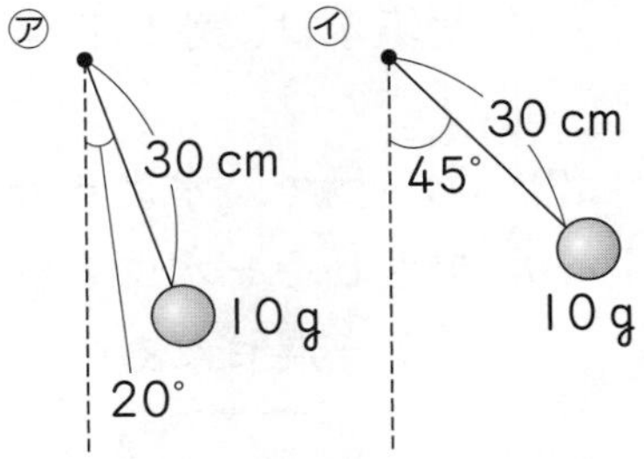

(2) 次の条件だけを変えると、ふりこが１往復する時間はどうなりますか。
長くなる、短くなる、変わらないの中から、あてはまる言葉を選んで書きましょう。

①ふりこの長さを長くする。
(１往復する時間は　　　　　　　　)。

②おもりの重さを重くする。
(１往復する時間は　　　　　　　　)。

③ふれはばを大きくする。
(１往復する時間は　　　　　　　　)。

2 ふりこの長さを変えてふったときの、ふりこが 10 往復する時間を測定して、表にまとめました。

ふりこの長さ	１回めの測定	２回めの測定	３回めの測定	３回の合計	10 往復する時間の平均	１往復する時間
50 cm	14 秒	15 秒	13 秒	42 秒	①	②
100 cm	20 秒	19 秒	21 秒	60 秒	20 秒	2.0 秒

(1) ①にあてはまる数を計算しましょう。
(10 往復する時間)÷(測定した回数)　だから、
〔式〕 42　÷　　　　＝

よって、(　　　　秒)。

(2) ②にあてはまる数を計算しましょう。
(10 往復する時間の平均)÷10　だから、
〔式〕　　　÷　10　＝

よって、(　　　　秒)。

9 もののとけ方①

1 ものに水をとかして、とけたものがどうなるかを調べました。

(1) 食塩水は、水に何をとかした水よう液ですか。

（　　　　）

(2) ㋐～㋒で、水よう液といえないものはどれですか。

㋐さとうを水に入れてかき混ぜたもの　㋑すなを水に入れてかき混ぜたもの　㋒コーヒーシュガーを水に入れてかき混ぜたもの

㋐ 色はなく、すき通っている。

㋑ 下のほうにすながたまっている。

㋒ 茶色で、すき通っている。

（　　　　）

(3) 5gのさとうを水にとかす前に全体の重さをはかったところ、電子てんびんは95gを示しました。さとうをすべて水にとかしたあと、全体の重さは何gになりますか。

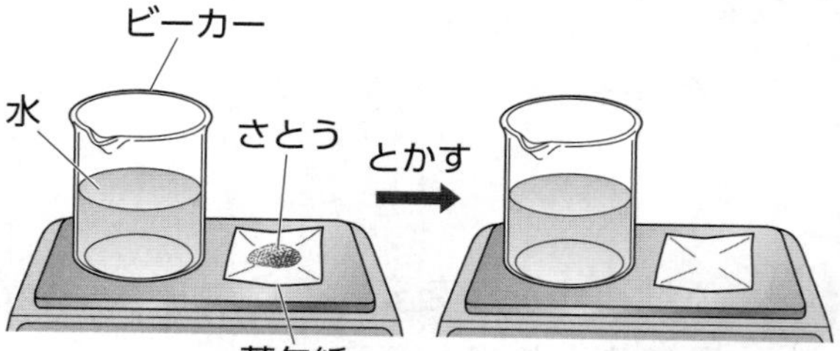

（　　　　）

2 決まった水の量に、食塩とミョウバンがどれだけとけるかを調べて、表にまとめました。

水の量	50 mL	100 mL
食塩	18g	36g
ミョウバン	4g	8g

(1) 食塩は、水50 mLに何gとけますか。

（　　　　）

(2) 水の量を2倍にすると、水にとける食塩やミョウバンの量は何倍になりますか。

（　　　　倍）

(3) 同じ量の水にとけるものの量は、とかすものの種類によって同じですか、ちがいますか。

（　　　　）

10 もののとけ方②

1 水の温度ととけるものの量の関係について調べました。

(1) 水の温度を変えて、水 50 mL にとける食塩とミョウバンの量を調べたところ、図のようになりました。
水の温度を変えても、とける量が変わらないのは、どちらですか。

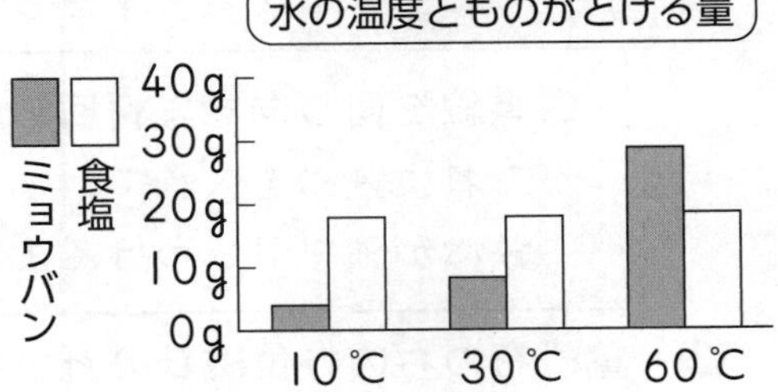

(　　　　)

(2) (　　)にあてはまる言葉を、□から選んで書きましょう。

①水の温度を上げたとき、水にとける量の変化のしかたは、
とかすものによって(　　　　)。

②ミョウバンのように、温度によって水にとける量が大きく変化するものは、
水よう液の温度を(　　　　)て、水よう液からとけているものを
取り出すことができる。

③水よう液から水を(　　　　)させると、
水よう液からとけているものを取り出すことができる。

同じ　ちがう　上げ　下げ　じょう発　ふっとう

2 60℃のミョウバンの水よう液を 10℃になるまで冷やすと、液の中からミョウバンのつぶが現れました。

(1) 図のようにして、ミョウバンのつぶを取り出しました。
この方法を何といいますか。

(　　　　)

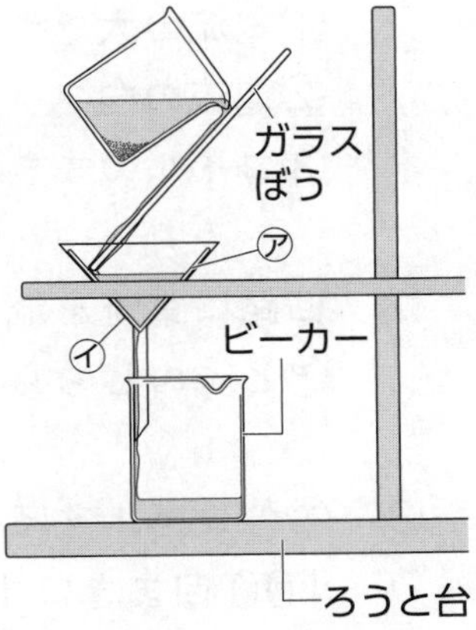

(2) ㋐の紙、㋑のガラス器具の名前を書きましょう。

㋐(　　　　)
㋑(　　　　)

11 電磁石のはたらき

1 電磁石に電流を流し、電磁石の極を調べました。

(1)　(　　)にあてはまる言葉を書きましょう。

○導線を同じ向きに何回もまいたものを(　　　　　)という。
これに鉄心を入れて(　　　　　)を流すと、
鉄心が鉄を引きつけるようになる。これを電磁石という。

(2)　電磁石の右の方位磁針《じしん》の針が指す向きは、図のようになりました。左の方位磁針の針の向きは、㋐～㋒のどれになりますか。

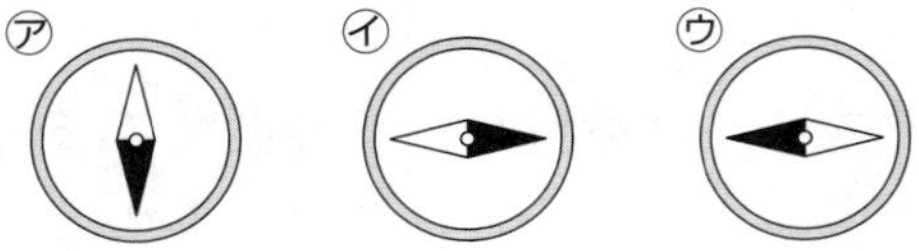

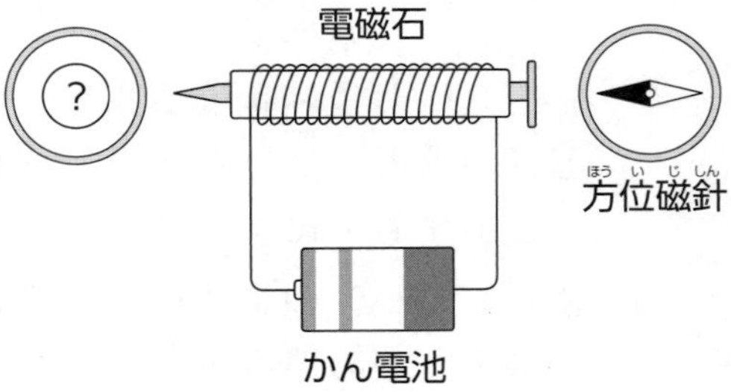

(　　　)

(3)　かん電池をつなぐ向きを逆にすると、左の方位磁針の針が指す向きは、(2)の㋐～㋒のどれになりますか。

(　　　)

2 図のようなそうちを使って、電磁石の強さを調べました。

(1)　㋐と㋑で、変えた条件は①～③のどれですか。
①電流の大きさ
②電流の向き
③コイルのまき数

(　　　)

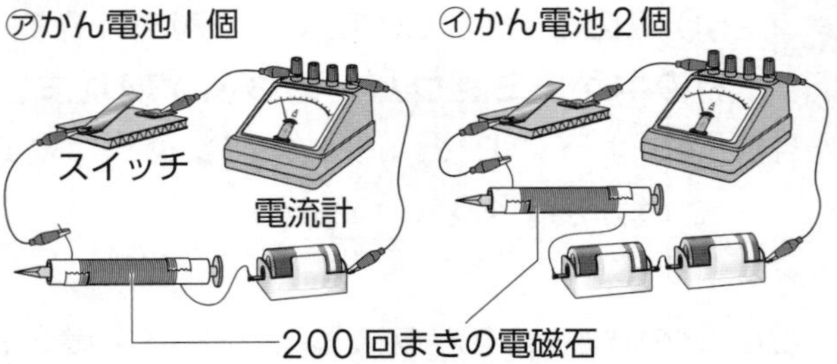

(2)　回路に電流を流したとき、電磁石に鉄のクリップが多くついたのは、㋐と㋑のどちらですか。

(　　　)

(3)　㋐のコイルをほどいて、100回まきにしてから回路に電流を流しました。100回まきにする前とくらべて、電磁石につく鉄のクリップは多くなりますか、少なくなりますか。

(　　　　　)

答え

1 天気の変化

1 (1)①0～8、9～10
②ある
③雨
(2)晴れ、くもり
★午前9時は、雲の量が0～8にあるので晴れ、正午は雲の量が9～10にあるのでくもりとなります。

2 ①西、東
②西、東
③南、北
★天気は西から東へと変わっていきますが、台風の進路に、この規則性があてはまりません。

2 植物の発芽と成長

1 (1)①発芽
②種子
③空気、温度
(2)①㋑
②でんぷん
★でんぷんにうすめたヨウ素液をつけると、青むらさき色になります。インゲンマメの種子の子葉には、でんぷんがふくまれているので、ヨウ素液をつけると青むらさき色に変化します。

2 (1)㋐
(2)㋐
(3)肥料、日光
★水はすべてにあたえているので、植物がよく成長するためには、日光と肥料が必要であるとわかります。また、植物の成長には、水・適当な温度・空気も必要です。

3 メダカのたんじょう

1 (1)①めす、おす
②養分
③2
④はら
(2)受精

2 (1)㋐・㋒せびれ　㋑・㋓しりびれ
(2)(あ)めす　(い)おす
★メダカのめすとおすを見分けるには、せびれとしりびれに注目します。
(3)②

4 ヒトのたんじょう

1 (1)①女性、男性
②子宮、へそのお
③38
④乳
(2)受精

2 (1)㋐へそのお　㋑たいばん　㋒子宮
㋓羊水
(2)㋓
★子宮の中は羊水という液体で満たされていて、外からのしょうげきなどから赤ちゃんを守っています。

5 花から実へ

1 (1)㋐花びら　㋑めしべ　㋒おしべ　㋓がく
(2)めばな、おばな

2 (1)①花粉
②実、種子
★花粉は、こん虫などによってめしべに運ばれ、受粉します。めしべの先は、べとべとしていて花粉がつきやすくなっています。
(2)①㋐
②㋒
③めばな
★めばなは、花びらの下の部分にふくらみがあります。

6 流れる水のはたらき①

1 (1)①しん食、運ぱん、たい積
②大きく
③速い
④ゆるやか

2 (1)大きくなる。
★かたむきが急になると流れが速くなるので、しん食するはたらきも大きくなります。
(2)㋑
(3)㋐
(4)㋑
★曲がって流れているところの外側では、水の流れが速く、しん食されます。一方、曲がって流れているところの内側では、流れがゆるやかで、運ばれてきた土がたい積します。

7 流れる水のはたらき②

1 ①せまく、広く
②大きく、角ばった、小さく、丸みのある
★山の中の大きく角ばった石は、流れる水に運ばれる間に、角がとれていき、丸く小さくなっていきます。

2 (1)㋑
(2)②
(3)㋑
★川の流れの外側は流れが速いので、しん食されます。一方、川の流れの内側は流れがゆるやかなので、石がたい積します。

3 増え、速く、大きく

8 ふりこの運動

1 (1)②
(2)①長くなる
②変わらない
③変わらない
★ふりこが１往復する時間は、ふりこの長さによって変わります。おもりの重さやふれはばを変えても、１往復する時間は変わりません。

2 (1)〔式〕42÷3＝14　　14秒
(2)〔式〕14÷10＝1.4　　1.4秒

9 もののとけ方①

1 (1)食塩

(2)㋑

★水よう液は、すき通っていて(とうめいで)、とけたものが液全体に広がっています。色がついていても、すき通っていれば水よう液といえます。

(3)95 g

★とかす前に、ビーカーや薬包紙も入れて 95 g だったので、とかしたあとの全体の重さも 95 g になります。

2 (1)18 g

(2)2 (倍)

(3)ちがう。

10 もののとけ方②

1 (1)食塩

(2)①ちがう

②下げ

③じょう発

2 (1)ろ過

(2)㋐ろ紙　㋑ろうと

★ろ過するときは、ろ紙は水でぬらしてろうとにぴったりとつけ、液はガラスぼうに伝わらせて静かに注ぎます。ろうとの先は、ビーカーの内側にくっつけておきます。

11 電磁石のはたらき

1 (1)コイル、電流

★電磁石は、電流を流しているときだけ、磁石のはたらきをします。

(2)㋒

(3)㋑

★電磁石にもN極とS極があります。電流の向きを逆にすると、電磁石の極も逆になります。そのため、引きつけられる方位磁針の針も逆になります。

2 (1)①

(2)㋑

★電流が大きいほど、電磁石の強さは強くなります。

(3)少なくなる。

★コイルのまき数が多いほど、電磁石の強さは強くなります。コイルのまき数を少なくしたので、電磁石の強さは弱くなり、引きつけられる鉄のクリップの数も少なくなります。